贵州罗甸玉矿床成因研究

Study on Genesis of Luodian Nephrite Deposit in Guizhou Province

黄　勇　编著

内容提要

本书是贵州省科学技术厅重大科技专项"罗甸玉开发利用关键技术研究与产业化"的部分研究成果和黄勇博士论文研究的核心成果。国内外已知的碳酸盐岩蚀变型软玉矿床均产在花岗岩体与镁质大理岩的接触带上,属接触交代成因。罗甸玉产于辉绿岩床与燧石灰岩的接触带上,一直被认为是接触交代成因。但本书通过对罗甸玉矿床开展系统的地层学、岩石学、矿物学、元素地球化学和同位素年代学研究,查明了其成矿时代、成矿机制及关键成矿元素 Mg 的来源,揭示了罗甸玉的成矿作用经历了海西晚期基性岩浆接触热变质作用、基性岩浆侵入的幕间夕卡岩化作用、基性岩的自蚀变作用、喜马拉雅早期的青磐岩化蚀变作用和热液交代成矿作用,证明了它属于热液叠生矿床,是目前国内外软玉矿床中的一种新的成因类型。

本书可供从事软玉矿产勘查评价、区域成矿学和矿床学研究的相关地质工作人员及教学人员参考使用。

图书在版编目(CIP)数据

贵州罗甸玉矿床成因研究/黄勇编著. —武汉:中国地质大学出版社,2022.1

ISBN 978-7-5625-5160-7

Ⅰ.①贵…
Ⅱ.①黄…
Ⅲ.①玉石-非金属矿床-矿床成因-研究-罗甸县
Ⅳ.①P619.280.627.34

中国版本图书馆 CIP 数据核字(2021)第 237059 号

贵州罗甸玉矿床成因研究 黄 勇 编著

责任编辑:李焕杰 王凤林 选题策划:王凤林 李焕杰 责任校对:何澍语

出版发行:中国地质大学出版社(武汉市洪山区鲁磨路 388 号) 邮编:430074
电 话:(027)67883511 传 真:(027)67883580 E-mail:cbb@cug.edu.cn
经 销:全国新华书店 http://cugp.cug.edu.cn

开本:787 毫米×1092 毫米 1/16 字数:317 千字 印张:12 图版:6
版次:2022 年 1 月第 1 版 印次:2022 年 1 月第 1 次印刷
印刷:武汉中远印务有限公司

ISBN 978-7-5625-5160-7 定价:98.00 元

前　言

贵州罗甸玉矿产发现于2011年，产于贫Mg的二叠系四大寨组二段灰岩与硅质岩中，其品质优良，接近于新疆和田玉。以往罗甸玉的研究主要集中在宝石学、矿物学和岩石化学等方面，对影响玉矿成矿的地质因素涉及较少，罗甸玉成矿元素Mg的来源众说纷纭，矿床成因类型仍未确定，成矿机理还有待阐述。本书对制约成矿的地层化学成分、岩浆作用、变质作用、矿床地质和地球化学特征等开展了系统的研究，以揭示罗甸玉矿床成因类型和成矿机制，为发现更多优质的罗甸玉矿产提供理论支撑。研究取得了如下成果。

(1)确定了罗甸玉的成矿作用类型为接触-热液交代叠生型，而不是以往的接触交代型。该接触-热液交代叠生矿床类型在国内外尚无先例，因此为一种新的软玉矿床成因类型。罗甸玉成矿自四大寨组二段灰岩和硅质岩沉积开始，经历了基性岩床的侵入作用和由此引发的接触热变质作用、岩床自身的自变质作用、岩床对围岩发生的夕卡岩化作用，以及最后的花岗岩岩浆侵入导致的青磐岩化作用、气液交代变质作用和交代成矿作用，历时约200Ma。时间之长与地质作用和成矿作用之复杂使此过程极为罕见。

(2)系统厘定了罗甸玉矿区的矿体赋存围岩特征，鉴别出成矿过程发生的三期岩浆作用事件和两期变质作用事件的组成、性质、年龄和时代。岩体赋存的围岩为四大寨组二段(沉积于早中二叠世)，主要岩性为贫Mg、Fe、Al等成分的高纯度灰岩和可含不等量的灰质成分但也贫Mg硅质岩。三期岩浆作用中的第一期发生在二叠纪晚期，年龄为260～256Ma，与峨眉山大岩浆岩省的同类岩石同龄，由远程先后侵入的辉绿岩床、中性岩囊和酸性岩脉组成。基性岩浆成分(辉绿岩)为演化岩浆，呈幕式侵入和输送；中性岩囊为基性岩浆结晶分异后底辟到新就位的玄武质岩浆中的产物；酸性岩脉为最晚期结晶分异的残余岩浆贯入的结果。第二期和第三期中酸性岩浆作用分别发生在170～160Ma和90～86Ma，前者总体富Na，后者富K。第一期变质作用于辉绿岩床侵位期间，幕式侵入的基性岩浆在围岩中持续发生接触热变质，在幕间则发生过夕卡岩化作用，在期后发生辉绿岩床岩石的自变质作用。第二期变质作用与第三期90～86Ma的富K中酸性岩脉侵入有关，以青磐岩化作用开始，热液交代变质作用至成矿而终结。

(3)确定了辉绿岩床岩石是罗甸玉关键成矿元素Mg的提供者，而岩石中的单斜辉石分解则是Mg的重要物源。在整个成矿过程中，辉绿岩床分三次向围岩提供Mg。在第一期变质作用中，玄武质岩浆多幕侵位的幕间，岩浆一定程度的冷却，产生热液，在岩床与围岩之间发生单向交代的夕卡岩化作用，第一次Mg的输送使岩浆中的Mg向围岩迁移，第二次Mg的输送受岩床期后的自变质作用控制。此外，第三次Mg的输送则与第二期变质作用中的青磐岩化气液变质作用相关。第一次提供的Mg主要来自未固结的玄武质岩浆，第二次、第三次输送的Mg是通过单斜辉石分别分解为绿泥石和绿帘石，由溶解出来的Mg^{2+}提供。

(4)确定了罗甸玉的成矿发生在喜马拉雅早期，而不是以往认为的海西晚期。成矿缘于约86Ma富K花岗岩脉的侵入作用，这导致了先期自蚀变的辉绿岩，包括岩囊和172～164Ma的中酸性脉岩，还有该期先侵入的岩脉发生了青磐岩化气液变质作用。喜马拉雅早期叠加的热液交代作用成矿分两个阶段进行：第一阶段基性岩床中的单斜辉石继续分解出Mg，而后带入富含碱金属K和Na的岩浆水、变质水和大气降水的混合热液并进入围岩中，侵蚀原来赋存Mg的矿物，如透辉石溶解，释出Mg，生成富Mg的矿液；第二阶段是这些矿液在合适的物化条件下最终玉化成矿。因此，罗甸玉与新疆和田玉(新疆和田玉的形成是在所谓的“成岩阶段”发生了透闪石对透辉石的交代反应)不同，罗甸玉是透辉石溶解形成富Mg或高Mg的矿液(矿液形成阶段)，而后矿液转变为软玉石(玉矿化阶段)。

(5)第一次提出了将辉石分解出的Mg、Fe、Al等多组分热液纯化为高Mg热液的机制，即蚀变过程中高$Fe^{2+}/(Fe^{2+}+Mg)$值的铁绿泥石和理论上不含Mg绿帘石的形成吸纳了大量的Fe，提高矿液中Mg的纯度，为生成优质的白玉和青白玉创造了物质前提。

总之，本书基于罗甸玉矿床成因研究提出的接触-热液交代叠生软玉矿床类型、岩浆幕式输送过程中以接触热变质为主的幕间夕卡岩化作用、基性岩浆与硅质灰岩之间的单向交代作用、热液交代成矿中的矿液形成阶段和玉化阶段的划分、蚀变过程中铁绿泥石和绿帘石的形成可提纯含Mg热液作用的观点，以及首次确定罗甸玉形成于喜马拉雅早期的结论，刷新了先前对软玉石成矿作用机理的认识。

本书的出版得到贵州省科技厅和贵州省地质矿产勘查开发局相关领导的大力支持，得到贵州省地质调查院前任院长代传固研究员和现任院长张慧研究员的支持与鼓励。成书过程中得到中国地质大学(武汉)陈能松教授的悉心指导，他提出了宝贵的意见。书中测试实验主要受贵州省重大科技专项计划项目(黔科合重大专项字[2014]6003)资助，同时得到国家自然科学基金项目(NSFC：41672060)资助。测年样品的锆石制靶与LA-ICP-MS锆石U-Pb定年实验得到浙江大学王璐博士和东华理工大学何川博士的帮助。剖面测制得到贵州省地质环境监测院韩颖平高级工程师和贵州省地质调查院白龙高级工程师、邓小杰高级工程师、杨忠琴高级工程师及贵州省地质博物馆郝家栩高级工程师的协助。本书的出版获得了贵州省地质调查院资助。谨致谢忱！

编著者
2021年7月

目　录

第一章 绪 论

第一节 选题意义

软玉矿床在中国主要产在新疆和田、新疆玛纳斯、青海格尔木、台湾花莲、四川龙溪、江苏溧阳(梅岭)、辽宁岫岩、福建南平和贵州罗甸等地(林嵩山,1999;张良钜,2002;黄宣镇,2005;杨林等,2011;支颖雪等,2011;黄勇等,2012;李大中等,2013),在国外主要产在俄罗斯贝加尔湖(东萨彦岭、达克西姆)、加拿大不列颠哥伦比亚(British Columbia)、澳大利亚科威尔(Cowell)、韩国春川(Chuncheon)、美国加利福尼亚州(California)、新西兰 Westland 和 West Otago 等地(Huang and Rubenach,1995;Yui and Kwon,2002;Wilkins et al,2003;谢意红和张珠福,2004;Adams et al,2007;Lanphere and Hockley,2007;Burtseva et al,2015)(图 1.1)。新疆和田玉是中国的名贵玉种,驰名古今中外,国外甚至将软玉称为和田玉或中国玉(何松,2003)。

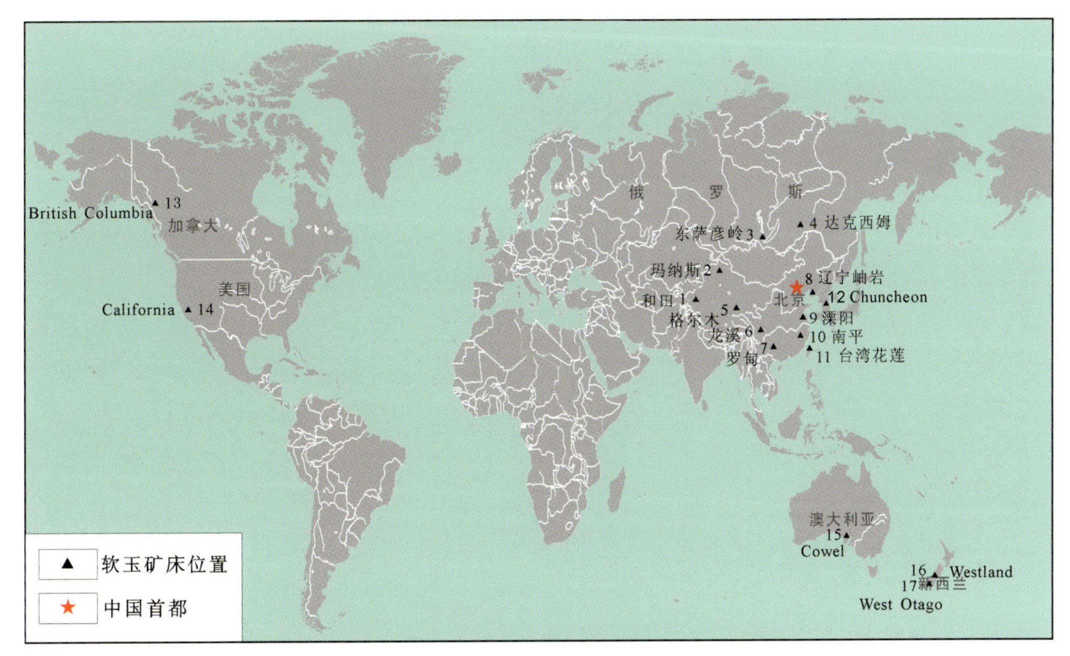

图 1.1 全球重要软玉矿床位置示意图

(地理底图引自大图网 http://www.DAIMG.com)

贵州罗甸玉矿于 2011 年在黔南罗甸县境内发现,它具有优质软玉的基本特性,属于新疆和田玉类型,归类为和田玉。2011—2013 年,贵州省国土资源厅(现贵州省自然资源厅)设立地质勘查基金项目对罗甸玉矿的分布范围和产出特征开展调查，以扩大确定软玉矿床和发现更多的软玉矿(化)点；同时，研究罗甸玉的宝玉石学特征、划分玉石类型、试验雕刻工艺等，工作表明罗甸玉具有高档软玉的品质。此外，初步分析了矿床的成因，认为罗甸玉属于接触交代型矿床。2014—2017年，西南能矿集团股份有限公司和贵州省科学技术厅相继设立科研项目与重大科技专项，重点研究罗甸玉矿的勘查技术和资源评价方法、开采和加工关键技术等，为罗甸玉的产业化发展提供科技支撑。

众所周知，新疆和田玉矿和青海软玉矿是我国最大的软玉矿源地。然而，经多年的商用开采，其资源量日趋减少，濒临枯竭。品质好且矿化规模大的贵州罗甸玉矿集区的新发现使其有望成为我国软玉矿产资源的重要接替靶区，因而具有重要的经济意义。近10年来，罗甸玉矿受到地学界的广泛关注，在宝玉石学、矿物学和岩石化学特征等方面开展了较多研究(支颖雪等，2011；杨林等，2012，2013；麻榆阳等，2013；张立琴，2013；董剑文等，2014；张亚东等，2015)，但对矿床地质背景和成矿机制的研究不多，对矿床成因的探讨尚欠深入。由于对罗甸玉矿的成因机制和成矿控制因素尚不清楚，因而无法客观总结其成矿规律，导致各矿业权人在普查工作中无的放矢，难以取得新的找矿突破，从而制约了罗甸玉的产业化发展。

基于罗甸玉前期勘查和科研中存在的薄弱问题，本书选择以“贵州罗甸玉矿床成因研究”为题，着力于对罗甸玉矿形成的沉积岩围岩、岩浆作用和变质作用特征的研究，以此为基础探讨该矿床的成矿过程，为矿床成矿规律的总结和找矿标志的建立提供依据，为发现更多新的罗甸玉矿点和扩大矿床储量提供地质基础与理论支撑，服务于国民经济发展之需要。

第二节　软玉矿床的成因研究现状与存在的问题

一、全球主要软玉矿床的成因研究现状与存在的问题

新疆和田玉成矿带是世界上最大的软玉成矿带(Liu et al，2015)，开发历史悠久，研究成果相对较多(唐延龄等，1995，2002；蒋壬华等，1998；陈克樵和陈振宇，2002；崔文元和杨富绪，2002；吴瑞华等，2002；邹天人和陈克樵，2002；伏修锋等，2007)，国内外有关软玉矿的研究成果比较零散。前人研究成果侧重于软玉矿的成矿地质背景与软玉矿物学、岩石化学和宝石学特征，以及软玉产品的无损检测方法(如PIXE analysis)等内容(Cheng et al，2004；Casadio et al，2007；Gan et al，2010；Zhang et al，2011；Kostov et al，2012；Wang et al，2012)，并应用电子探针、扫描电子电镜、X射线粉晶衍射、拉曼光谱、同位素等先进的分析测试方法，深入研究软玉的化学成分、矿物组成、物理光学性质和结构构造特征，这些研究揭示了影响软玉质量的内在因素，提供了软玉质量评价的科学依据。但是探讨软玉原生矿床成因的研究资料相对较少，并且对其成矿机理仍然缺乏深入的了解(廖宗廷和周征宇，2003)。

1. 成因研究

前人对软玉原生矿的矿床成因研究及其矿床类型划分主要有以下几种方案：①蛇纹岩型和变质岩型(非蛇纹岩型)两类，前者为交代成因，后者为变质成因(Leaming，1978)；②花岗

岩或花岗闪长岩与大理岩接触带型、超基性岩交代型和变质岩型三类(邓燕华,1992);③以容矿岩石的不同划分为镁质碳酸盐岩型(包括中酸性岩体与镁质碳酸盐岩的接触带型和变质岩系中的镁质碳酸盐岩型两种)和超镁铁岩型两类(唐延龄等,2002),碧玉矿属于超镁铁岩型;④中酸性侵入岩与白云石大理岩接触交代型、蛇纹岩或蛇纹石化橄榄岩与多硅岩石的接触交代型两类(Harlow and Sorensen, 2005; Siqin et al,2012; Zhang et al, 2011; Dill and Weber,2013);⑤按照成矿母岩不同划分为碳酸盐岩蚀变型和超基性岩蚀变型两类(王时麒,2011),前者指白云岩或白云质大理岩经岩浆热液或变质热液交代蚀变成矿,后者指超基性岩中的橄榄岩、辉橄岩等由富含 Ca、Si、H_2O 的热水溶液交代蚀变成矿(自变质作用成矿)。经全球对比,国内软玉矿以碳酸盐岩蚀变型较多,国外以超基性岩蚀变型为主(王时麒,2011)。

本书根据软玉矿床的地质产状和地质作用将软玉矿的成因归结为接触变质交代型、热液交代型、区域变质结晶型和动力变质型 4 种类型。

1)接触变质交代型

接触变质交代型指矿体产于花岗岩体与镁质大理岩的接触带上的软玉矿床类型,如新疆和田玉、青海软玉、岫岩软玉、韩国软玉及俄罗斯软玉(贝加尔湖东部维季姆河地区的软玉,或称达克西姆和巴格达林地区的软玉)(Sekerina, 1988,1993; 董必谦, 1996; 孔蓓等, 1997; 张晓晖等, 2001; 崔文元和杨富绪, 2002; 冯晓燕和张蓓莉, 2004; 田广印等, 2005; 周征宇等, 2006; 孙卫杰, 2012; 汤红云等, 2012; 杨先仁等, 2012; Burtseva et al, 2015),该成因类型几乎是世界上的主要软玉产地成因类型,其中以新疆和田软玉矿为典型代表,成矿物质来源清楚,Si 来自岩体,Mg 和 Ca 来自围岩(白云质大理岩)。新疆和田玉的氢、氧同位素组成表明,其成矿流体可能有 3 种来源:大气降水、岩浆水和白云石脱碳作用产生的 CO_2 派生水;根据中国台湾花莲丰田、韩国春川、俄罗斯东萨彦岭与蛇纹岩相关和白云岩相关的软玉(透闪石)形成的温压数据对比分析,推测新疆和田玉的成矿温度为 330~420℃,成矿压力为 100~200MPa;岩石学观察和相关矿物组成揭示了两个可能的软玉形成过程:白云石大理岩→透闪石或白云石大理岩→透辉石→透闪石(Liu et al, 2011a, 2011b),属双向交代作用成矿。但是,有少量接触变质交代型矿床的成矿地质背景有所不同或成因尚存争议。

(1)青海软玉矿的成因争议较大:①矿体产于燕山期花岗岩与镁质大理岩的外接触带,软玉是由岩浆期后富 Si 热水溶液交代白云石大理岩形成(孔蓓等,1997);②海西期辉长岩与前寒武系万保沟群白云质大理岩的接触交代作用成矿,Mg 和 Ca 来自围岩,辉长岩主要提供成矿所需的 SiO_2 和 OH^-(周征宇等,2005,2006,2008);③基性侵入岩的 SiO_2 含量不足,应为印支期花岗岩侵入时提供 SiO_2,并经热液萃取早期基性岩脉中的 Mg 再与大理岩发生热液交代作用成矿(杨天翔等,2013)。

(2)岫岩软玉的成因类型是接触交代型还是热液交代型,尚有争议:①岫岩软玉矿体赋存于古元古界辽河群大石桥组白云质大理岩中的北西向构造破碎带中,刘晶和崔文元(2002)认为该构造带的岩浆活动频繁,由此推断岫岩软玉由接触交代作用成矿;②由中生代岩浆期后形成的富 Si 热水溶液沿构造裂隙进入白云质大理岩发生交代蚀变作用成矿(王时麒等,2002);③依据蛇纹石 Ar-Ar 法年龄(1700Ma)判定为古元古代区域变质作用和变质作用晚期产生的混合岩化岩浆作用释放的富 Si 热液沿大理岩的构造裂隙流动时与围岩发生交代作用成矿，可归为热液型矿床或后生矿床（矿体形成明显晚于围岩）、变质热液矿床（王时麒和董佩信，2011）。

（3）溧阳软玉（或称梅岭玉）产于燕山晚期的花岗岩体与二叠系栖霞组镁质碳酸盐岩的外接触带内（钟华邦，2000），围岩是否变质尚无明确资料，据《江苏省及上海市区域地质志》（1984），栖霞组岩石未变质，因而围岩应为白云岩或白云质灰岩。

（4）韩国春川软玉矿是由中生代花岗岩与前寒武系白云质大理岩接触交代形成（侯弘等，2010），而根据熊燕等（2012）提到韩国春川白玉产于蛇纹岩中的表述，二者成矿背景出入较大。

2）热液交代型

热液交代型矿体主要产在造山带蛇绿岩套的超镁铁岩及其蚀变的蛇纹岩中，代表性矿床有中国新疆玛纳斯碧玉矿和中国台湾花莲碧玉矿、俄罗斯碧玉矿和 Dzhida 软玉矿以及外贝加尔湖北部的 Parama 软玉矿、加拿大软玉矿、新西兰软玉矿、澳大利亚新南威尔士州软玉矿、美国加利福尼亚州软玉矿等，一般认为，中国、俄罗斯、新西兰、加拿大等国的碧玉矿的成因相同，成矿元素 Mg 来自超镁铁岩，Ca 和 Si 来自围岩，成矿过程分两步进行：①超镁铁岩中的橄榄石经中低温热液交代形成蛇纹岩；②蛇纹岩与多硅岩石的交代作用形成透闪石玉（王铎等，2009；Siqin et al，2012；孙丽华和王时麒，2014）。相关矿床的产出背景和矿床成因或有所不同。

（1）中国新疆玛纳斯碧玉矿产在北天山依连哈比尔尕晚古生代蛇绿岩带内。软玉产于超镁铁岩体中，形成于交代作用，首先超镁铁岩自变质成蛇纹岩，再与火山岩围岩（凝灰岩、凝灰质砂岩）发生接触交代吸收其中的 Ca 和 Si 经透闪石化成矿，矿化经历了两个阶段（唐延龄等，2002；韩磊和洪汉烈，2009）。

（2）中国台湾花莲碧玉矿分布在由片岩、绿片岩及大量基性或超基性岩外来岩块（蛇绿混杂体）构成的变质杂岩系中，软玉矿体呈层状、似层状产于蛇纹岩与石墨质绢云母石英片岩的接触带上，属于变质热液交代成因（刘飞和余晓艳，2009；任戌明等，2012；刘东岳，2013）。

（3）俄罗斯碧玉矿产在贝加尔湖西部的东萨彦岭（East Sayan）志留纪末—泥盆纪初的蛇绿岩带内（袁淼等，2014），贝加尔湖西部的 East Sayan 软玉矿、Dzhida 软玉矿，以及外贝加尔湖北部的 Parama 软玉矿产于不同大小的蛇纹岩化超基性岩块中，Khamarkhuda 矿床位于蛇纹岩和蛇纹石化纯橄榄岩内（Burtseva et al，2015）。软玉的主要矿物为透闪石，含少量铬铁矿和绿泥石杂质矿物，由超基性岩蚀变形成（唐延龄等，2002；袁淼等，2014）。加拿大软玉矿产在科迪勒拉山脉不列颠哥伦比亚省中部的晚古生代蛇纹岩带内，其成矿与超基性岩的蚀变交代作用有关（米玲丽，2003）。因此，推测俄罗斯碧玉矿和加拿大软玉矿可能形成于超基性岩的蛇纹岩化作用过程，并未经历两个阶段。

（4）新西兰软玉矿分布在韦斯特兰和西奥塔哥地区的由超镁铁岩（蛇纹岩、纯橄榄岩、斜辉橄榄岩）、变质基性岩（辉长岩、辉绿岩、玄武岩）和远洋泥岩构成的狭窄而不连续的蛇绿岩带中，紧邻低—中级变质沉积岩（和变质火山岩）（Adams et al, 2007）。软玉赋存在蛇纹岩边缘，但软玉的 Sr 初始同位素组成（$^{87}Sr/^{86}Sr$ 值）并未显示辉长岩或辉绿岩的原始$^{87}Sr/^{86}Sr$ 值，而是具有更多继承后期变质沉积组分中演化的$^{87}Sr/^{86}Sr$ 值。软玉的 Sr 同位素组成具有宿主地层的特征，因而软玉不是在蛇纹岩化过程中形成的，其成矿时间晚于蛇纹岩，可能是由热液交代变质沉积岩而成(Adams et al，2007)，成矿作用较特殊。

(5)澳大利亚新南威尔士软玉矿分布在新南威尔士州(New South Wales)大蛇纹岩带的蛇纹岩体中(Lanphere and Hockley，2007)。大蛇纹岩带由蛇纹石化超镁铁岩及其伴生的镁铁岩组成，超镁铁岩体分布于 Peel 断裂带及其东侧，该断层是分隔其东部 Woolomin 层杂砂岩、燧石、碧玉、千枚岩和低级变质岩与其西部变形较小的泥盆纪和石炭纪岩石之间的边界断层。超镁铁岩主要为斜辉橄榄岩和纯橄榄岩，普遍蛇纹岩化，且蛇纹岩不具接触变质晕，因而超镁铁岩体属固体冷侵位成因。软玉成矿年龄为 280～275Ma(Lanphere and Hockley，2007)，可能形成于蛇纹石化作用之后。

(6)美国加利福尼亚州软玉属于阳起石玉，阳起石含量(本书矿物含量均指该矿物体积分数)90%以上，为超基性岩型(谢意红和张珠福，2004)。

3)区域变质结晶型

区域变质结晶型软玉矿产在区域变质的白云质大理岩中，由白云岩或白云质灰岩直接经区域变质作用而形成，与局部侵入体的接触变质作用无关。以中国福建南平软玉矿为代表，软玉产在前震旦系建瓯群区域变质岩中，形成于区域变质作用，没有岩浆热液作用参与(汤德平和林国新，1997)。

4)动力变质型

动力变质型矿体产在白云质大理岩内的构造破碎带或剪切挠曲中，受地层与构造的控制，是热力场与应力场交相变化的动热变质作用成矿，以中国龙溪软玉矿、岫岩软玉矿(王春云，1993；丁一，2011；吴之瑛等，2014)和澳大利亚 Cowell 软玉矿为代表。动力变质成因的软玉矿一般以矿体规模小和连续性差为特征，但是 Cowell 软玉矿却是世界上已知规模最大的软玉矿，矿体呈透镜状，赋矿围岩为古元古代晚期—中元古代早期的 Minbrie 片麻杂岩中的白云质大理岩及条带状钙硅酸盐岩。软玉矿产于高级变质作用之后的剪切挠曲及剪切作用形成的蚀变带中，是含 SiO_2 热液沿裂隙进入并扩散至白云质大理岩中发生交代作用成矿(李水明，1997)。

2. 存在的问题

全球软玉矿床中，构成软玉矿的透闪石的成分来源，尤其是其中 Mg(镁)的来源的确定和成矿年龄的测定是当今存在的主要问题。

1)Mg 的来源

白云质碳酸盐岩或大理岩地层岩石自身可为透闪石的形成提供 Mg。对于贫 Mg 或几近无 Mg 的灰岩地层，Mg 的来源有 3 种：①侵入体为超基性岩时，Mg 来源于超基性岩自变质作用(唐延龄等，2002)；②侵入体为蛇绿岩套时，Mg 来源于其中的超镁铁岩单元蚀变(赵洋洋等，2014)；③侵入体为基性岩时，Mg 的来源争议较大，如东昆仑三岔口软玉中 Mg 的来源就存在两种观点，一是认为 Mg 来自围岩(白云石大理岩)，基性辉长岩提供 Si 和 OH^-(周征宇等，2005，2006)，二是认为围岩大理岩 Mg 含量不足，只提供 Ca 和少量的 Mg，Mg 主要来自基性岩，花岗岩浆晚期的热液流体提供 Si(杨天翔等，2013)。

2)成矿定年

软玉的成矿年龄或时代的确定有地质关系推断法和同位素年代学测定法(又分为直接测定法和间接测定法)两种,目前更多的研究倾向于后者,但往往效果不佳。同位素年代学测定法过去多依赖软玉或与软玉形成相关的蚀变岩石的全岩 K-Ar 或 $^{40}Ar/^{39}Ar$ 法和全岩 Rb-Sr 测年法。近年来有研究采用测定软玉中的锆石(Liu et al, 2015)或与软玉成矿相关蚀变岩中的榍石 U-Pb 年龄作为软玉矿的成矿年龄(Ling et al, 2015)。

K-Ar 法定年和 Rb-Sr 法定年的缺点是其数据可信度低。新西兰软玉的 K 含量太低,采用 K-Ar 法和 $^{40}Ar/^{39}Ar$ 法都没有取得成功。Adams 等(2007)尝试用全岩 Rb-Sr 法测定软玉和其宿主变质岩的年龄(变质年龄),以及测定软玉与相关岩石的 Sr 初始同位素组成,以了解彼此间的相关度来判断软玉形成的相对早晚。由于软玉全岩 Rb、Sr 含量很低,加之体系往往处于开放状态,测年数据是否准确和精确尚存在疑问。

软玉中的锆石成因复杂性决定着成矿年龄测定的成败。Liu 等(2015)在新疆阿拉玛斯软玉矿的青玉中挑选出的锆石绝大多数为捕虏锆石,仅少量具矿物包裹体(mineral inclusions)的锆石可能反映后期热事件的产物。因此,具包裹体的锆石 U-Pb 年龄值可能代表软玉的成矿年龄,但必须结合地质背景进行合理的取舍与解释。实际工作表明很难从软玉中挑到锆石,该方法的复制性极差。

Liu 等(2015)基于对榍石与透闪石属于共生关系的理解,测定河南栾川软玉矿中的榍石 U-Pb 年龄来约束软玉的形成年龄。然而,多数软玉矿床在成玉过程中并不都同时生长出榍石。

二、罗甸玉矿床研究存在的问题

罗甸玉产于二叠纪辉绿岩体与二叠系四大寨组灰岩的接触带内。自从罗甸玉被开采以来,已有若干研究成果问世(范二川等,2012;黄勇等,2012,2018;杨林等,2012;杨林,2013;李凯旋等,2014;张亚东等,2015),但仍存在一些重大地质和科学问题有待开展研究或深化,主要包括:①罗甸玉矿赋存地层四大寨组的化学组成特征及其沉积盆地环境条件;②空间上与罗甸玉密切相关的辉绿岩体的产状、组成和时代及其与罗甸玉矿的成因联系;③辉绿岩体中的中酸性岩体的产状、组成、年龄和成因及其与罗甸玉矿的成因联系;④罗甸玉成矿的 Mg 的来源和成矿机制及矿床成因类型。

1. 四大寨组的化学组成特征及其沉积盆地环境条件

岩相是沉积环境的物质反映,不同的沉积环境具有不同的岩性组合和岩相标志。罗甸地区的四大寨组有深水盆地相和半深水斜坡相。前期调查发现,半深水斜坡相上部夹白云岩,半深水斜坡相下部和深水盆地相不夹白云岩,罗甸玉成矿区的四大寨组大多处于深水盆地相区。前期一些研究提出成矿物质 Mg 来源于围岩(杨林等,2012;范二川等,2012;张亚东等,2015),这与四大寨组的岩性组合及沉积水体环境条件不符,需要进一步研究。少数学者在成矿背景的地层划分中,将台地相区的中二叠统栖霞组—茅口组序列移置于罗甸玉成矿区,称罗甸辉绿岩侵入于栖霞组和茅口组中(范二川等,2012),其地质事实需要进一步调研证实。

2. 辉绿岩体的产状、组成和时代及其与罗甸玉矿的成因联系

产状组成上，已有调查因罗甸辉绿岩体局部发育杏仁状构造（前身为气孔状构造）认为其为岩床（贵州省的区域地质调查成果）和熔岩（张旗等，1999）。时代上，近期测得的锆石 U-Pb 年龄约 260Ma，指示为中二叠世末（Huang et al，2019），但测定数据有限（需要积累），锆石成因研究不足（需要深化），需进一步明确锆石年龄的地质意义。构造背景上，有地幔柱活动（韩伟等，2009；Lai et al，2012；张斌辉等，2013）和古特提斯构造域（杜远生等，2013，2014）两种观点。与罗甸玉矿的成矿关系上，存在热源说（李凯旋等，2014）、岩浆期后流体介质源说（张亚东等，2015）、镁源说（黄勇等，2012）等观点。

3. 中酸性岩体的产状、组成、年龄和成因及其与罗甸玉矿的成因联系

该中酸性岩的产状和组成仍未清楚。形成年龄上初步有侏罗纪（164Ma）（Zhu et al，2019）和晚二叠世（255Ma）（黄勇等，2017）两个意见，以及燕山期或喜马拉雅期岩浆事件的推断（郝家栩等，2014）。详细的露头显示中酸性岩有多种。对这些不同产状的中酸性岩的岩石学、年代学和地球化学开展系统的研究，对于查明其岩石成因和与罗甸玉矿床的成因联系非常重要。

4. 罗甸玉成矿的 Mg 的来源和成矿机制及矿床成因类型

（1）Mg 的来源争论。罗甸玉中的 Mg 源主要存在围岩源说（范二川等，2012；杨林等，2012；张亚东等，2015）、基性岩浆源说（黄勇等，2012）、下伏地层源说（黄勇等，2018）、基性岩浆主源及围岩次源说（杨林，2013）和海水源说（李凯旋等，2014）共 5 种。然而，现有工作确定的围岩地层岩性组合表明围岩不太可能为透闪石形成提供所需的 Mg 元素，罗甸玉矿的产状也不支持海水源说（李凯旋等，2014），基性岩浆源说（黄勇等，2012）和基性岩浆主源及围岩次源说（杨林，2013）均有待详细论证。

（2）矿床成因类型。罗甸玉矿体产在辉绿岩床与燧石条带灰岩的接触带上，这一产状与青海玉相近，但围岩岩性为灰岩而不是白云质岩石，这与青海玉迥然不同。青海软玉的成因观点有 3 种：①基性岩体接触交代作用成矿（周征宇等，2005，2006，2008）；②热液交代作用成矿（孔蓓等，1997）；③花岗岩浆侵入活动成矿（杨天翔等，2013）。罗甸玉矿的成因类型究竟是哪一种，需要深入研究。

综上所述，罗甸软玉矿床研究存在的主要地质科学问题有：①围岩地层、岩浆作用和接触变质（交代）作用等地质条件、地质特征及其相互关系的研究仍欠深入；②成岩、成矿年代学研究仍存在严重不足；③矿床成因研究仍需要进一步深化，以便为将来查明罗甸玉的成矿规律提供科学依据。迄今为止，国内外尚未报道与罗甸玉相同或相似地质背景的软玉矿床点，而基性侵入岩体与贫镁碳酸盐岩的接触变质带在全球各个基性大火成岩省均可能有广泛分布，深入研究罗甸玉的成因机制对推动更大范围的同类型软玉矿的区域找矿工作具有重要的启示意义。

第三节 研究内容

研究内容将针对上述存在的主要问题展开，主要涉及以下6个方面。

(1)辉绿岩体和中酸性岩体的特征与成因。分别研究基性岩体和基性岩体中的中酸性岩囊、岩脉、围岩地层的分布与产状及它们之间的关系，划分岩体和岩脉类型。分别研究基性岩体、中酸性岩囊和岩脉岩性、岩石类型、共生组合、全岩化学成分等特征，测定基性岩体和各种产状的中酸性岩囊的结晶侵位年龄，确定岩石的形成时代。分别研究基性岩体和各种产状的中酸性岩的岩石成因。对于基性岩体，研究其岩浆作用过程，包括源区特征、结晶分离作用与陆壳物质的同化混染作用及岩浆混合作用、岩浆类型与系列，以及岩浆作用构造环境和构造背景，注意探讨其形成与峨眉山大岩浆岩省的关系；对于中酸性岩囊和岩脉，以基于野外划分的岩石类型分别进行研究，研究其是结晶分异产物还是部分熔融产物、岩石类型和序列、源区特征、岩浆产生的构造环境等。

(2)罗甸玉矿体赋存地层的特征与成因。研究罗甸玉矿床围岩地层的岩性、岩石类型、共生组合，不同岩石类型或岩石组合的分布，全岩化学成分，划分围岩地层的层序和地层单元，查明沉积作用类型和沉积相特征，探讨沉积环境、海平面变化及地壳升降等。

(3)研究基性及中酸性岩体的蚀变作用和围岩的接触变质作用特征。

(4)研究罗甸玉矿的矿床地质特征和矿床成因。

(5)研究罗甸玉矿体的产状、空间分布、规模、成矿时代、流体组成，探讨成矿物质来源和成矿机制。

(6)矿床成因成矿模式讨论。综合成矿时空分布规律和矿床共生规律，建立成矿模式与找矿标志。

第四节 研究方法和技术路线

一、研究方法

(1)辉绿岩体、中酸性岩体和围岩及其与软玉矿体的产状和地质关系。在1∶5万区域地质调查和各种比例尺的矿产调查图件成果基础上，选择典型的成矿地段进行露头尺度观察，对关键露头测制大比例尺的地质剖面图，厘定同一地质体的产状和共生组合与不同地质体之间的地质关系。对于围岩地层，注意在露头上观察沉积构造、岩石组合、厚度变化、接触关系等，为沉积相分析提供依据。

(2)岩石学特征研究。在野外调查和样品采集的基础上，从岩相学观察入手，查明岩石的矿物组合和结构特征，确定岩石名称，划分岩石类型和变化序列。从显微构造关系查找基性岩和中酸性岩中是否存在多世代矿物结晶，查明不同世代矿物和矿物化学成分。注意对岩石蚀变作用和围岩蚀变作用特征的研究，确定蚀变类型和岩石种类及岩石组合，鉴定蚀变矿物种属。岩石主量和微量元素测定将分别选用常规的XRF法和ICP-MS法测定，对于部分样品将增加测定 FeO，计算 Fe_2O_3 的含量，以了解不同岩浆作用阶段的氧化还原程度。对于围岩地层，同样从岩相学观察入手，正确鉴定岩石的矿物成分和结构构造，岩石成分、粒序变化和沉积构造。

（3）岩石形成年代研究。采用锆石 U-Pb 同位素年代学方法研究辉绿岩体和中酸性岩体的结晶年龄，其中要注意查明锆石的成因类型，以明确其年龄的地质意义。对于中酸性岩脉或岩囊，同样要注意有无多成因锆石类型的存在，注意判断哪些是岩浆结晶的产物，注意判别有无蚀变成因锆石的存在，同时要注意因样品制作过程中混入的他源锆石，当存在这种可能性时，要重新采样分析，可同时分送两个实验分离制靶测定，以便于检查发现。锆石 U-Pb 年龄测定采用原位高精度的 LA-ICP-MS 技术在锆石 CL 图像指引基础上进行，同时测定锆石的 REE 和其他相关微量元素组成，以确定锆石成因。

（4）岩石成因研究。对于基性岩和中酸性岩，要结合地质产状、岩相学特征、锆石 Hf 同位素和年代学研究资料，矿物学、岩石地球化学和同位素地球化学资料，分析岩石的成因，包括岩浆作用过程的源区特征、结晶分离作用与陆壳物质的同化混染作用以及岩浆混合作用，岩浆类型与系列，岩浆作用构造环境和构造背景等。对于围岩中的碳酸盐岩，结合对地层垂向序列的岩石地球化学的研究，揭示其成因及沉积相和沉积盆地环境。

（5）矿床地质和矿床成因研究。采用与岩石地质体调查的方法来调查罗甸玉矿体的空间分布、产状、规模，并与岩石地质体的调查结合起来进行，注意其产状与围岩地层产状的关系。另外，研究过程中将选用一些现代的稳定同位素地球化学方法和流体温度估计等，来探讨成矿物质和成矿流体来源，采用间接法（如通过限定蚀变作用的年龄）来约束罗甸玉矿的成矿时代，综合基性和中酸性岩的岩浆作用过程、接触变质作用和交代变质作用，探讨罗甸玉矿床的成矿机制、成因和成矿模式，从而建立找矿标志。稳定同位素的测定包括全岩 H、O、Si 和 Mg 同位素。

二、技术路线

在系统收集前人研究成果和资料的基础上，采取野外地质研究与室内分析测试研究相结合的技术路线开展工作，本研究技术路线流程如图 1.2 所示。

1. 研究剖面实测

在广泛收集前人成果资料的基础上，重点选择罗暮、昂歪和罗悃一带开展剖面测量和采样、矿床（点）实地调研和采样，以及部分重要露头点的踏勘和采样。

2. 矿床成因研究

通过剖面采样、矿床（点）采样及特殊地质点采样测试进行研究。

（1）成矿物质来源（重点是 Mg 的来源）研究：按照岩体的相带划分单元，采集岩石薄片样、岩石化学样、电子探针样、Si 同位素及 Mg 同位素示踪分析样进行综合研究，结合岩浆分异理论，探讨 Mg 的来源及其迁移方式。

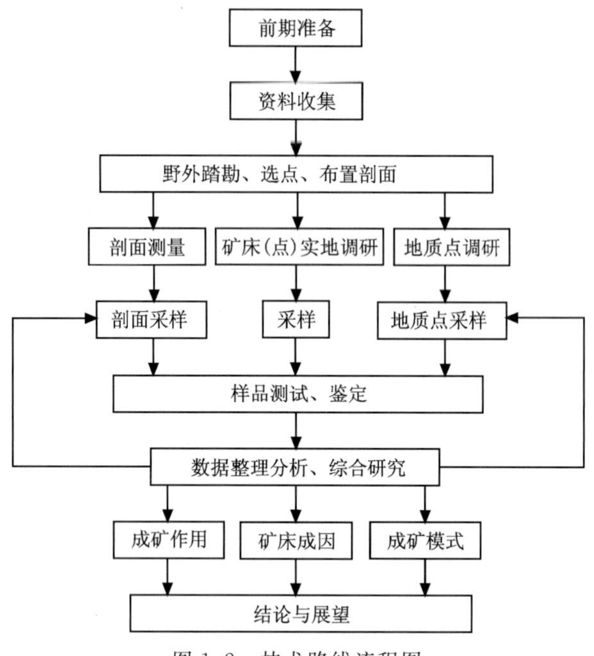

图 1.2　技术路线流程图

(2)成矿流体来源研究:采集软玉氢、氧同位素分析样,通过 $\delta D-\delta^{18}O$ 图解进行判别。

(3)成矿温度研究:采集软玉流体包裹体样,开展对流体包裹体的测温分析。

(4)成矿时代研究:罗甸玉若是接触变质作用的产物,则岩浆结晶年龄可以限定成矿年龄,否则,就会相去甚远。因此,需要对矿区基性岩和中酸性岩脉及罗甸软玉采集锆石测年样,应用 LA-ICP-MS 方法进行锆石 U-Pb 测年。

第五节　创新点和主要研究成果

一、创新点

对比已有国内外软玉矿床成因研究,本书的创新点可以归纳出以下 3 点。

(1)研究全球首例矿体产在贫 Mg 的硅质碳酸盐岩地层中的软玉矿床成因,综合各种地质因素和同位素示踪,探索争议极大的成矿关键元素 Mg 的来源,确定新的软玉矿床成因类型。

(2)综合玉石内热液锆石和花岗岩体锆石定年确定罗甸玉成矿年龄为 86Ma。

(3)提出了 Mg 的输送过程以及铁绿泥石和绿帘石形成时消耗了矿液中的 Fe、Al 杂质从而能提高含 Mg 矿液纯度的作用机制观点。

二、主要研究成果

(1)在辉绿岩岩床内识别出三期中酸性岩,呈岩囊和岩脉状产出。第一期中酸性岩发生在255Ma左右，属于海西晚期，是辉绿岩床和区域上ELIP玄武岩同期但稍晚的玄武质岩浆演化产物，形成岩囊和规则状短岩脉，成群分布；第二期中酸性岩发生在170～160Ma，处于中侏罗世早期—晚期，是燕山早期的岩浆作用的记录，形成规则状岩脉，呈单脉分布；第三期中酸性岩发生在86Ma左右，处于晚白垩世，属于喜马拉雅早期，为不规则状岩脉，成群分布且量大。

(2)第一期中酸性岩的岩浆演化活动导致基性岩发生了强烈的自蚀变作用，使辉石退变成绿泥石，造成辉绿岩中Mg的出溶、迁移和富集。

(3)获得罗甸玉中热液锆石U-Pb表观年龄为(87±2)Ma，在误差范围内与第三期中酸性岩的谐和年龄高度一致，可用第三期中酸性岩的锆石U-Pb谐和年龄[(86±1)Ma]约束罗甸玉的成矿时间，约为86Ma，处于晚白垩世中期，属于喜马拉雅早期成矿。

(4)查明罗甸玉的关键成矿元素Mg的来源和迁移方式，海西晚期的基性岩的自蚀变作用形成以绿泥石为主的次生矿物组合，并产生含Mg的初始矿液；喜马拉雅早期的青磐岩化蚀变作用，使基性岩再次蚀变形成以绿帘石为主的次生矿物组合，并使含Mg矿液纯化，为其后的热液交代成矿作用提供富Mg矿液。

(5)罗甸玉的成矿作用包含了海西晚期的基性岩浆接触热变质作用、岩浆演化造成的基性岩的自蚀变作用、喜马拉雅早期的青磐岩化蚀变作用及花岗岩浆侵入活动引起的热液交代作用，因此，罗甸玉属于接触-热液交代叠生软玉矿床，这是目前国内外软玉矿床中发现的一种新的成因类型，并非此前公认的接触交代成因。

第二章 区域构造和研究区地质概况

第一节 区域构造背景

研究区位于华南板块西南部，江南复合造山带西南端的右江裂陷盆地北缘(图 2.1)，北邻扬子陆块，南近华夏地块，西倚越北地块，处于峨眉山大火成岩省(ELIP)的外带。华南板块是东亚重要的大陆块体，研究成果较多，按照《中国区域地质志 · 贵州志》(2017)的划分方案，其大地构造单元可划分为扬子陆块、华夏地块和江南复合造山带。

扬子陆块为一复式基底的古陆块，其最早的基底出露在西北缘的崆岭地区，为一套高级变质的闪长—英云闪长—奥长花岗—花岗闪长质片麻岩、花岗质片麻岩、变沉积岩、斜长角闪岩和少量基性麻粒岩，形成于古元古代晚期(高山等，2001)。扬子陆块从中元古代开始了长时期的裂解，于晚青白口世末形成最新一套基底，基底上不整合覆盖南华系及南华纪以来的未变质地层。

华夏地块是较年轻的地质块体，它是否普遍存在古老结晶基底，尚有争议(李献华等，1991，1998；Chen and Jahn，1998；邓平等，2002；于津海等，2002，2005，2006；胡受奚和叶瑛，2006；舒良树，2006)。华夏地块的老地层主要分布在武夷山地区，由年龄约 18 亿年的元古宙地层组成，斜长角闪岩的锆石 SHRIMP U-Pb 年龄为(1766±19)Ma(李献华等，1998)，黑云片麻岩的锆石 SHRIMP U-Pb 年龄为(1790±19)Ma(Wan et al，2006)，但基于副变质岩存在 2770～2450Ma 的碎屑锆石，因此不能排除存在太古宇基底的可能性(于津海等，2006)。

华南地区 820Ma 左右发生武陵构造运动，造成新元古代早期的下部梵净山时期与上部下江时期的两套变质基底地层之间的高角度不整合接触(高林志等，2012)。在南华纪，响应全球 Rodinia 超大陆裂解进程，华南板块在其中东部形成了南华陆内裂谷，在西缘形成了康滇陆内裂谷(徐亚军和杜远生，2018)。扬子陆块和华夏地块在新元古代下江时期至南华纪也为裂陷沉积，从震旦纪开始进入稳定的地台型盖层沉积。在早古生代末发生加里东挤压造山作用，扬子陆块与华夏地块的拼合在华夏区造成强烈的褶皱隆升与变质作用，伴随较大规模的花岗岩浆侵入活动；在扬子区，泥盆系与下伏地层之间发育区域性角度不整合。在晚泥盆世—中三叠世期间，华南大部分区域处于稳定的滨海-浅海相沉积环境(舒良树，2012)，经晚三叠世印支运动后转为陆相沉积。此外，扬子陆块在中二叠纪世末发生了规模巨大的峨眉山地幔柱活动，形成面积达 30 万 km^2 的峨眉山大火成岩省，使上扬子台地区地壳抬升而形成千米级的穹状隆起(Saunders et al，2007；Sun et al，2010)，并形成了峨眉山大火成岩省(图 2.1)(Xiao et al，2004；胡瑞忠等，2005；Saunders et al，2007；Sun et al，2010；Li et al，2014；

Usuki et al,2015;Deng et al 2016; Li et al, 2016)。华夏地块受中生代古太平洋板块俯冲作用的影响,发生了大规模的弧后伸展背景下的花岗岩浆侵入活动,形成广泛分布于政和-大埔断裂带南东的晚中生代东南沿海岩浆岩带(舒良树,2012)。

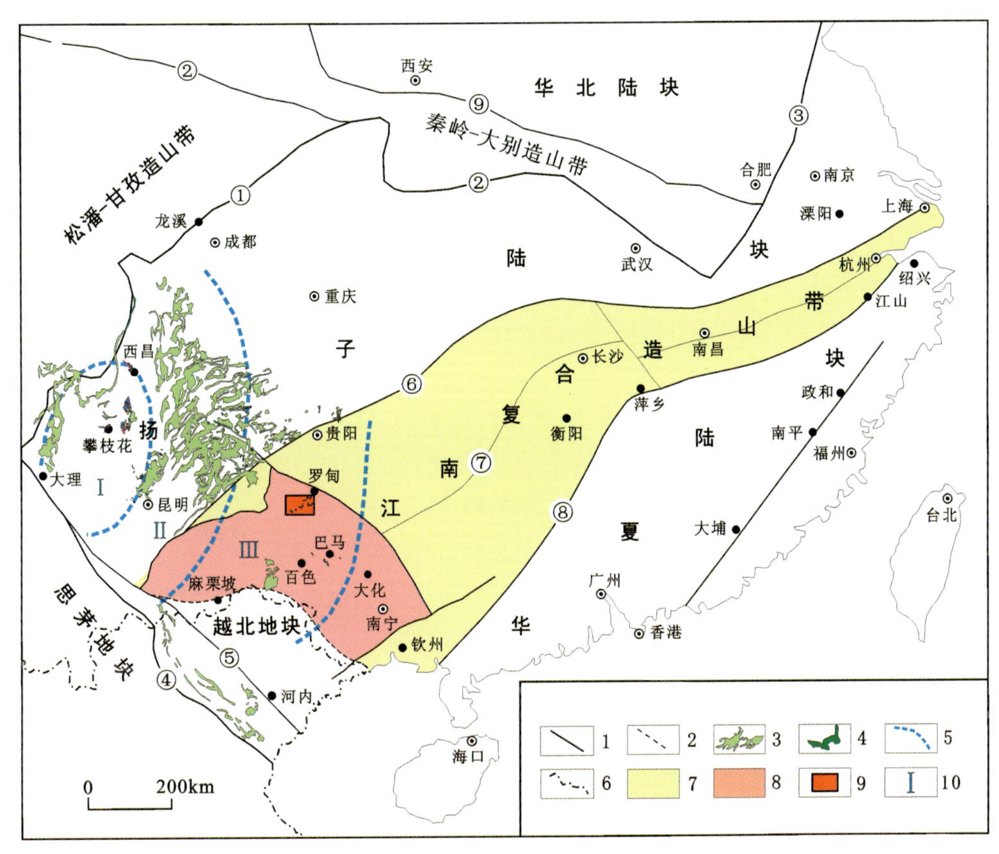

图 2.1 华南构造格架图

(修改自朱介寿等,2005;戴传固等,2010,2014;舒良树,2012;杜远生等,2013,2014;Usuki et al, 2015; Deng et al, 2016; 汤家富和戴圣潜,2016; Li et al, 2017; Huang et al, 2019)

1. 边界断裂;2. 推测断裂;3. 峨眉山玄武岩;4. 辉绿岩;5. 峨眉山大火成岩省分带界线;6. 国界;7. 江南复合造山带;8. 右江盆地;9. 研究区;10. 分带编号;①龙门山断裂带;②武都-襄阳断裂带;③郯庐断裂带;④哀牢山-马江断裂带;⑤红河断裂带;⑥师宗-松桃-慈利-九江断裂带(北亚带);⑦罗城-龙胜-桃江-景德镇断裂带(中亚带);⑧北海-萍乡-绍兴断裂带(南亚带);⑨洛南-栾川-合肥南断裂带;Ⅰ. ELIP 内带;Ⅱ. ELIP 中带;Ⅲ. ELIP 外带

江南复合造山带由戴传固等(2010,2014)命名,包括昔称的"江南古陆"或"江南-雪峰古陆"(黄汲清,1954)。江南复合造山带包含 3 个时期的造山带,即武陵期造山带、加里东期造山带、燕山期板内造山带。

武陵期造山带与传统的江南造山带相当,指夹持于九江断裂带与绍兴断裂带之间的一套由中新元古代巨厚浅变质、强变形的沉积-火山岩系及相同时代侵入体构成的地质构造单元(薛怀民等,2010;高林志等,2011,2012),其北西为扬子陆块,南东为华夏地块(图 2.1),碰撞带或缝合带沿师宗-松桃-慈利-九江断裂带展布。蛇绿岩套主要见于赣东北和皖南歙县一带,枕状玄武岩的锆石 SHRIMP U-Pb 年龄为(840±7)Ma(薛怀民等,2010)。武陵造山运动发生在820Ma左右(高林志等,2012),比Grenville造山运动的发生年代相对较晚,造成下江时期地层与下伏梵净山时期的地层呈高角度不整合关系。

加里东期造山带沿罗城—龙胜—桃江—景德镇一线展布,是新元古代晚期华南板块再次裂解的扬子陆块与华夏地块之间于早古生代末发生的陆内碰撞造山带(舒良树,2006;张国伟等,2013)。该期造山运动造成华南板块下古生界及其下伏地层的强烈褶皱和韧性剪切变形,使上、下古生界之间呈高角度不整合、微角度不整合、平行不整合等构造接触关系,在扬子板块东部和华夏地块广泛发生早志留世一早泥盆世花岗岩浆活动,其中同碰撞花岗岩年龄512~415Ma(戴传固等,2010),分量最多的铝过饱和S型花岗岩锆石U-Pb年龄440~390Ma(舒良树,2006;张国伟等,2013)。

燕山期板内造山带沿北海一萍乡一绍兴一线展布,属于典型的陆内造山带,造山带内产生了晚白垩世地层与下伏不同时代地层之间的区域性不整合,在华南板块东部产生了大规模燕山期花岗岩浆活动。

右江盆地处于古特提斯构造域与古太平洋构造域的交会部位,由加里东造山带经夷平后再次拉张裂陷形成,为上叠于该造山带的大陆边缘盆地,属于古特提斯分支洋盆(杜远生等,2013,2014)。右江盆地的裂陷始于中泥盆世晚期,石炭纪—中二叠世沿麻栗坡一带拉张成洋,晚二叠世—早三叠世早期洋壳向越北地块俯冲,早三叠世晚期以后洋盆关闭,中三叠世转为前陆盆地,形成巨厚的浊积岩系。其中,中、晚二叠世之交的钦防海槽的关闭导致云开地块向扬子陆块拼贴碰撞,华南板块褶皱基底整体抬升,上扬子台地区中二叠统茅口组普遍抬升剥蚀,造成上二叠统与之呈平行不整合接触,这一系列运动被称为东吴运动(黔桂运动)。在燕山运动期间,右江盆地周缘引发了大规模的花岗岩浆侵入活动,形成了个旧、白牛厂、都龙、大厂、大明山、昆仑关等花岗岩体,并在盆地北缘的黔西南白层一带产生了超基性岩墙群。

第二节　研究区地质概况

研究区位于罗甸县城西南部(图2.1、图2.2)。区内经历了泥盆纪、石炭纪、二叠纪和三叠纪的沉积作用。岩浆作用发生在古生代的二叠纪及中生代的早三叠世、早侏罗世和白垩纪。二叠纪基性岩体的侵入导致围岩发生接触变质作用和随后的中生代的接触交代变质作用。强烈的北西-南东向褶皱构造和北东-南西向断裂构造发生在三叠纪后。

一、地层系统特征

研究区的泥盆系、石炭系、二叠系和三叠系(图2.2a)为一套台地边缘斜坡相-深水盆地相沉积岩,缺失上三叠统—侏罗系,白垩系只有茅台组(K_2m)。泥盆系、石炭系、二叠系由老至新有8个岩石地层单位,依次为火烘组($D_{1\text{-}2}h$)、榴江组(D_3l)、五指山组($DCwz$)、睦化组(C_1m)、打屋坝组(C_1dw)、南丹组(CPn)、四大寨组($P_{1\text{-}2}s$)、领薅组($P_{2\text{-}3}lh$),总厚约2600m。

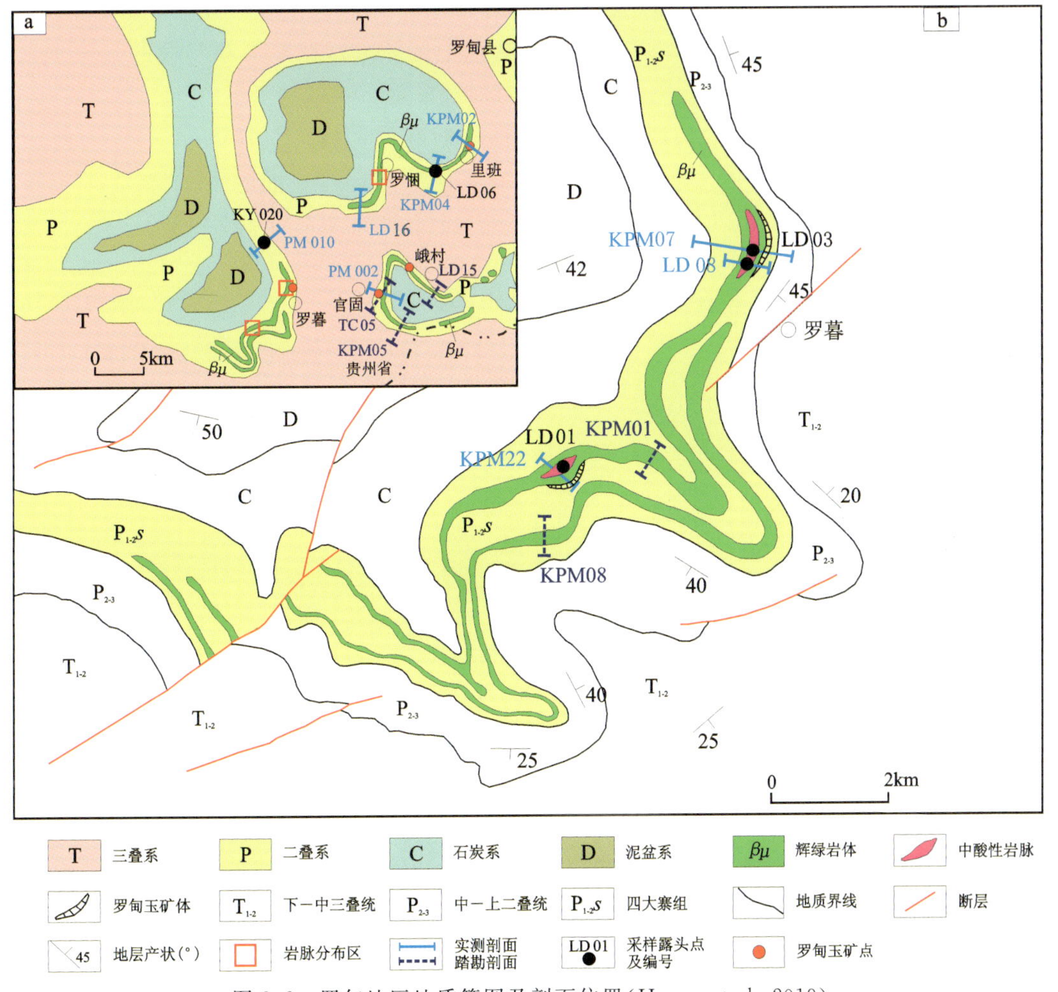

图 2.2　罗甸地区地质简图及剖面位置(Huang et al, 2019)

泥盆系的火烘组为黏土岩夹少量砂岩及灰岩，榴江组为薄层硅质岩和放射虫硅质岩夹少量黏土岩及泥灰岩，五指山组为中厚层泥晶灰岩夹砾屑灰岩及鲕粒灰岩；石炭系的睦化组为中厚层生物屑灰岩和燧石灰岩夹薄层硅质岩及黏土岩，打屋坝组为薄层含粉砂质黏土岩和含碳质黏土岩与黑色薄层硅质岩互层并夹薄层灰岩，南丹组为薄—中厚层生物屑灰岩夹薄层硅质岩及黏土岩，局部偶含白云质团块(图 2.3)；二叠系四大寨组主要为灰岩夹硅质岩，领薅组为碎屑岩夹少量凝灰岩及泥质灰岩。

图 2.3　峨劳背斜东翼南丹组中的白云岩团块

四大寨组下部为薄层硅质岩、泥质硅质岩与粉砂质黏土岩互层，夹薄层燧石条带灰岩、泥晶灰岩，连续沉积于南丹组之上，地层在西部桑郎—纳水厚约 8m，往南东罗暮、峨劳和下交强，地层厚从 19～31m 增加到 69～93m；下—中—上部为薄—中厚层燧石灰岩、含生物屑灰岩互层，夹薄层硅质岩及少量厚层块状（含砾）生物屑砂屑灰岩；顶部夹 5～10m 厚层含砾砂屑生物屑灰岩、滑塌角砾岩（由西往东，砾石含量、砾径和厚度渐减），在罗暮和罗悃的部分地段无砾屑灰岩。地层西厚东薄，桑郎—纳水厚 638～736m，罗悃—峨劳以东厚 238～365m。

领薅组为薄—中厚层黏土岩，薄—中层硅质岩、粉砂岩，夹泥灰岩、凝灰岩、凝灰质黏土岩、凝灰质粉砂岩，厚 340～660m。

三叠系为深水细屑浊流沉积构成的复理石建造，发育鲍马序列和重荷模、沟模、槽模构造，自下而上依次有乐康组（$T_{1\text{-}2}lk$）、许满组（T_2xm）、边阳组（T_2b），总厚约 4100m。上白垩统茅台组（图 2.4）分布于罗甸县城附近的山间盆地内，为陆相碎屑岩，属湖相沉积，厚约 155m。

图 2.4　罗甸县铁厂茅台组角砾岩特征（a）及其与下伏许满组的角度不整合接触关系（b）

（《贵州 1：5 万桑郎、罗悃、八茂、圭里 4 幅区域地质矿产调查报告》，2015；《中国区域地质志・贵州志》，2017）

研究区与贵州省二叠系地层单元及其沉积相划分对比见表 2.1。

表 2.1　研究区与贵州省二叠系地层单元及其沉积相划分对比表

年代地层						《地球学报》		《中国区域地质志·贵州志》（2017），本书（2021）修改				
国际（2018）			年龄值	中国（2014）		（2014）中国南方		陆相	海陆交替相	浅海相	台缘相	斜坡-盆地相
二叠系	乐平统	长兴阶	251.9Ma	乐平统	长兴阶	长兴组	大隆组	宣威组	大隆组（台洼相）；长兴组（台地相）	合山组	吴家坪组	领薅组
		吴家坪阶	254.1Ma		吴家坪阶	吴家坪组	合山组；晒瓦组		龙潭组			
	瓜德鲁普统	卡匹敦阶	259.1Ma	阳新统	冷坞阶	茅口组	四大寨组	峨眉山玄武岩组				
		沃德阶	265.1Ma		孤峰阶			茅口组（台地相）			猴子关组	四大寨组第二段
		罗德阶	268.8Ma		祥播阶	栖霞组						
	乌拉尔统	空谷阶	273.0Ma		罗甸阶		纳水组	栖霞组（台地相）；梁山组（滨岸沼泽相）				
		亚丁斯克阶	283.5Ma	船山统	隆林阶	马平组		平川组		龙吟组	平川组	四大寨组第一段
		萨克马尔阶	290.1Ma		紫松阶		小浪风关组	“马平组”	马平组	威宁组；南丹组	威宁组	南丹组
		阿瑟尔阶	293.5Ma									
石炭系	宾夕法尼亚亚系	格舍尔阶	298.9Ma	上石炭统	逍遥阶							
		卡西莫夫阶	303.7Ma									
			307.0Ma									

二、岩浆作用

研究区的岩浆活动有海西晚期的基性岩浆浅成相侵入活动、印支期的火山喷发活动(黄勇等,2017;Zhu et al, 2019)和燕山晚期的中酸性岩浆侵入活动共3期。

海西晚期的基性岩浆浅成相侵入活动产生了广布的辉绿岩床。这些辉绿岩床呈北东向带(似层)状分布在西南起于望谟县乐康,北东至罗甸县里班一带,出露区域长约56km,宽约23km,面积约1288km^2,主要出露于床井背斜和桑郎背斜南东翼、峨劳背斜翼部、中苏村背斜南西翼,以及打郎背斜和乐康背斜翼部。除桑郎背斜南东翼和乐康背斜南西翼有2条(层)岩体外,其余只有1(层)条岩体。岩床侵位于二叠系四大寨组中,宏观上呈层状或似层状,沿走向有膨大和变薄现象,厚40~300m,主脉体局部具有分枝现象(图2.5)。岩体界面与上、下围岩地层产状呈平行和低角度斜切关系,侵入的最低部位是四大寨组第一段,最高部位是四大寨组第二段($P_{1-2}s^2$)上部。罗悃一带辉绿岩的锆石LA-ICP-MS U-Pb年龄为(255±0.62)Ma(韩伟等,2009),与ELIP内带的层状辉长岩年龄[(258.8±1.5)Ma(钟宏等,2009)]和中带的辉绿岩年龄[(257.6±2.0)Ma(李宏博等,2013)]在误差范围内一致,也与广西巴马辉绿岩年龄[(255.3±3.9)Ma或(257.6±2.9)Ma]在误差范围内一致,显示形成于海西期。

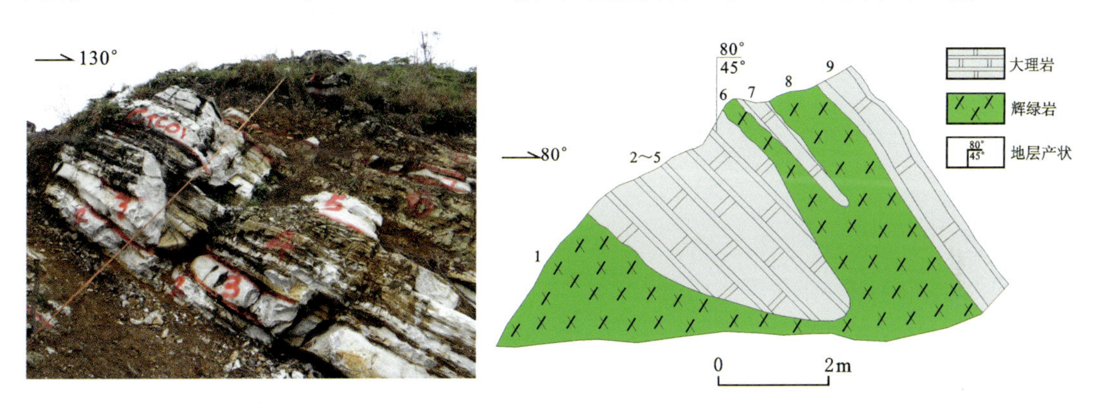

图2.5　辉绿岩体的分枝现象及ETC01探槽素描图

海西晚期—印支期酸性岩浆喷发活动形成的酸性凝灰岩和沉凝灰岩以夹层形式分布于中—上二叠统领薅组下部及中三叠统许满组底部界面附近。领薅组中的凝灰岩单层厚度在东部地区大于西部,达50~60cm;许满组底部的凝灰岩在贵州分布范围宽广,稳定产于深水盆地相区和浅海台地相区,厚度数厘米至30cm,是区域上中、下三叠统的界面标志层。

晚燕山期的中酸性侵入岩呈小规模的岩脉发育在辉绿岩床中。此类中酸性岩的岩石特征、时代及成因将在后面章节详细介绍和讨论。

三、变质作用

区内的变质作用类型为接触热变质作用和热液交代变质作用。

接触热变质作用是由年龄约260Ma侵入的辉绿岩岩床引起的。变质范围在岩床底板围岩不足10m,在顶板围岩可达30m,局部可达50m以上。变质结果导致四大寨组硅质灰岩发生大理岩化，局部由远及近岩床存在透闪石→透辉石＋硅灰石递增变质带，有的岩石发育石榴子石变晶。

热液交代变质作用是由中酸性岩浆侵入活动产生的热液引起的。第一期中酸性岩浆是由海西晚期的基性岩浆分异演化形成的，其演化过程中产生的热液对辉绿岩和辉长岩发生了自蚀变作用，使辉石和斜长石退变成绿泥石、绿帘石，岩石蚀变以绿泥石化为主；第二期花岗岩浆侵入活动引起的变质作用较微弱；第三期花岗岩浆侵入活动造成全区基性岩、中性岩和酸性岩发生了青磐岩化蚀变（以绿帘石化为主，另有绿泥石化、角闪石化、钠长石化、硅化等热液蚀变作用），形成的含 Mg 热液与大理岩和石英岩发生热液交代变质作用变质成透闪石岩，同时使接触变质带中的透辉石退变质为透闪石。

四、构造事件

据《中国区域地质志·贵州志》(2017)，区内构造演化分别受到江南复合造山带钦杭带晚古生代钦防海槽演化和特提斯构造域哀牢山构造带演化的影响，从泥盆纪起，经历了从裂谷盆地至前陆盆地的演化历程。泥盆纪—中二叠世，在裂陷背景下形成裂谷盆地，中二叠世末地壳抬升，沉积水体变浅，中二叠统茅口组抬升剥蚀与上覆龙潭组呈现平行不整合接触，同时造成下交强一带盆地相区四大寨组差异性隆升或局部暴露。晚二叠世—早三叠世，形成弧后盆地，随着云开微地块对扬子陆块的持续挤压，形成与钦州断裂带平行的北东向褶皱构造。早三叠世—晚三叠世早期，为挤压背景下的前陆盆地，中三叠世末之后开始响应于中三叠世初期开始的金沙江古特提斯分支洋盆闭合造山运动（杜远生等，2014），形成与金沙江-红河断裂带平行的北西向褶皱构造，部分北西向褶皱叠加于北东向褶皱之上形成次级裙边褶皱，随着右江洋盆的关闭，研究区终结了上三叠统及侏罗系的沉积。燕山运动在区内的主要表现形式是上白垩统茅台组与下伏许满组之间产生了角度不整合关系。总之，这 3 次构造事件先后产生了大规模的基性岩浆侵入体、北东向褶皱、北西向褶皱及北东向断裂构造，其中，北西向褶皱叠加于北东向褶皱之上形成了典型的叠加褶皱（图 2.6）。

区内褶皱断裂构造发育，褶皱以短轴背斜和穹状背斜为特征，褶皱长宽比为 1.2～3.6。泥盆系、石炭系、二叠系及三叠系均协调卷入褶皱。断层有北东向、北西向和近东西向 3 组，可划分出 3 期构造（图 2.6）。

第一期构造：以区内中北部的北东向桑郎背斜和床井背斜为代表，核部地层为泥盆系—石炭系，翼部地层为二叠系。同期断层不发育，能识别出的是桑郎背斜东西两翼的两条对冲断层。该期构造可能形成于印支早期。

第二期构造：以南西部的北西向乐康背斜、打郎背斜以及东部边缘的中苏村背斜为代表，核部地层为泥盆系—石炭系或石炭系，翼部地层为二叠系。部分北西向褶皱叠加于第一期北东向背斜及近东西向背斜之上而形成叠加褶皱，以桑郎背斜南东翼、床井背斜南东翼和峨劳背斜北西翼最为特征，同期断层较少，主要为较小规模的北西向逆断层及正断层。该期构造主要形成于印支晚期。

第三期构造：大量分布于三叠系中的北东向断裂构造，大多为高角度逆断层，断层切割了区内的背斜构造，同时切割了第二期断裂构造。依据各地层以及辉绿岩体已协调卷入褶皱的事实，结合大地构造背景分析，该期构造是燕山期华南板块东南缘遭受太平洋板块斜向俯冲而引起陆内碰撞挤压的产物。

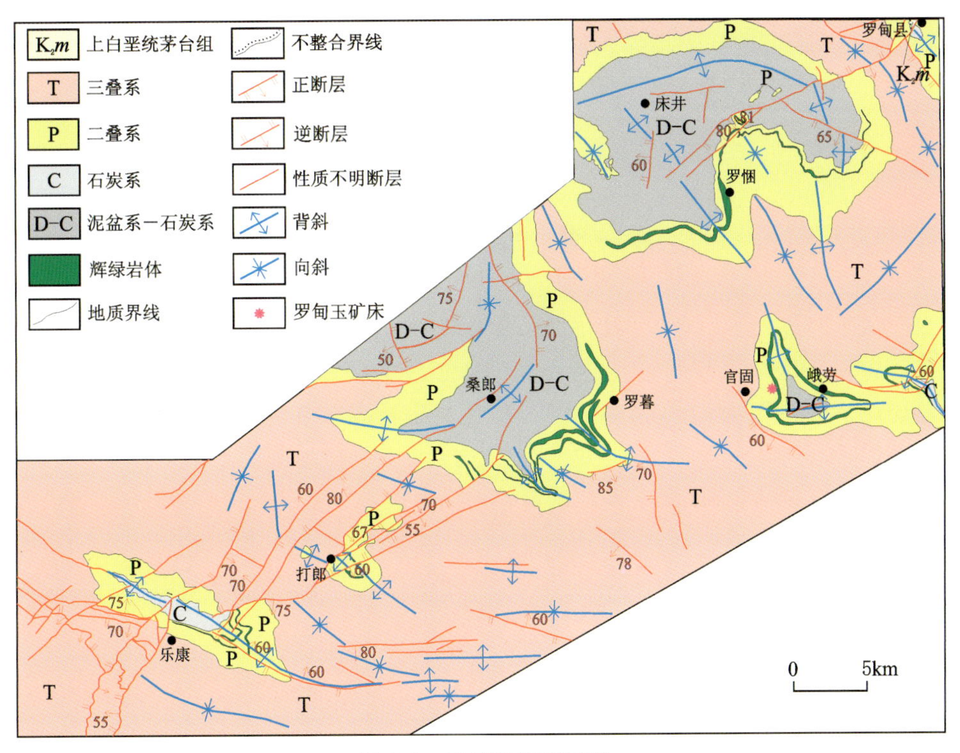

图 2.6　区域构造纲要图

第三章　矿床地质特征

第一节　赋矿地层特征

辉绿岩体主要侵入于四大寨组第二段，最低部位至四大寨组第一段与第二段之交。软玉矿体赋存于辉绿岩床与上层位围岩四大寨组第二段的接触变质带内。四大寨组第二段为薄—中厚层泥—微晶灰岩，夹生物碎屑泥—微晶灰岩及薄—中层硅质岩以及条带状、似层状燧石岩，燧石结核及其团块，厚171～281m。灰岩层次向上逐渐变厚，条带状和似层状燧石岩逐渐减少，燧石结核及团块逐渐增多。灰岩矿物成分主要为方解石（约98%），不含白云石，含微量石英（<1%）、黄铁矿（<1%）、铁质（<1%）、泥质（<1%）；化学成分富CaO（47.3%～56.5%）、贫MgO（0.1%～2.0%）。燧石岩及硅质岩的主要矿物为微一隐晶石英和玉髓，化学成分高SiO_2（79.6%～91.4%）、贫MgO（0.1%～0.6%）。因此，赋矿地层具有高钙、高硅、贫镁的特点。

第二节　含矿带及矿体特征

一、含矿带特征

含矿带是由软玉矿体、矿化体及脉石构成的组合带，以软玉矿体的出现和结束为分界标志，岩石组合由硅灰石岩、透辉石岩、方解石大理岩、石英岩、透闪石岩、滑石岩等变质岩构成。含矿带断续分布，变化较大，长200～2000m，宽1.1～42.0m。

罗甸玉含矿带主要分布在峨劳背斜东西两翼、桑郎背斜南东翼和床井背斜南东翼之北东段，其厚度与接触变质带的厚度基本上成正比关系：官固矿床的接触变质带厚98m，含矿带厚约35m；峨村矿点的接触变质带厚33m，含矿带厚约10m；里班矿点的接触变质带厚35m，含矿带厚约13m；峨劳矿点的接触变质带较例外，厚57m，但含矿带厚只有4m。接触变质带较窄地段未发现含矿带。

二、矿体特征

罗甸玉矿体全部产于辉绿岩床上覆外接触带内，矿体产状有层状、似层状、条带状、透镜状、囊状、肾状、结核状、团块状、角砾状和不规则状等，顺层或大致顺层分布，其中具有工业可采价值的矿体主要为层状、似层状和透镜状矿体，单层矿体厚度为10～35cm，薄者仅3～8cm，厚者可达86cm，矿体走向延伸长度数十厘米至数十米不等。似层状矿体具膨大、收缩和分枝复合现象。

在罗甸玉矿集区，大致以罗悃—官固一线为界，东部地区主要产层状、似层状矿体，其次为条带状和透镜状矿体；西部地区主要产透镜状矿体，次为条带状矿体。典型矿床（点）主要有官固矿床、罗暮矿点、里班矿点等。

1. 官固矿床

官固矿床位于罗甸县官固村东约 2km 的陡峻山岭上，海拔约 800m，为露天采场，地理坐标为东经106°38′35″、北纬 25°12′9.7″。该矿床是罗甸玉发现最早、工作程度最高、玉石质量最好、玉石品种最全、矿体规模最大的矿山，估算 333＋334 资源量为 2.57×10^4 t，达到中型矿床规模（黄勇等，2018）。

矿床位于峨劳背斜西翼，出露地层有石炭系—二叠系南丹组、中—下二叠统四大寨组、中—上二叠统领薅组，出露岩体为二叠纪辉绿岩（图 3.1a）（本书剖面图中层间数字均为分层号）。辉绿岩体侵入于四大寨组第一段与第二段之间，接触变质带呈北北西向延伸，长大于1200m，厚 98m。含矿带位于接触变质带内，共分上、下两条含矿亚带（图 3.1b），二者相隔约30m。地表出露的是上含矿亚带，延伸长 310m，厚大于 32m。本书只介绍上含矿亚带，探槽剖面自下而上可划分为 5 个含矿亚系（图 3.1c）（黄勇等，2012），其中的矿体呈层状、似层状，少数为透镜状和不规则状（图 3.2）。共有软玉矿（体）层 12 层，单层矿体厚 0.13～0.3m，最厚0.75m，最薄 0.03m，累计厚 4.88m。矿体产状与地层一致，为 235°∠45°～250°∠50°。矿石类型有白玉、青白玉、青玉、花斑玉 4 种。各类玉石中，白玉占 20%、青白玉占 25%、青玉占30%、花斑玉占 25%。各含矿亚系的主要特征如下。

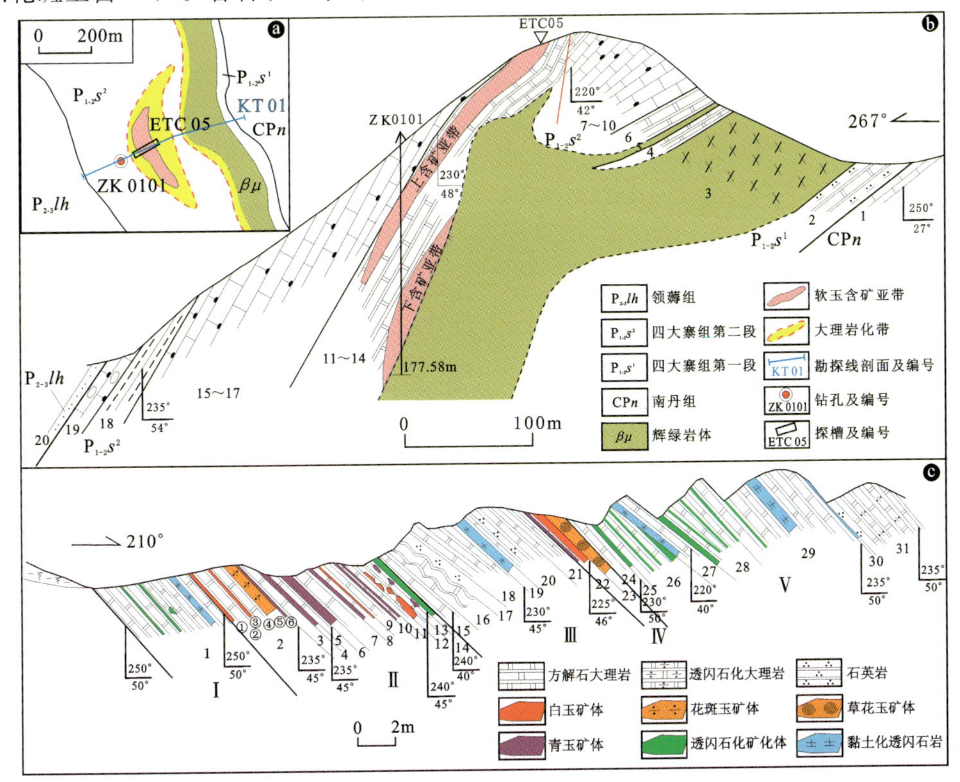

图 3.1　官固矿床地质图（a）和 KT01 勘探线剖面（b）及采场 ETC05 探槽剖面（c）

图 3.2 罗甸官固矿床代表性矿体露头和标本

a.层状矿体;b.透镜状矿体;c.似层状矿体;d.条带状和不规则状矿体;e.角砾状矿石

Ⅰ含矿亚系:由第1层构成,为深灰色大理岩与白色透闪石化石英岩近等厚互层。下部夹两条厚10cm和14cm的层状、似层状软玉矿化体。软玉矿化体中含透闪石约5%、透辉石5%~7%、硅灰石20%~25%,为含透闪石方解石硅灰石石英岩,其间为含透辉石透闪石大理岩。这种具微弱软玉矿化特征的蚀变岩石沿走向常变成白色条带状蚀变透闪石岩或软玉,软玉矿化体的底部平直或呈微波状,顶部则呈急剧的波状、火焰状和不规则状,部分呈沙包状。

中部夹少量透镜状白玉，长约 30cm。上部夹一层黏土化透闪石岩，风化表面呈白色粉末状，厚约 20cm。总厚大于 4.5m。

Ⅱ含矿亚系：由第 2～14 层构成，矿体密集分布，属于主含矿体，厚 8.5m。由大理岩夹白玉、青白玉、青玉及花斑玉矿体构成，以青玉矿体为主。矿体主要呈层状和似层状，局部见透镜状、扁豆状、结核状、肾状和不规则条带状。单个矿体厚 10～40cm，最厚可达 75cm，矿体累计厚度 2.5m，层状矿体产状 235°∠45°～250°∠50°。第 4 层和第 6 层的青玉矿体局部发育显微劈理，劈理产状 100°∠57°～130°∠50°。上部岩石具滑石化。

Ⅲ含矿亚系：由第 15～21 层构成，为浅灰色薄—中厚层条纹状、条带状大理岩夹灰、灰白色薄层薄—中厚层石英岩，总厚 7.1m。中部夹一层厚 40cm 的蚀变透闪石岩，质地粗糙，未达玉质要求。第 16 层为厚 120cm 的小型层间逆滑褶皱变形层。

Ⅳ含矿亚系：由第 22～23 层构成，属次含矿体，总厚 1.4m。下部为两条层状青玉和白玉矿体夹一层透闪石化大理岩；上部为层状白色花斑玉矿体，走向上变为白色滑石化透闪石岩。矿体累计厚 1.3m。

Ⅴ含矿亚系：由第 24～31 层构成，为方解石大理岩和透闪石化大理岩夹层状、透镜状软玉矿化体及透闪石岩。其中软玉矿化体 10 条，层状透闪石岩 2 层。矿化减弱，总厚大于 13.8m。

综上所述，罗甸玉矿体主要赋存在第Ⅱ含矿亚系和第Ⅳ含矿亚系内，前者以青玉为主，玉质佳，规模大，矿体主要呈层状、似层状，矿体平均厚 22cm，仅其顶部矿体呈透镜状、沙包状产出，大小约 10cm×15cm，少量为 3cm×30cm；后者玉质略逊，矿体呈层状产出，厚度大。

2. 罗暮矿点

罗暮矿点位于罗甸县罗暮北西约 1.6km 的公路边，海拔约 650m。矿点位于桑郎背斜南东翼，出露地层有石炭系—二叠系南丹组、中—下二叠统四大寨组、中—上二叠统领薅组，出露岩体为二叠纪辉绿岩。辉绿岩体侵入于四大寨组第一段与第二段之间，接触变质带呈北西向展布，长大于 2100m，厚约 25m。含矿带位于接触变质带中上部(图 3.3)，厚约 10m，长逾 1000m。矿体以透镜状为主，次为扁豆状、团块状，分布极不稳定。其中透镜状矿体大致平行于含矿带走向断续分布，单个透镜体长轴长 40～90cm，短轴长 10～30cm；团块状矿石直径 5～15cm；扁豆状矿石厚 5～15cm，长 1.0～1.5m。矿石主要为灰白色花斑玉，少量为青玉。罗暮矿点与官固矿床的相似之处是基性岩体侵入于四大寨组第一段与第二段之间，不同之处表现在以下 5 个方面：①四大寨组第二段顶部缺砾屑灰岩；②接触变质带及含矿带厚度分别仅占官固矿床的 20%和 33%；③含矿带位于接触变质带中上部(图 3.3a)；④接触变质带中下部的石英岩具强烈的揉流变形特征；⑤矿体基本上呈透镜状，矿石类型较单一。接触变质带及其含矿带的岩石组合与矿体特征如下。

图 3.3 罗暮矿点接触变质带(a)及特征岩石(b～d)和软玉矿体产出形态(e～h)

上覆：浅灰色薄—中厚层泥晶灰岩夹薄层燧石岩及燧石条带。产状100°∠43°。

第4层：含矿带。灰白色、浅灰色薄—中厚层方解石大理岩夹少量灰白色石英岩结核和软玉矿体，是软玉矿产出的主要部位。产透镜状、团块状青玉和透镜状灰白色花斑玉，透镜状矿体长轴与矿化带走向一致（图3.3e）。其中一个透镜状矿体大小为21cm×37cm，玉石呈半透明状、蜡状光泽（图3.3g），含透闪石80%、方解石13%、透辉石6%、石英1%，方解石含量较高，导致玉质不够细腻；另有一个团块状青玉直径约4cm，中心为交代残余的石英（图3.3h）。此外还有几个灰色花斑玉透镜体，长轴长度在15～27cm之间，玉质也不够细腻。本层厚约10m。

第3层：灰白色薄—中厚层方解大理岩或石英大理岩与白色薄—中厚层石英岩近等厚互层，受基性岩浆侵入时的接触热变质作用，石英岩发生了强烈的塑性流动与变形，呈紧密的褶皱状、波状、肠状、火焰状和不规则团块状（图3.3d），具不同程度的透闪石化。其中有2层乳白色似层状含透闪石石英岩，延伸长约2m，厚10～15cm，含石英96%、透闪石4%，另含翠绿色条带及色斑（图3.3c），发育垂直于层面的节理，边部含极少量褐色斑点，岩石呈隐晶质结构、半透明状，具瓷状光泽，显示了微弱的玉化信息。产状80°∠38°。本层厚6m。

第2层：灰白微带淡绿色中厚层透辉石岩（图3.3b），含透辉石97%、石英3%。岩石中含团块状石英岩，直径约5cm，含石英97%、透辉石3%。本层厚3m。

第1层：灰白色薄—中厚层方解石大理岩。本层厚1m。

下伏：辉绿岩。

3. 里班矿点

里班矿点位于罗甸县沟亭乡里班北北东约800m，海拔约600m。矿点位于床井背斜南东翼，出露地层有石炭系—二叠系南丹组、中—下二叠统四大寨组、中—上二叠统领薅组，出露岩体为二叠纪辉绿岩（图3.4a）。辉绿岩体侵入于四大寨组第二段燧石灰岩内部，接触变质带呈北东向展布，延伸长大于950m，接触变质带夹上、下两个含矿亚带（图3.4b、图3.5a），分别位于接触变质带中部和下部。下含矿亚带产软玉矿，厚8.5m，产状125°∠28°，沿走向往南西约30m变为厚达6m的浅灰白色透镜状滑石矿体（图3.5b），北东杨家湾剖面上的滑石矿体呈条带状（图3.5c），位于基性岩床顶界，相当于里班矿点下含矿亚带部位；上含矿亚带产软玉矿和滑石矿，厚4.5m，软玉矿体位于滑石矿体之下，产状120°∠32°。矿体呈层状、似层状、条带状、透镜状、漏斗状，主要为青白玉和灰白色花斑玉。该矿点是罗甸玉与滑石矿共生的唯一的矿点，可能属于相同的矿床成因（黄勇等，2019a）。接触变质带及其含矿带的岩石组合与矿体特征如下。

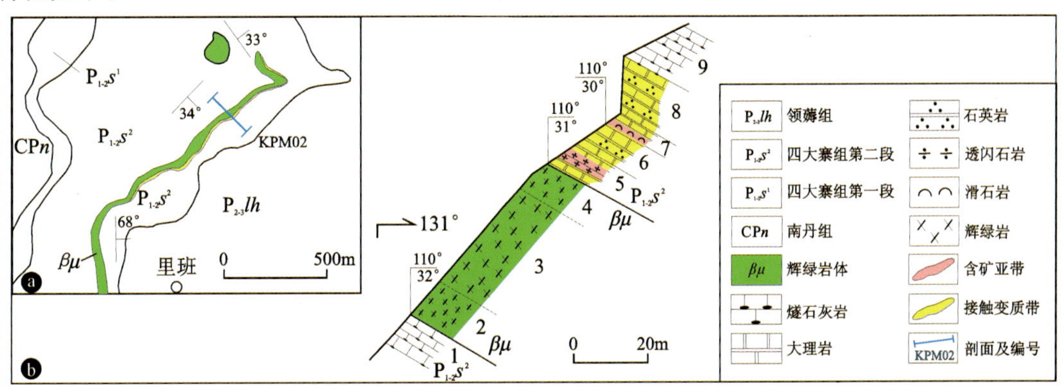

图3.4　里班矿点地质图(a)及剖面图(b)

图 3.5　里班矿点软玉矿体和滑石矿体产状露头

a.上、下含矿亚带位置;b.辉绿岩床上发育透镜体状的滑石矿体;c.近 40cm 厚的滑石矿直接并置在辉绿岩床上边界;d、e.层状软玉矿体与层状大理岩;f.矿体与大理岩变形而挠曲状,局部似漏斗状;g.层状矿体和大理岩被断层破坏,断裂边缘发育角砾状矿体;h.层状罗甸玉矿体与层状大理岩(矿体可直接覆于辉绿岩床之上,亦可远离岩床分布)

第 9 层：深灰色薄—中厚层泥晶灰岩夹条带状燧石岩及燧石团块。本层厚大于 16.3m。

第 8 层：浅灰色薄层大理岩化灰岩夹条带状石英岩，变质减弱。本层厚 13.2m。

第 7 层（上含矿亚带）：浅灰白色薄层方解石大理岩、石英大理岩、透闪石化大理岩夹灰白色层状青白玉矿体和滑石矿体，厚 4.5m，易沿走向短距离尖灭。青白玉矿体有 2 层，矿体厚 5～10cm，具油脂光泽，玉质细腻（图 3.5d、e），局部穿切下伏夹石层而呈漏斗状矿体（图 3.5f），大理岩中含少量透镜状矿体；滑石矿体夹于大理岩层间，呈层状、条带状、透镜状、不规则状，普遍发育劈理。此外，在上含矿带中发育一条陡倾的小型逆冲断层，破碎带宽度大于 35cm，含透镜状青白玉矿体（图 3.5g），基质为滑石矿，该断层发生于成矿之后。

第 6 层：浅灰色薄—中厚层方解石大理岩与石英岩不等厚互层。本层厚 8.9m。

第 5 层（下含矿亚带）：灰色、浅灰白色薄—中厚层方解石大理岩、石英大理岩、透闪石化大理岩夹 6 条灰白色层状青白玉矿体和条带状矿体。矿体厚 5～30cm，具蜡状光泽—弱油脂光泽，玉质较细腻，局部含褐黑色细小斑点而成花斑玉（图 3.5h）。矿体不稳定，易沿走向尖灭。本层厚 8.5m。

第 2～4 层：灰绿色块状辉绿岩，顶部发育杏仁状构造。本层厚 49.3m。

第三节　矿石特征

一、矿石类型

根据罗甸玉矿石的颜色及独特的花纹，可将其划分为 4 种类型：白玉、青白玉、青玉和花斑玉（黄勇等，2012，2018）。

白玉：白色色调（图 3.6a），呈蜡状光泽、油脂光泽，少量为瓷状光泽，质地较致密、细腻，不透明—半透明状。少量矿石表面具颗粒感而呈瓷状光泽，无颗粒感的矿石玉化程度较高，多为油脂光泽。

青白玉：灰白色色调（图 3.6b），玉化程度介于白玉与青玉之间，多呈蜡状光泽、半油脂—油脂光泽，结构致密，质感细腻，略显透明。

青玉：浅绿色色调（图 3.6c），因颜色差异形成青白色—青色外观，矿石的玉化程度普遍较高，多呈蜡状光泽、半油脂—油脂光泽，少量具弱玻璃光泽，结构致密，质感细腻，透明度高于白玉。

花斑玉：因含铁、锰质化学成分，在白玉或青白玉中形成的褐黑色斑点（图 3.6d），常形成白底或青白底花斑，当铁锰质浸染程度严重时，则形成灰褐底花斑，以白底花斑较为多见，偶有淡绿底花斑。花斑玉是罗甸玉中具有地理标识的玉种。

二、矿石组分

罗甸玉的主要矿物为透闪石，在样品中含量一般大于 90%，多数在 95%以上；次要矿物为方解石、透辉石、石英、铁锰氧化物等（黄勇等，2018）。透闪石矿物的晶体形态主要有两种：一是呈纤维状产出，粒度（长径）小于 0.1mm，多数在 0.05mm 以下，粒度均一，集合体呈放射状的束状，略具定向分布，大多聚集产出，为罗甸玉中透闪石主要产出形态；二是以结晶较粗大的纤维状透闪石产出，粒度（长径）在 0.1mm 左右，集合体呈片状、放射状、束状、毡状交织，常见于玉石中的透闪石脉、接触交代结合部等。方解石在罗甸玉样品中多呈交代残余状产

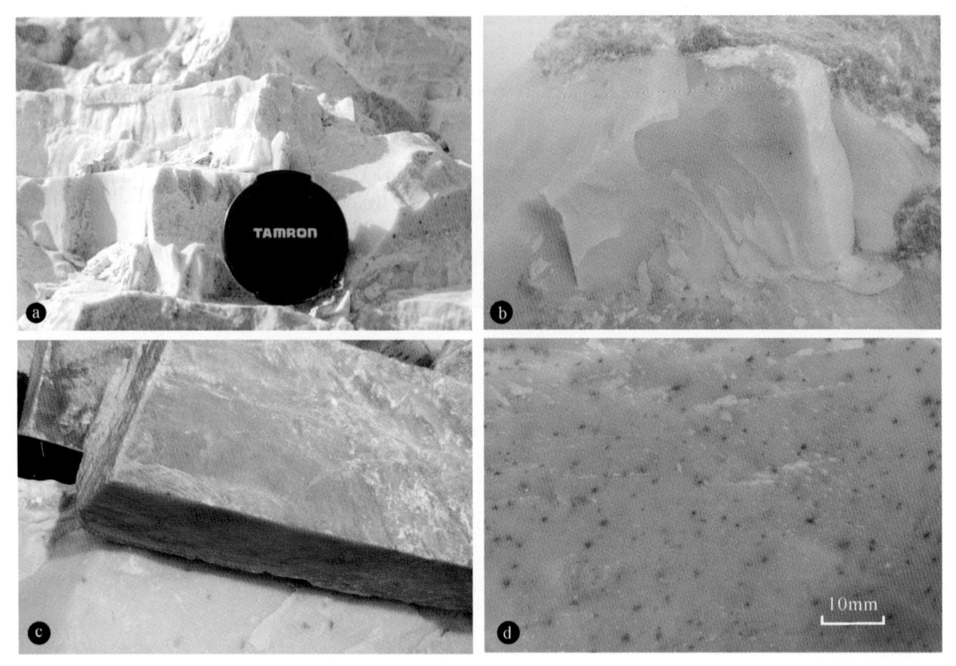

图 3.6 罗甸玉矿石

a. 白玉；b. 青白玉；c. 青玉；d. 花斑玉

出，多见于玉石与大理岩接触带，而在样品内微裂隙滑动面，也可见片状自形方解石晶体；石英常呈微细粒团块的交代残余状，被包裹于纤维交织的透闪石中；铁锰质多分布于被称为“芝麻玉”“花斑玉”的表面，亦见于玉的内部；透辉石小部分呈自形微粒状，偶见于个别样品中，大部分以光学不能分辨的微晶质分布于样品中（红外光谱与电子探针实验已证实）。

罗甸玉中包括白玉和青玉的 5 件样品的主量元素分析结果显示：SiO_2 含量为 53.6%～59.0%，平均 56.5%；MgO 含量为 16.9%～27.5%，平均22.4%；CaO 含量为 11.2%～17.3%，平均 13.6%。与透闪石的理论值（分别为 59.2%、24.8%和 13.8%）相比，SiO_2、MgO 偏低，CaO 与之相当，但三者均略低于中国主要产地软玉平均值（分别为 57.2%、24.2%和 14.2%）。

三、矿石结构及构造

在偏光显微镜和扫描电子显微镜（SEM）下观察，罗甸玉矿石具纤维状结构、纤维交织结构、纤片状结构（黄勇等，2018），品质较好的白玉、青玉具纤维交织结构。

多数情况下，罗甸玉样品可同时出现上述某两种结构，如纤维状一柱状交织变晶结构（图 3.7a、b），纤维状一毡状交织变晶结构（图 3.7c、d）、纤维状一片状交织变晶结构（图 3.7e、f）、纤维状交织变晶结构（图 3.7g、h）。罗甸玉发育交织变晶结构使之具有较强的韧性，毛毡状交织变晶结构是新疆和田玉的典型结构。罗甸玉与新疆和田玉及青海软玉特征相似，同属于优质软玉。

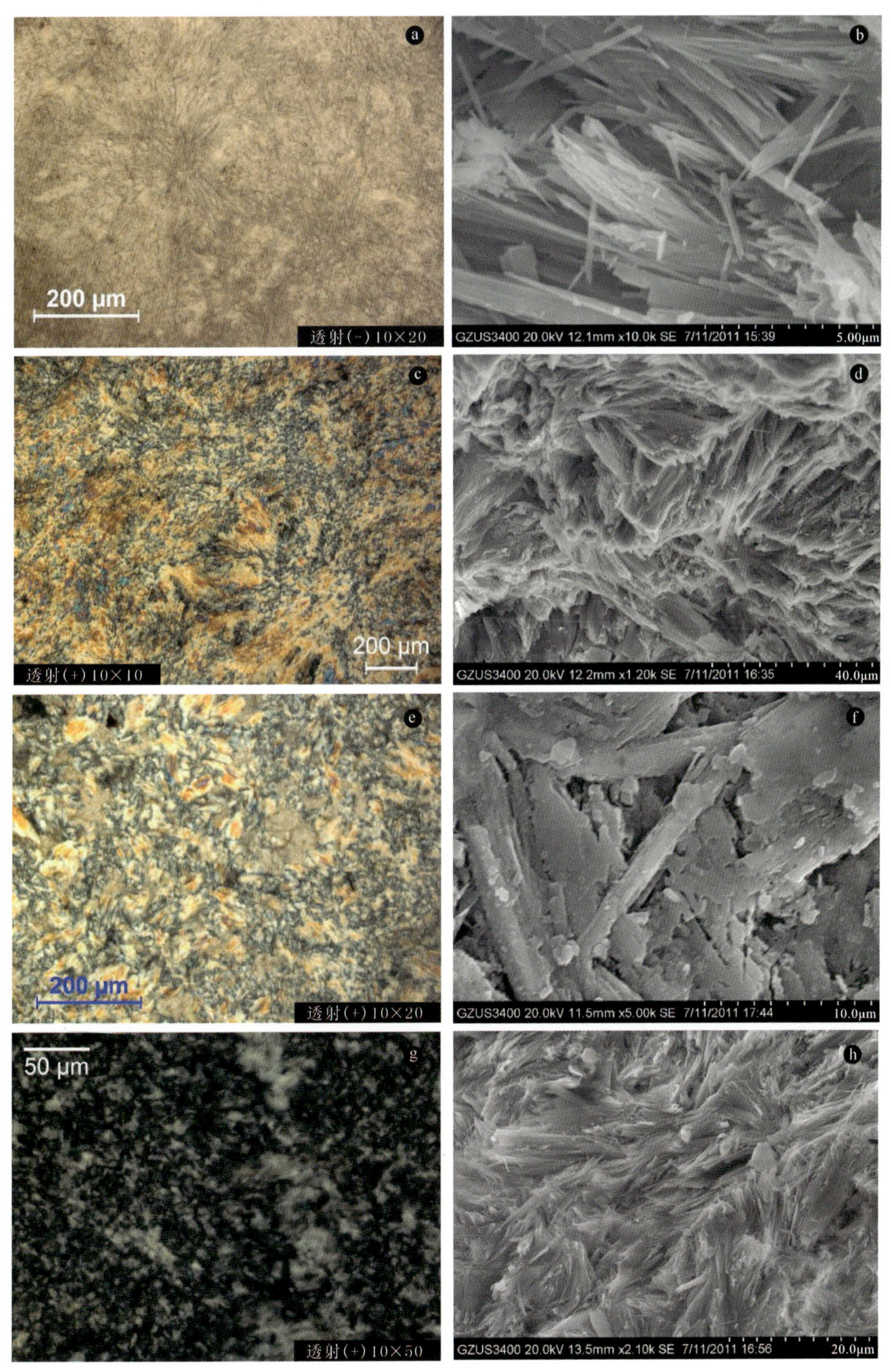

图 3.7　偏光显微镜(a、c、e、g)和扫描电子显微镜(b、d、f、h)下的矿石结构

a、b. 纤维状—柱状交织变晶结构;c、d. 纤维状—毡状交织变晶结构;e、f. 纤维状—片状交织变晶结构,见有交代残余方解石;g、h. 纤维状交织变晶结构,较粗为透闪石脉

(1)纤维状—柱状交织变晶结构:透闪石呈纤维状、柱状,长径从小于 0.05mm 至0.2mm,多数在 0.1mm 以下,粒度均一,集合体具放射状的束状、扇状交织,略具定向分布。

(2)纤维状—毡状交织变晶结构:罗甸玉主要结构类型,透闪石颗粒非常细微,长径大都小于 0.01mm,颗粒杂乱无章地交织成毡状。透闪石纤维间彼此相互穿插、紧密结合。

(3)纤维状—片状交织变晶结构:见于玉石与围岩接触带,长径 0.04mm 左右的纤维状透闪石彼此紧密结合,形成 0.02mm×0.04mm 的片状集合体,同时交代方解石形成交代残余结构。

(4)纤维状交织变晶结构:由长径小于 0.01mm 的细小纤维状透闪石相互交织形成,这种交织变晶结构使罗甸玉的韧性大为增加,具有该结构的样品一般比其他结构的样品细润致密。

矿石构造主要为块状构造,少量具条带状构造、脉状构造和角砾状构造。

四、矿石物理光性特征

采用静水力学法和油浸法对罗甸玉的密度、折射率进行测定,采用显微硬度仪测定其维氏硬度并换算成莫氏硬度。测试结果表明(表 3.1):罗甸玉的物理光性特征与标准透闪石接近,密度略低于新疆和田玉及青海软玉,而硬度略高于新疆和田玉及青海软玉。罗甸玉主要呈蜡状、油脂状和弱玻璃状光泽,少量呈瓷状光泽。

表 3.1 罗甸玉的物理光性特征(黄勇等,2018)

样品	折射率	密度/($g \cdot cm^{-3}$)	莫氏硬度	光泽
白玉	1.609～1.631	2.842	6.67	瓷状—蜡状—油脂
青白玉	1.601～1.628	2.797～2.940	6.26～6.33	蜡状—油脂
青玉	1.610～1.633	2.872	6.42	蜡状—油脂—弱玻璃
平均值	1.606～1.630	2.861	6.46	
透闪石	1.603～1.632	2.60～2.90	6.0～6.5	
新疆和田玉(白)	1.61(点测)	2.93～2.97	6.22	蜡状—油脂,油脂为主
青海软玉(白)	1.61(点测)	2.93	6.32	蜡状—油脂,多为蜡状

第四章　矿床围岩的组成和地球化学特征

罗甸玉矿床以四大寨组为唯一的赋存围岩，暗示该组地层岩石与罗甸玉矿床之间可能存在成因联系。前人研究曾认为四大寨组的碳酸盐岩可以为罗甸软玉的形成提供成矿所需的成分，如 Si、Ca 和 Mg(范二川等，2012；杨林等，2012；张亚东等，2015)。本章同时选择典型罗甸玉矿床之一的罗暮矿区和罗悃上饶无矿体的四大寨组变质地层剖面，开展系统的地质关系，岩相学，全岩主量、微量元素地球化学研究，最后分析该地层沉积物的盆地环境和海水成分特征，为探讨罗甸玉矿床的成因提供基础资料。

第一节　剖面特征

一、罗暮四大寨组剖面

罗暮四大寨组剖面(KPM07 剖面)位于罗甸县罗暮乡北北西方位约 1.6km 的公路上，地理坐标为东经 106°31′12″、北纬 25°10′48″，海拔 640m。四大寨组在该剖面上的地层可划分为两个岩性段(图 4.1)：第一段为细碎屑岩夹薄层硅质岩；第二段下部为薄—极薄层燧石岩层(或似层状，或结核状)的薄层状泥—微晶灰岩，夹薄—极薄层硅质岩，中上部为薄—中厚层泥—微晶灰岩夹薄层硅质岩，顶部不夹砾屑灰岩。该组地层与辉绿岩的接触带已转变为接触热变质岩，岩性有透辉石岩、透辉石大理岩、透闪石大理岩、石英岩和石英质大理岩或方解石石英岩，并产有玉石矿体。罗暮矿床围岩由 5～7 层未变质岩石构成。罗暮含矿剖面围岩如图 4.2 所示。

该剖面显示，辉绿岩体围岩四大寨组由第一段粉砂岩和四大寨组第二段硅质岩灰岩组成，分别位于辉绿岩的下方和上方(图 4.1a)。罗甸玉产在四大寨组第二段下部薄层硅质灰岩构成的接触带内。四大寨组第二段的原始沉积岩岩性非常单一，主要为中薄层状灰岩(图 4.2b)和硅质岩(燧石岩层、燧石岩条带和少量燧石岩结核)，以层状硅质岩为主，缺少白云岩和白云质灰岩，局部变质后呈现出塑性流变特点，在原岩形态基础上变形为流褶状、波状、瘤状、火焰状、不规则状等形态。硅质岩及其变质后的石英岩条带厚度一般在 10cm 左右，最厚不超过 20cm。

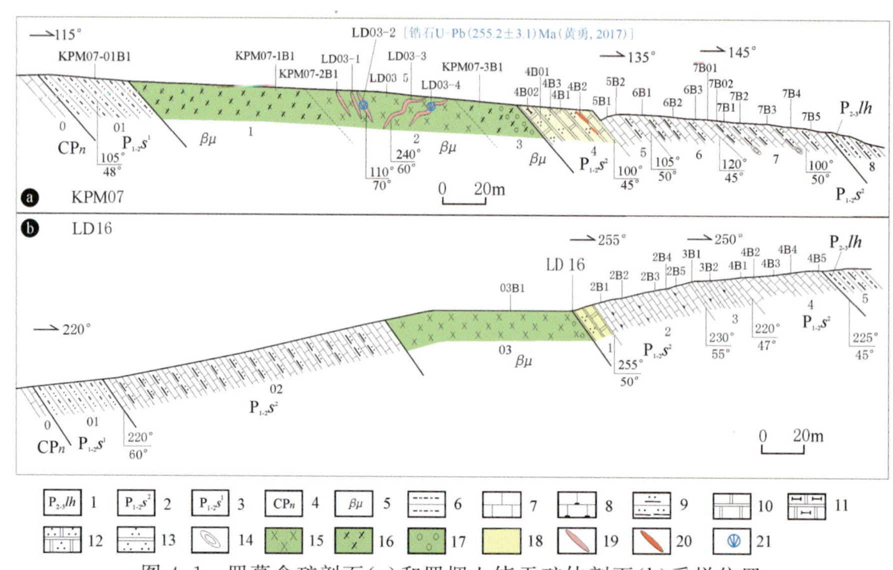

图 4.1　罗暮含矿剖面(a)和罗悃上饶无矿体剖面(b)采样位置

1. 领薅组；2. 四大寨组第二段；3. 四大寨组第一段；4. 南丹组；5. 辉绿岩体；6. 粉砂岩；7. 泥—微晶灰岩；8. 含燧石结核灰岩；9. 硅质岩；10. 方解石大理岩；11. 透辉石大理岩；12. 石英大理岩；13. 石英岩；14. 硅质岩构造透镜体；15. 辉长岩；16. 辉绿岩；17. 气孔状构造；18. 大理岩化带；19. 中酸性岩脉；20. 软玉矿体；21. 锆石样品位置

图 4.2　罗暮含矿剖面围岩

a. 围岩采样剖面；b. 薄层灰岩夹薄层硅质岩；c. 揉皱状、肠状石英岩；d. 条带状、透镜状、不规则状石英岩；e. 蚀变灰岩采样点；f. 灰岩及薄层硅质岩(燧石岩层)采样点；g. 深灰色泥晶灰岩采样点及包卷状硅质岩

二、罗悃上饶四大寨组剖面

罗悃上饶四大寨组剖面(LD16 剖面)位于罗甸县罗悃镇南西约 3.8km 的山谷中，距上饶村北北东 1.8km，地理坐标为东经 106°34′48″、北纬 25°17′24″，海拔 724m。该剖面四大寨组同样可划分为两个岩性段(图 4.1b)：第一段为细碎屑岩夹薄层硅质岩；第二段下部为薄—极薄层泥—微晶灰岩夹薄—极薄层硅质岩，中上部为薄—中厚层泥—微晶灰岩夹少量厚层细晶灰岩，含少量燧石结核及团块，顶部不夹砾屑灰岩。辉绿岩体侵入于第二段中部，岩体上覆外接触带由浅灰色薄—中厚层大理岩与白色薄层条带状石英岩互层，无玉石矿化及矿化体。样品主要采集于接触变质带以上的第 2～4 层未变质围岩。罗悃上绕无矿剖面围岩如图 4.3 所示。

在该剖面上，四大寨组第二段下部薄层灰岩呈整齐的薄板状(图 4.3g)，单层厚度绝大多数在 4～9cm 之间，很少见到层状硅质岩，燧石呈条带状出现在灰岩单层的中心部位，边界不

图 4.3　罗悃上饶无矿剖面围岩

a. 围岩采样剖面第 2 层微晶灰岩；b. 岩体下伏四大寨组第二段薄层燧石条带灰岩；c. 第 2 层灰岩样品点；d. 第 4 层厚层夹薄层灰岩；e. 岩体与大理岩化带的接触面，灰色者为灰质大理岩，浅土黄色者为石英岩，两者接触界面清楚；f. 岩体中部的绿帘石脉及其团块；g. 薄板状灰岩

规则（图 4.3b）；四大寨组第二段上部则是以中厚层为主的泥一微晶灰岩（图 4.3c），也很少见到层状硅质岩，燧石也很少，主要呈结核状产出。接触变质带岩性较单一，基本上是夹条带状石英岩和大理岩（图 4.3d），厚度较小。基性岩体顶部发育杏仁状构造（图 4.3e），杏仁成分为绿泥石和方解石，局部见石棉；中部发育一些绿帘石脉或团块（图 4.3f）。接触变质带以上的灰岩干净无蚀变，未见透闪石矿物或石棉。

第二节　岩石类型和岩相学特征

在野外观察基础上，室内对典型岩石样品开展镜下鉴定，结果表明四大寨组第二段接触变质带外的主要岩石类型有泥晶灰岩、方解燧石岩和黏土质粉砂岩等。3 种典型岩石的岩相学特征如下。

泥晶灰岩（样品 KPM07-7B01）：具泥晶结构（图 4.4a）、块状层理构造。主要矿物为方解石（98%），含微量石英（<1%）、黄铁矿（<1%）、铁质（<1%）、泥质（<1%）。方解石为他形粒状，粒径小于 0.004mm，分布较为均匀；石英为他形粒状，粒径小于 0.03mm，微—隐晶级，零星分布；黄铁矿为半自形—他形粒状，粒径小于 0.03mm，微—隐晶级，零星分布，具褐铁矿化现象；铁质和泥质均呈不均匀污染状。

方解燧石岩（样品 KPM07-7B02）：具显微粒状结构（图 4.4b）、块状层理构造，主要矿物为石英（85%），次要矿物为方解石（15%）。石英为他形粒状，粒径小于 0.10mm（小于 0.03mm 居多），分布较为均匀；方解石为他形粒状，粒径小于 0.10mm（小于 0.05mm 居多），呈零散状分布。

黏土质粉砂岩（样品 KPM07-0B1）：具粉砂状结构、层纹—薄层状构造，由陆源碎屑和填隙物构成。陆源碎屑约占总量 60%，呈层状不均匀分布，粒径小于 0.06mm（小于 0.03mm 居多），为粉砂级陆源碎屑，磨圆度较差、分选性极好，碎屑成分有石英（58%）、长石（1%），以及榍石矿物屑、锆石矿物屑等（1%）。其中，石英和长石碎屑为棱角状或次棱角状；填隙物为黏

图 4.4 罗暮矿点围岩显微照片

a. 泥晶灰岩的矿物组成(单偏光);b. 方解燧石岩的显微粒状变晶结构(正交偏光)

土矿物(约 38%),显微片状集合体,结晶粒径小于 0.004mm。

第三节 地球化学特征

对发育接触变质带的含矿体剖面 KPM07(图 4.1a)和无矿体剖面 LD16(图 4.1b)的围岩四大寨组第二段接触变质带外的未变质灰岩或硅质灰岩用打块法采样,开展主量元素分析及对比研究,并利用前期 3 件灰岩样品和 2 件硅质岩样品的微量元素分析数据大致了解围岩中的微量元素变化特征。围岩样品分析结果见表 4.1。

1. 主量元素特征

(1)碳酸盐岩。灰岩未发生白云岩化的参考标准是 MgO/CaO(质量分数之比)<0.125(Derry et al,1994;旷红伟等,2011;田洋等,2014)。分析结果(表 4.1)显示,样品 KPM07 - 5B2 的 MgO/CaO 达到了 0.291,显然受到了成岩后的改变,样品点接近接触变质带,明显遭受了成矿作用的影响;其余 23 件灰岩样品的 MgO/CaO 分布于 0.002~0.041 之间,符合原始沉积的化学组分特征。不考虑可能受到矿化影响的样品 KPM07 - 5B2,余下样品的主量元素富 CaO(47.3%~56.5%,平均 54.9%),贫 MgO(0.1%~2.0%,平均0.7%),低 SiO_2(0.3%~11.8%,平均 1.9%)。含矿体 KPM07 剖面和无矿体 LD16 剖面上非大理岩化地层段的灰岩的 CaO 平均含量分别为 55.0%和 54.9%,MgO 含量分别为0.6%和 0.7%,无实质差异,且 MgO 的含量都很低。灰岩中的陆源元素 Al_2O_3 和 TiO_2 含量都非常低,平均含量分别仅为 0.09%和 0.01%。

(2)硅质岩。LD16 剖面上的硅质岩层呈不均匀的层分布于灰岩层中部,3 件样品中,样品 LD16-2B4 具较低的 SiO_2(54.96%)和较高的 CaO(24.9%);另 2 件硅质岩样品具高 SiO_2(79.6%~91.4%,平均 85.5%)、贫 MgO(0.1%~0.6%,平均 0.4%)、低 CaO(3.6%~11.0%,平均 7.3%)特征。与区域上的紫云四大寨剖面四大寨组中的硅质岩相比(表 4.1),SiO_2 含量略微偏低,MgO 和 CaO 含量则略微偏高。露头上硅质岩发育一些垂直层面的微量方解石脉,可能是造成这些硅质岩 CaO 略高的原因。与灰岩一样,硅质岩中的陆源元素 Al_2O_3 和 TiO_2 含量也非常低,平均含量分别为 0.20%和 0.02%。

表 4.1　四大寨组未变质灰岩和硅质岩主量元素含量

单位：%

样品号	岩性	SiO_2	TiO_2	Al_2O_3	TFe_2O_3	MnO	MgO	CaO	Na_2O	K_2O	P_2O_5	LOI	总计
KPM07-5B1	灰岩	2.41	<0.01	0.20	0.03	0.01	1.80	54.0	<0.01	0.01	0.01	40.44	98.91
KPM07-5B2	灰岩	24.74	0.03	1.24	0.44	0.03	10.60	36.4	0.14	0.30	0.02	25.61	99.57
KPM07-6B1	灰岩	1.19	<0.01	0.16	0.07	0.01	0.86	55.2	<0.01	0.16	0.01	42.83	100.50
KPM07-6B2	灰岩	1.83	<0.01	0.34	0.12	0.01	0.63	54.9	<0.01	0.06	0.01	41.43	99.34
KPM07-6B3	灰岩	0.91	<0.01	0.09	0.09	0.03	0.65	55.7	<0.01	0.01	<0.01	42.07	99.56
KPM07-7B01	灰岩	5.62	<0.01	0.10	0.12	0.03	0.31	53.1	<0.01	0.01	0.02	41.22	100.52
KPM07-7B02	硅质岩	79.61	0.01	0.15	0.28	0.02	0.63	10.95	<0.01	0.01	<0.01	8.84	100.50
KPM07-7B1	灰岩	0.30	<0.01	<0.01	0.06	0.03	0.30	56.4	<0.01	0.01	<0.01	41.96	99.07
KPM07-7B2	灰岩	3.91	<0.01	0.06	0.07	0.05	0.42	54.0	<0.01	0.01	<0.01	41.17	99.70
KPM07-7B3	灰岩	0.53	<0.01	<0.01	0.04	0.02	0.31	55.5	<0.01	<0.01	<0.01	42.60	99.00
KPM07-7B4	灰岩	0.46	<0.01	0.07	0.13	0.03	0.42	55.5	<0.01	0.02	<0.01	43.27	99.91
KPM07-7B5	灰岩	0.95	<0.01	0.01	0.06	0.03	0.30	55.8	<0.01	<0.01	0.01	41.87	99.03
LD16-2B1	灰岩	0.31	<0.01	0.01	0.03	<0.01	1.00	55.3	<0.01	0.01	<0.01	42.20	98.86
LD16-2B2	灰岩	0.73	<0.01	0.02	0.03	<0.01	0.61	55.7	<0.01	0.01	<0.01	41.83	98.93
LD16-2B3	灰岩	0.51	<0.01	0.02	0.03	<0.01	0.64	56.3	<0.01	0.02	<0.01	42.14	99.66
LD16-2B4	硅质岩	54.96	<0.01	<0.01	0.10	<0.01	0.25	24.9	<0.01	<0.01	<0.01	19.69	99.90
LD16-2B5	灰岩	0.64	<0.01	0.12	0.06	0.01	0.46	55.8	<0.01	0.04	0.01	42.00	99.14
LD16-3B1	灰岩	0.59	<0.01	0.09	0.07	0.01	0.55	55.7	<0.01	0.04	0.01	42.62	99.69
LD16-3B2	灰岩	0.56	<0.01	0.06	0.06	<0.01	0.71	55.8	<0.01	0.03	0.01	42.22	99.45
LD16-4B1	灰岩	8.21	<0.01	0.08	0.07	<0.01	0.96	51.0	<0.01	0.03	0.01	38.81	99.18
LD16-4B2	灰岩	0.44	<0.01	0.08	0.03	0.01	0.63	55.8	<0.01	0.04	<0.01	41.99	99.02
LD16-4B3	灰岩	11.83	<0.01	0.08	0.06	<0.01	1.95	47.3	<0.01	0.03	0.03	38.35	99.63

续表 4.1

样号	岩性	SiO_2	TiO_2	Al_2O_3	TFe_2O_3	MnO	MgO	CaO	Na_2O	K_2O	P_2O_5	LOI	总计
LD16-4B4	灰岩	0.69	<0.01	0.04	0.04	0.01	0.55	56.20	<0.01	0.01	<0.01	41.50	99.03
LD16-4B5	灰岩	0.40	<0.01	0.10	0.03	<0.01	0.70	56.50	<0.01	0.07	<0.01	42.15	99.95
KPM01-6B	灰岩	0.44	0.01	0.15	0.05	0.01	0.31	56.30	<0.01	<0.01	0.02	42.17	99.46
LD15B1	灰岩	0.27	<0.01	<0.01	0.01	<0.01	0.11	55.60	<0.01	<0.01	<0.01	43.28	99.29
KY020B1	硅质岩	91.40	0.02	0.25	0.55	0.01	0.14	3.63	<0.01	0.07	0.01	3.06	99.10
SDZ 1a*	硅质岩	69.08	0.03	0.57	0.77	0.02	0.19	16.25	0.03	0.06	0.01	12.82	99.83
SDZ 2*	硅质岩	92.86	0.02	0.28	0.06	0.00	0.01	3.45	0.02	0.05	0.01	3.20	99.96
SDZ 5a*	硅质岩	79.08	0.02	0.16	0.26	0.01	0.22	11.36	0.02	0.02	0.02	8.81	99.98
SDZ 6*	硅质岩	89.86	0.02	0.14	0.04	0.00	0.12	5.24	0.00	0.04	0.01	4.50	99.97
SDZ 8-2*	硅质岩	93.77	0.02	0.12	0.06	0.00	0.04	3.17	0.01	0.04	0.00	2.73	99.96
SDZ 9*	硅质岩	89.93	0.03	0.35	0.12	0.00	0.05	5.12	0.01	0.12	0.01	4.25	99.99
SDZ 11*	硅质岩	98.71	0.02	0.16	0.05	0.00	0.02	0.11	0.01	0.05	0.01	0.86	100.00
SDZ 12*	硅质岩	87.80	0.02	0.26	0.10	0.00	0.15	5.99	0.02	0.09	0.01	5.58	100.02

注：* 为贵州省紫云苗族布依族自治县四大寨剖面之四大寨组中的硅质岩样品(杜远生等,2014)。

2. 微量元素特征

泥晶灰岩和硅质岩的稀土总量均很低($6.29\times10^{-6}\sim17.22\times10^{-6}$)(表 4.2),远低于北美页岩的平均值($173.2\times10^{-6}$)(Gromet et al,1984)。泥晶灰岩和硅质岩的轻、重稀土比值(LREE/HREE)为 4.66~9.77,平均 7.14,略低于北美页岩的轻、重稀土比值(7.44)。北美页岩平均值(Haskin et al, 1968)标准化的泥晶灰岩和硅质岩的稀土配分形式近于一致,且与纳水剖面四大寨组中的泥晶灰岩(李红敬等,2010)和区域上的紫云四大寨剖面四大寨组中的硅质岩(杜远生等,2014)稀土元素配分模式相似(图 4.5a)。配分横式曲线呈比较平缓的右倾分布,$(La/Yb)_N=1.03\sim3.37$,平均 2.30,轻重稀土分馏不明显,具强烈的 Ce 亏损,而 Eu 异常不明显,其中泥晶灰岩的 $\delta Ce=0.23\sim0.30$,平均 0.26,分别低于硅质岩的 δCe(0.29~0.51)和平均值(0.41)。这些特征灰岩样品后太古宙页岩标准化的 La_{SN}/Nd_{SN} 值为 1.29~1.71,位于正常海水的 La_{SN}/Nd_{SN} 范围(0.8~2.0)(Nagarajan et al, 2011)。

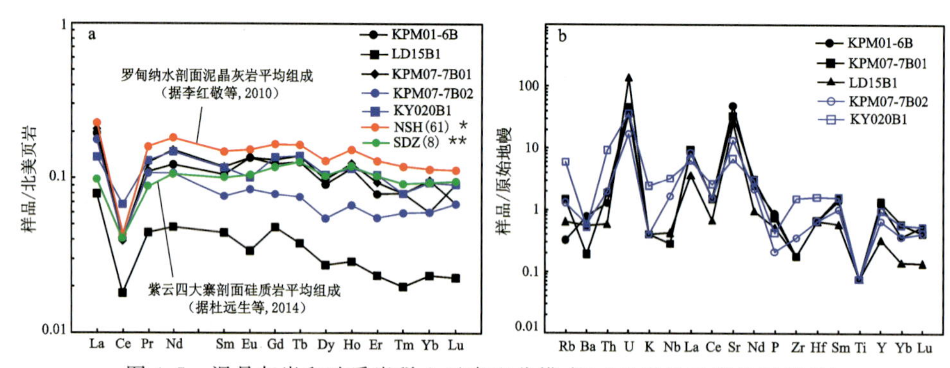

图 4.5 泥晶灰岩和硅质岩稀土元素配分模式(a)及微量元素蛛网图(b)

(北美页岩平均值据 Haskin 等, 1968;原始地幔标准值据 Sun 和 McDonough,1989)

另外,泥晶灰岩和硅质岩中的 δCe 与 δEu 不具相关性(图 4.6),表明成岩作用对 REE 的影响不大或者可以忽略不计(Shields and Stille, 2001)。

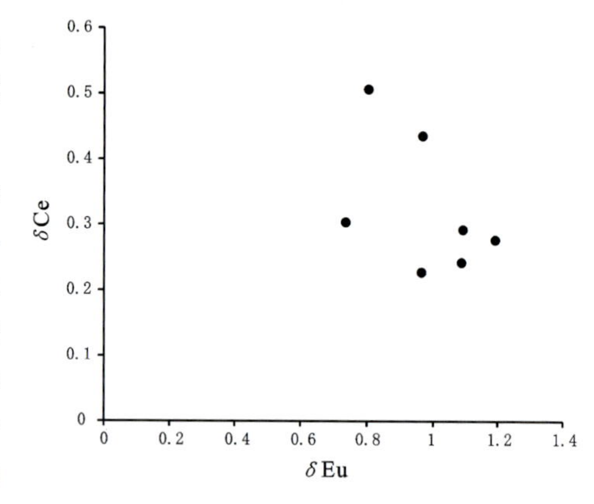

图 4.6 围岩 δCe-δEu 图解

泥晶灰岩与硅质岩的原始地幔标准化曲线,具有较一致的变化趋势(图 4.5b),表现为相对富集 U、La、Sr,亏损 Ba、K、Nb、Zr、Ti,除 Sr 以外,均处于上地壳平均成分之下,这再次表明原岩沉积时很少受到陆源物质的混染。泥晶灰岩的 K 和 Zr 低,呈负异常,表明缺乏赋存该元素的陆源钾长石类矿物或云母类碎屑矿物,且不含锆石;硅质岩也只含低量的 Zr,表明其原始的硅质沉积物不属于陆源碎屑成因。Nb、Ti 是风化作用中最不活动的元素,难以进入水体,大离子亲石元素 Ba 的离子半径较大,水合能小,易吸附于黏土矿物、胶体和有机质中,因而 Ba 主要分布在陆相和海陆过渡相沉积物中,较少进入海洋中,低 Ba 表明为台间深水盆地相。大离子亲石元素 U 富集,指示海水氧逸度低,为还原条件状态。

需特别注意的是,硅质岩或方解硅质岩的 Cr 含量($46\times10^{-6}\sim79\times10^{-6}$)明显高于泥晶灰岩中的 Cr 含量($3\times10^{-6}\sim5\times10^{-6}$)(表 4.2)。

表 4.2　四大寨组未变质灰岩和硅质岩微量元素含量

元素	KPM01-6B	LD15B1	KPM07-7B01	KPM07-7B02	KY020B1	NSH(61)*	SDZ(8)**
	泥晶灰岩	泥晶灰岩	泥晶灰岩	硅质岩	硅质岩	泥晶灰岩	硅质岩
V	1	1	1	3	5	—	—
Cr	4	3	5	79	46	—	—
Co	<1	3	<1	<1	1	—	—
Ni	2	<1	<1	3	5	—	—
Ga	<0.1	0.2	0.8	0.6	1.2	—	—
Rb	<0.2	0.4	0.9	0.8	3.8	—	—
Sr	1035	538	706	284	140.5	—	—
Y	5.50	1.50	5.90	3.00	4.40	—	7.21
Zr	<2	<2	<2	4	17	—	—
Nb	<0.2	0.3	<0.2	1.2	2.3	—	—
Cs	<0.01	0.01	0.09	0.2	0.35	—	—
Ba	5.5	3.8	1.3	4.1	3.6	—	—
La	6.10	2.50	6.50	5.60	4.30	7.18	3.08
Ce	2.70	1.20	2.60	2.70	4.50	2.90	2.70
Pr	0.87	0.35	0.99	0.85	1.03	1.26	0.70
Nd	3.30	1.30	4.10	2.90	4.00	4.93	2.89
Sm	0.62	0.26	0.70	0.45	0.69	0.88	0.60
Eu	0.16	0.04	0.16	0.10	0.12	0.18	0.13
Gd	0.64	0.25	0.68	0.41	0.71	0.87	0.62
Tb	0.10	0.03	0.11	0.06	0.11	0.13	0.10
Dy	0.53	0.16	0.57	0.32	0.61	0.75	0.60

续表 4.2

元素	KPM01-6B	LD15B1	KPM07-7B01	KPM07-7B02	KY020B1	NSH(61)*	SDZ(8)**
	泥晶灰岩	泥晶灰岩	泥晶灰岩	硅质岩	硅质岩	泥晶灰岩	硅质岩
Ho	0.12	0.03	0.13	0.07	0.12	0.16	0.12
Er	0.27	0.08	0.32	0.19	0.36	0.44	0.35
Tm	0.04	0.01	0.04	0.03	0.04	0.06	0.05
Yb	0.18	0.07	0.29	0.18	0.28	0.34	0.28
Lu	0.04	0.01	0.03	0.03	0.04	0.05	0.04
ΣREE	15.67	6.29	17.22	13.89	16.91	20.13	12.25
LREE/HREE	7.16	8.83	6.94	9.77	6.45	6.19	4.66
La_N/Yb_N	3.20	3.37	2.11	2.93	1.45	1.99	1.03
δEu	1.19	0.74	1.09	1.09	0.80	0.97	0.97
δCe	0.28	0.30	0.24	0.29	0.51	0.23	0.44
Hf	<0.2	<0.2	<0.2	<0.2	0.5	—	—
Pb	<2	4	<2	<2	<2	—	—
Th	0.11	<0.05	0.16	0.17	0.78	—	—
U	0.76	2.93	0.97	0.36	0.77	—	—

注：$\delta Eu = Eu_N/(Sm_N \times Gd_N)^{1/2}$；

—表示未分析项；

除 LREE/HREE、La_N/Yb_N、δEu 和 δCe 外，各元素单位均为 $\times 10^{-6}$；

* 为贵州罗甸纳水剖面之四大寨组 61 件泥晶灰岩样品的平均值(李红敬等，2010)；

** 为贵州紫云四大寨剖面之四大寨组 8 件硅质岩样品的平均值(杜远生等，2014)。

第四节　讨　论

一、四大寨组化学成分特点

四大寨组主要由灰岩和硅质岩构成。薄片鉴定表明，四大寨组灰岩未见白云石，暗示其原岩化学成分特征应为贫 MgO、高 CaO 和大变化的 SiO_2，这与全岩主量元素分析结果(表 4.1，MgO 为 0.1%～2.0%、CaO 为 47.3%～56.5%、SiO_2 为 0.3%～11.8%)相吻合；硅质岩呈团块状、结核状、透镜状、条带状、似层状及层状顺层或大致顺层在灰岩中或灰岩层间展布，主要成分为微一隐晶质石英，SiO_2 含量变化较大(55.0%～91.4%)、CaO 变化大(3.6%～24.9%)、MgO 含量也很低(0.1%～0.6%)，其 Cr 含量($46\times10^{-6}\sim79\times10^{-6}$)高于纯的和含石英泥晶灰岩含量($3\times10^{-6}\sim5\times10^{-6}$)一个数量级。23 件泥晶灰岩样品主要采集于含矿剖面(KPM07)和不含矿剖面(LD16)的接触带之上的未变质段，其 CaO 与 SiO_2 呈明显的负相关，CaO 与 MgO 具弱负相关关系，说明成岩过程中受硅化和白云岩化改造的影响可以忽略不计，其全岩主、微量元素组成可代表研究区四大寨组中灰岩的原始值。硅质岩除 1 件样品(LD16-2B4)具有明显的成岩交代特征外，其余 2 件样品采自层状硅质岩，其 SiO_2 含量为 79.6%～91.4%，MgO 含量远小于 1%，与区域上不受二叠纪基性岩浆活动影响的紫云四大寨剖面的四大寨组硅质岩的 SiO_2 含量及 MgO 含量相近(表 4.1)，其全岩成分可以代表区内四大寨组燧石岩的原始组成。

二、四大寨组硅质岩成因和沉积盆地环境条件及其水化学成分

1. 硅质岩成因

研究区四大寨组的硅质岩主要以层状和透镜状两种形态产出，两种产状的硅质岩与灰岩具有相似的北美页岩标准化稀土配分模式，表明生成在相同的沉积环境。层状硅质岩属于原始沉积成因，但是否归属于生物成因曾引起较大争议。杜小弟等(1998)将硅质岩的成因划分为原生层状硅质岩和交代硅质岩两种。原生层状硅质岩常含有放射虫、硅质海绵骨针及各种硅质生物硬壳碎屑，层间夹泥质岩，主要属于生物成因，产在 200m 水深以下的盆地相沉积环境(李红敬等，2009)；交代硅质岩常呈结核状和透镜状，是成岩过程中硅质交代灰岩而成，硅化的生物屑颗粒与主岩所含的生物屑颗粒的种类相同(杜小弟等，1998；李红敬等，2009)。有学者据稀土元素地球化学特征将硅质岩划分为热水沉积成因和非热水沉积成因，认为热水成因硅质岩形成于深海，REE 总量低，HREE 相对富集，具 Ce 负异常，δCe 平均值为 0.29；非热水成因硅质岩属浅水陆源硅质岩，REE 总量高，HREE 不富集，具 Ce 正异常，δCe 平均值为 1.20(Shimizu and Masuda，1977；Henderson，1984)。此外，基于硅质岩中的 Fe、Mn 的富集主要与热液的加入有关，Al、Ti 的富集主要与陆源物质的输入有关的认识，提出了 Al/(Al+Fe+Mn)值判别法(Adachi et al，1986)，将硅质岩成因划分为热液成因和生物成因，认为纯热液成因硅质岩的 Al/(Al+Fe+Mn)值为 0.01，纯生物成因硅质岩的 Al/(Al+Fe+Mn)值为

0.60,并建立了硅质岩成因的 Al-Fe-Mn 三角判别图解(图 4.7)。在该图解上,本研究的硅质岩的 Al/(Al+Fe+Mn)值较小(0～0.27),投点落在 Al-Fe-Mn 图解的热液成因区;前人在纳水剖面四大寨组采集的硅质岩样品的数值点也落在热液区,显示热液成因硅质特征。右江盆地北西端的紫云四大寨剖面之四大寨组硅质岩样品点则分布在非热液区(杜远生等,2014)。

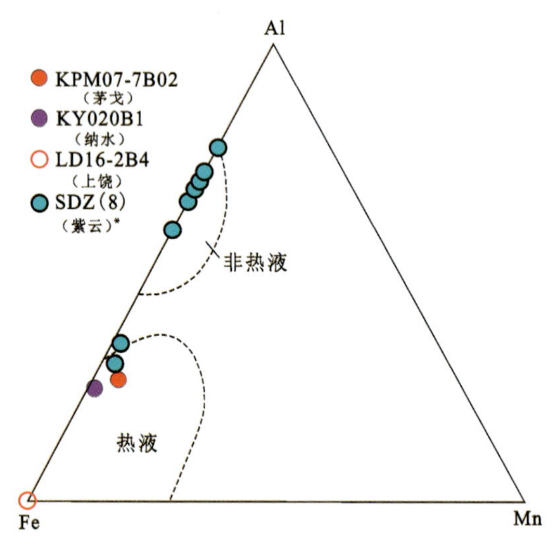

图 4.7　四大寨组硅质岩 Al-Fe-Mn 三角图

(底图据 Adachi et al,1986;* 引自杜远生等,2014)

地史上由生物作用引起的大规模硅质沉积事件发生于早二叠世早期的萨克马尔阶—晚二叠世(Murchey and Jones,1992; Beauchamp and Boud, 2002),形成燧石结核的硅来源于海绵骨针等生物骨骼(Coniglio, 1987; Hesse, 1988)。罗甸四大寨组中的硅质岩分布在右江裂陷盆地内,以似层状、透镜状、团块状和条带状硅质岩产于灰岩内部,硅质岩中未发现放射虫、硅质海绵骨针及各种硅质生物硬壳碎屑,属于生物沉积成因的可能性较小。其中,罗甸四大寨组层状硅质岩层薄,单层厚数厘米,并与薄层灰岩互层(图 4.2b、f),颜色暗黑,罕见生物化石,REE 总量低(平均 15.40),Ce 为负异常,δCe 平均值为 0.40,综合地质背景和稀土元素地球化学特征判定属于海相热水沉积成因,形成于深水盆地中;似层状、透镜状、团块状和条带状硅质岩也产在灰岩内部(图 4.3b),其硅质成分分布不均匀,SiO_2 含量比层状硅质岩低,CaO 含量比层状硅质岩高,可能为热液交代成因(详细讨论见矿床成因部分)。

2. 沉积水体的氧化还原条件变异

四大寨组的岩石序列上显示其沉积环境自下而上从贫氧向富氧的变化趋势。四大寨组第二段灰岩自下而上由薄变厚,是一个沉积水体向上变浅的沉积层序,其下部发育缺氧沉积的标志性灰黑色薄板状泥晶灰岩夹黑色薄板状硅质岩,岩层单层厚仅为 2～5cm,相当于盆内高水位期的低速沉积层,缺乏生物化石;中上部为贫氧—富氧沉积,岩层单层厚度逐渐变厚,为中厚—厚层状,局部见生物碎屑,近顶部有时夹砾屑灰岩,沉积环境已达上斜坡部位。

以下碳酸盐岩中的地球化学参数常被用来判断碳酸盐岩的沉积盆地的氧化还原条件。

1）MgO /CaO 值

当易溶性的钠盐和钾盐不参与沉淀时，潮湿气候条件下沉积的碳酸盐岩的 Mg/Ca 值较低，干热气候条件下的 Mg/Ca 值较高（Lerman，1989；王随继等，1997）。这是一个相对高低的地球化学指标，例如，塔里木盆地巴楚地区寒武纪蒸发台地相白云岩的 Ca/Mg 值的统计值都小于 5（何宏等，2004）；滇东北栖霞组—茅口组灰岩的 MgO/CaO 平均值为 0.008～0.012，揭示潮湿气候沉积产物，灰质白云岩和白云质灰岩的 MgO/CaO 值为 0.161～0.040，指示干燥气候（潘明等，2017）。

2）Ce_{anom}值

Wright 等（1987）设计了一个 Ce_{anom}异常判别式：

$$Ce_{anom}=\lg[3Ce_N/(2La_N+Nd_N)] \tag{4.1}$$

Ce_N、La_N和 Nd_N值为采用北美页岩 REE 标准化值。当 $Ce_{anom}<-0.1$ 时，为氧化环境；当 $Ce_{anom}>-0.1$ 时，为还原环境。

3）δCe 和 Ce/La 值

Ce 异常对古海洋的氧化还原条件的变化也十分敏感，Ce 异常被用于判定碳酸盐岩古沉积环境的氧化还原条件（王中刚等，1989），还原环境的 δCe＞1，氧化环境的 δCe＜0.95，并被广泛应用（毛小妮等，2011；赵晓辰等，2017）。有学者在研究华南泥盆纪缺氧沉积的稀土元素地球化学特征时用 Ce/La 值代替 Ce 异常值判别沉积的氧化还原条件，Ce/La 值为 1.8 和 2.0 分别代表 Ce_{anom}值的－0.1 和 0，并认为 Ce/La＜1.5 指示富氧环境，Ce/La＝1.5～1.8 指示贫氧环境，Ce/La＞2.0 指示厌氧环境（Bai et al，1994），基于研究将这一指示用来判别碳酸盐岩古沉积环境的氧化还原条件（颜佳新等，1998；施春华等，2001；韩宗珠等，2011）。

4）V/（V＋Ni）和 U/Th 值

V/（V＋Ni）值及 U/Th 值分别由 Hatch 和 Leventhal（1992）、Jones 和 Manning（1994）提出用于判别泥岩古氧相的指标。V/（V＋Ni）＞0.54 代表厌氧沉积环境（强还原环境）；V/（V＋Ni）值介于 0.46～0.54 之间代表贫氧沉积环境；V/（V＋Ni）＜0.46 代表富氧沉积环境（Hatch and Leventhal，1992）。当 U/Th＞1.25 时指示缺氧环境；当 0.75＜U/Th＜1.25 时则为贫氧环境；当 U/Th＜0.75 时指示氧化环境（Jones and Manning，1994）。该指标被某些研究者借用来判别碳酸盐岩的沉积古氧相（颜佳新等，1998；潘明等，2017）。

罗甸四大寨组第二段上部的灰岩样品来自 KPM07 和 LD16 剖面，剔除受成岩后的热液影响的 KPM07－5B2 样品，共 23 件样品，显示灰岩 MgO/CaO＝0.002～0.041，平均 0.012（表 4.1），反映潮湿气候条件，但向上逐渐转向干燥气候条件。而四大寨组上部灰岩的 δCe 值介于 0.23～0.30 之间（表 4.2），显示氧化环境；Ce/La＝0.40～0.48，明显小于 1.5，指示富氧环境。此外，4 件灰岩样品的 Ce_{anom}＝－0.70～－0.62（表 4.2），明显小于－0.1，也显示氧化环境。灰岩的 Ce_{anom}值贵州中二叠纪栖霞组和茅口组灰岩的 Ce_{anom}值（＜－0.1）一致（南君亚等，1998）。上部 3 件灰岩样品中的其中 1 件 V/（V＋Ni）值为 0.33，指示富氧沉积环境；另 2 件样品的 V/（V＋Ni）值介于 0.5～1.0 之间，U/Th＞6.1，指示缺氧环境。

从地质产状、岩石结构、构造和沉积相标志看，四大寨组第二段下部的灰黑色薄板状灰岩夹薄层硅质岩则位于深水盆地相（相当于浅海陆棚深水相），处于氧化界面之下，属深水还原环境；第二段中上部，该段地层位于台地前缘斜坡相带一浅海陆棚相带，处在氧化界面之上，属于氧化环境。本研究的样品皆采自四大寨组中上部，与微量元素 Ce 有关 δCe 值、Ce/La 值和 Ce_{anom} 值的判别结果皆显示氧化环境信息，MgO/CaO 值、V/(V+Ni)值和 U/Th 值判别结果氧化和还原条件均有。综合地质产状、岩石结构、构造和沉积相标志，可总体确定其沉积环境条件为氧化条件。

3. 沉积盆地深度与海水成分

碳酸盐岩的 Sr/Ba 值是定性判别其沉积环境的海水深度和离岸距离的重要地球化学指标（汪凯明和罗顺社，2009；田洋等，2014）。Sr 和 Ba 的化学性质相近，但 Sr 的迁移能力大于 Ba，可迁移至大洋深水区，Ba 则多在近岸沉积物中富集，因而靠近物源区的海相沉积物中 Ba 含量较高、Sr 含量较低，Sr/Ba 值也越低；相反，Sr/Ba 值在海水深处则越高（胡明毅，1994；汪凯明和罗顺社，2009；熊小辉和肖加飞，2011）。罗甸四大寨组第二段上部 3 件灰岩样品的 Sr/Ba 值为 142～543，平均 291，高于台地相栖霞组—茅口组的 Sr/Ba 值[36.6～339，平均为 188（潘明等，2017）]，反映了罗甸四大寨组的沉积环境相对离岸更远，海水更深。

了解中二叠统四大寨组碳酸盐岩沉积时海水的化学组分特征对认识罗甸玉成因具有一定的意义。国外学者研究过海水的化学组成及其变化，主要采集全球多个碳酸盐岩盆地的海相石盐作原生流体包裹体组成分析，以 K 和 Br 含量确定蒸发度，模拟计算显生宙海水的主要化学组分浓度（Horita et al，2002）。中二叠世（270Ma）堪萨斯盆地海水的 Mg^{2+} 的质量摩尔浓度约 48mmol/kg H_2O，Ca^{2+} 的质量摩尔浓度约 14mmol/kg H_2O，SO_4^{2+} 的质量摩尔浓度约 16mmol/kg H_2O。通过换算，中二叠世堪萨斯盆地海水中的 Mg^{2+} 含量为 1.15‰，Ca^{2+} 含量为 0.56‰，SO_4^{2+} 含量为 1.54‰。现代海水中的 Mg^{2+} 的质量摩尔浓度为 55.1mmol/kg H_2O，Ca^{2+} 的质量摩尔浓度为 10.6mmol/kg H_2O，$SO_4{}^{2+}$ 的质量摩尔浓度为 29.2 mmol/kg H_2O（Horita et al，2002；程怀德和马海州，2013），现代海水中的 Mg^{2+} 含量为 1.32‰，Ca^{2+} 含量为 0.42‰，$SO_4{}^{2+}$ 含量为 2.80‰。这些数据表明，显生宙各个时期海水的 Mg^{2+}、Ca^{2+}、$SO_4{}^{2+}$ 的浓度是变化的，这一变化与全球白云石形成速率的减少有关。白云石形成速率的减少可能是海生钙质骨骼浮游生物产生的 $CaCO_3$ 沉积由浅水向深水环境弥散所致，因而生物演化和构造过程可能影响了显生宙的海水化学演化（Holland and Zimmermann，2000）。

中二叠世全球发生了显著的硅质沉积事件，表明该时期全球海水具有相近的化学组成和组分浓度。罗甸四大寨组碳酸盐岩沉积期间的海水 Mg^{2+} 含量约为 1.15‰，略低于现代海水中的 Mg^{2+} 含量（1.32‰）。可见，罗甸四大寨组碳酸盐岩沉积期间的海水 Mg^{2+} 含量是很低的。

三、四大寨组与区域上栖霞组和茅口组的比较

贵州中二叠世岩相古地理具有典型的台-坡-盆分异格局（图 4.8），各相区有一套专属的地层序列，在年代地层格架下，可以通过岩石地层和生物地层资料加以对比。按照新编《中国区域地质志·贵州志》(2017)的地层划分方案（表 2.1），区域上的中二叠世台地相区的地层序

列由梁山组、栖霞组、茅口组构成，台地边缘相区由猴子关组礁灰岩构成，斜坡相-盆地相区则由四大寨组构成。

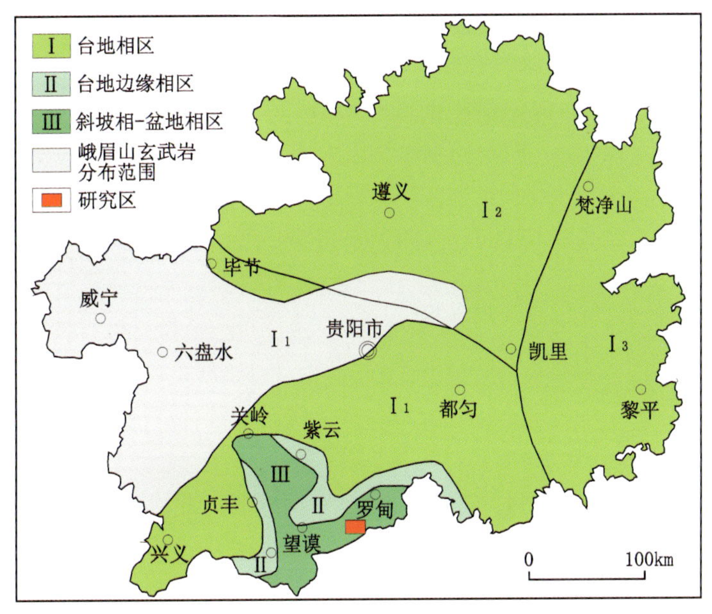

图 4.8　贵州省中二叠世岩相古地理图

在台地相区和台地边缘相区，中二叠统底界为平行不整合界线，顶界为平行不整合或火山喷发不整合界线。其中，台地相区中二叠统底部为滨岸沼泽相的砂页岩夹煤线，中二叠统下、上部分别为栖霞组台地相深灰色燧石岩灰岩、白云岩、白云质灰岩，茅口组台地相浅灰色生物碎屑灰岩、硅质灰岩夹硅质岩。而在斜坡相-盆地相区，中二叠统的顶底均为连续沉积，四大寨组向下延伸进入下二叠统。按照岩石组合特征，将四大寨组划分两个岩性段：第一段处于下二叠统中、上部，岩性主要为细碎屑岩夹硅质岩，包括深灰色黏土岩、薄层泥质灰岩夹薄层硅质岩及薄层泥晶灰岩，局部夹粉砂岩、细砂岩，区域上的厚度变化较大；第二段大部分由中二叠统构成，向下延入下二叠统上部，主要岩性为灰黑色薄层泥晶灰岩、燧石岩灰岩，夹薄层硅质岩，厚层块状含燧石岩结核的砾屑灰岩，在斜坡相带上部夹白云岩。由于遭受中二叠统猴子关组礁相带（珊瑚礁、海绵礁）的阻隔，台地相栖霞组—茅口组与半深水斜坡相-深水盆地相区的四大寨组没有直接毗邻。由于贵州二叠系蜓类生物化石十分发育，前人将二叠系的蜓类建立了 20 个带，以最新出版的国际年代地层表为标准，详细开展了生物地层的划分对比，大大提高了研究程度，为国际二叠纪地层划分与对比提供了重要而宝贵的生物地层资料。

在这些蜓类生物带中，以 *Pamirina darvasica* 延限带（地层厚 10～30m）作为四大寨组第一段底界；以 *Brevaxina dyhrenfurthi* 延限带（地层厚约 10m）作为中二叠统底部，该带位于猴子关组近底部，由于四大寨组第二段为灰岩夹硅质岩，岩性较单一。*Brevaxina dyhrenfurthi* 延限带位于四大寨组第二段近底部的灰岩层间，作为岩石地层单位，在其内部寻找中二叠统底界的岩性标志显然是困难的。从年代地层上看，四大寨组第一段碎屑岩形成于梁山组碎屑岩之前，相当于威宁组（CP*w*）台地边缘滩相带的鲕粒灰岩之顶部和下二叠统平川组台地相泥晶灰岩之下部层位；四大寨组第二段则相当于平川晚期—梁山期—栖霞期—茅口期的沉积。此外，以 *Cancellina liuzhiensis* 延限带（地层厚数米）作为茅口组底界，该带位于猴子关组中部和四大寨组第二段中部，在台地相区正值栖霞组与茅口组的分界，但在礁灰岩内部以及盆地相区的四大寨组第二段内部是较难甄别的。由于四大寨组沉积水体较深，很难见到大化石，生物地层划分主要依赖于微体古生物化石，尤以罗甸纳水剖面上的牙形石研究较为深入，例如，以 *Sweetognathus whitei* 间隔带作为四大寨组底界，以 *Neogondolella bitteri* - *Merrillina praedivergens* 组合带作为四大寨组顶部。

根据区域地层对比和岩相资料分析，四大寨组第一段—第二段沉积构成一个向台缘斜坡相逐渐上超的沉积层序（图 4.9）。

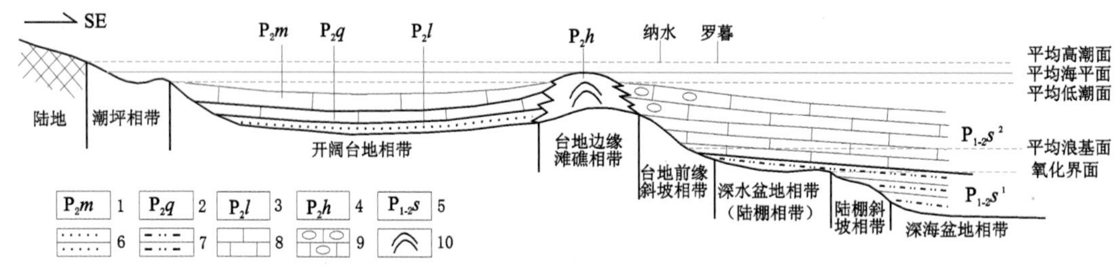

图 4.9　贵州南部中二叠世沉积相模式

1. 茅口组；2. 栖霞组；3. 梁山组；4. 猴子关组；5. 四大寨组；6. 砂岩；7. 黏土质粉砂岩；8. 灰岩；9. 砾屑灰岩；10. 礁灰岩

四大寨组第一段是一套以细碎屑岩为主的岩性段，以 KPM07 - 0B 样品为例，镜下鉴定为黏土质粉砂岩，陆源碎屑约占样品总量的 60%，碎屑成分主要为石英（58%）。按照生物地层划分与对比，四大寨组第一段被置于台地相平川组中部以下、马平组上部以上（表 2.1）。在四大寨组第一段沉积时期，与之相邻的台地相马平组和平川组以及台地边缘相威宁组均为碳酸盐岩沉积，但在威宁黑土河地区的潮坪相“马平组”夹有大量石英砂岩，显然，它是四大寨组第一段的碎屑来源。因此，斜坡相-盆地相区的四大寨组第二段中上部岩性可以与台地相栖霞组—茅口组对比，但四大寨组第一段碎屑岩则不能与梁山组碎屑岩对比，二者并不在同一个沉积时期沉积和成岩（图 4.9）。

第五节　小　结

（1）罗甸四大寨组第二段岩性主体为碳酸盐岩和硅质岩。碳酸盐岩只有灰岩，没有白云岩或白云质灰岩，属于富 Ca、Si，贫 Mg 的岩石地层。灰岩具很低的 MgO/CaO 值，属潮湿气候的沉积产物（正常海水沉积）；硅质岩有海相热水沉积成因的层状和成岩作用中热液交代成因的似层状、条带状、透镜状和不规则团块状硅质岩两种。

（2）罗甸四大寨组灰岩和硅质岩富集 U、La、Sr，亏损 Ba、K、Nb、Zr、Ti，稀土总量远远低于北美页岩，原始沉积没有明显受到陆源物质的混染。硅质岩中的 Cr 含量高于泥晶灰岩 Cr 含量 1 个数量级。灰岩与燧石岩（硅质岩）同具强烈的 Ce 负异常和正常海水的沉积特征。

（3）罗甸四大寨组第二段中上部与区域上的栖霞组—茅口组可以对比，为大致同时异相的产物，具有全球二叠纪硅质沉积事件的岩性特征；但四大寨组第二段从下部经中上部至上部，沉积环境条件从缺氧转变为贫氧—富氧条件，盆地水深从深水盆地依次转变为下斜坡部位和上斜坡部位。四大寨组与区域上的栖霞组—茅口组相比，其沉积位置离岸更远，海水更深。

（4）罗甸地区四大寨组沉积期的海水 Mg^{2+} 含量约为 1.15‰，低于现代海水中的 Mg^{2+} 含量（1.32‰）。

第五章　基性侵入岩的岩石特征与成因

罗甸玉矿体产在四大寨组的大理岩中，空间上与侵入该围岩的基性岩体形影不离。本章将介绍该基性岩体的产状、岩石类型、岩石和矿物化学成分及形成年龄，并对其成因上与峨眉山大火成岩省的关系进行分析探讨，为揭示该基性岩浆的侵入作用与罗甸玉矿的形成关系提供参考。

第一节　基性岩体的产状和岩相分带

基性岩床出露于背斜翼部，向斜区被巨厚的三叠系覆盖，侵入于二叠系四大寨组第二段燧石条带灰岩的层间，或第一段黏土质粉砂岩与第二段燧石条带灰岩的界面上。岩体呈层状或似层状，厚58～300m，产状与围岩层理平行或小倾角相交，因此，总体上可以称为岩床或岩席。

罗甸基性岩床有1～2层，在矿集区西部多为2层，在东部只有1层(图2.2a)，与围岩发生协同褶皱变形。岩床从内向外到边缘，其岩石结构存在一定的变化，可划分出内带、边缘带和冷凝边3个相带，但冷凝边很薄(厚3～10cm)，因此并入边缘带。岩床顶部普遍发育气孔状构造和杏仁状构造。贵州省地质矿产局(1987)将之称为辉绿岩，但张旗等(1999)曾依据岩体呈近于层状的产状和发育气孔状构造及杏仁状构造认定为喷出岩。基性岩床的侵入使紧邻的上、下四大寨组围岩的碳酸盐岩发生接触热变质作用，发育接触变质带，带宽约98m。罗甸玉矿体即分布在岩床上覆的外接触带中。基性岩床局部地段产中酸性岩脉(图2.2b)。

本章选择出露条件好、分带较清楚、岩石类型最多的4条剖面(即KPM22剖面、KPM07剖面、LD08剖面和KPM04剖面)进行观察和采集样品，并视情况进行若干次补充采样。

KPM22剖面位于昂歪村南西400m的简易公路边坡，地理坐标为东经106°28′58″、北纬25°10′28″。该剖面进一步内嵌了LD01观察点以对KPM22剖面第3～4层进行补充观察采样(图5.1a)。基性岩床在该剖面上厚297m，据其结构变化分出内带和边缘带。下边缘带主体为细粒辉绿岩；上边缘带也以细粒辉绿岩为主，但在近边缘处发育气孔状构造和杏仁状构造的辉绿玢岩；内带中部为粗－中粒辉长岩，向上和向下变化为中－中细粒辉长辉绿岩。内带常发育酸性岩脉。

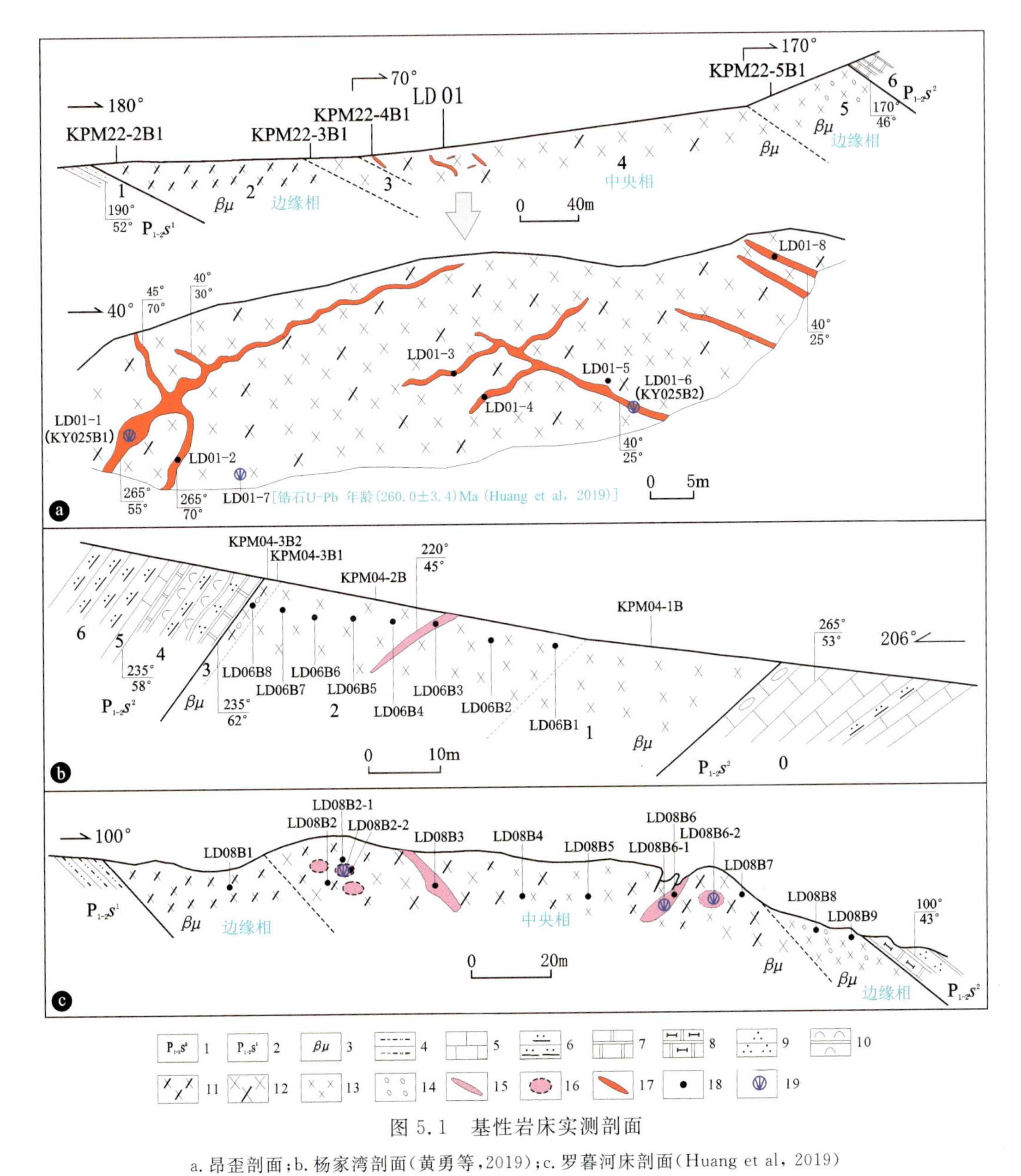

图 5.1　基性岩床实测剖面

a. 昂歪剖面;b. 杨家湾剖面(黄勇等,2019);c. 罗暮河床剖面(Huang et al, 2019)

1. 二叠系四大寨组第二段;2. 二叠系四大寨组第一段;3. 辉绿岩;4. 粉砂岩;5. 泥晶灰岩;6. 硅质岩;7. 方解石大理岩;8. 透辉石大理岩;9. 石英岩;10. 滑石岩;11. 细粒辉绿岩;12. 粗粒辉长岩或辉绿岩;13. 细粒辉长岩;14. 气孔状构造;15. 中性岩脉;16. 中性岩囊;17. 酸性岩脉;18. 采样点;19. 锆石样品位置

KPM04 剖面位于杨家湾北东约 1km 的公路上,地理坐标为东经 106°41′21″、北纬 25°19′54″,顶底齐全,岩床厚 58m(图 5.1b),其顶界面与滑石矿体呈构造接触(黄勇等,2019)。内嵌 LD06 地质点,以便对 KPM04 剖面的内带—上部边缘带的补充观察和采集样品。剖面从下往上矿物粒径在 2.00~0.20mm 之间,但中部略粗于下部和顶部,岩相分带不明显。上部见中性岩脉。基性岩床由细粒辉长岩、辉绿辉长岩或细粒辉长辉绿岩和辉绿岩构成。顶部辉绿岩具杏仁状构造，杏仁体矿物成分为绿泥石，含量约15%，呈次圆状、椭圆状、云朵状和不规则状。

KPM07剖面位于罗暮乡镇北西约1km的罗暮软玉矿点的公路壁(图5.2a)，地理坐标为东经106°31′11″、北纬25°12′35″。LD03地质点是对KPM07剖面第2层(中央相带)的补充观察采样点。该剖面上，基性岩床厚143m，内部分带明显，下部边缘相为细粒辉绿岩；上部边缘相为辉绿玢岩或辉绿岩，发育气孔状构造和杏仁状构造(图5.2b)；内带由辉长岩或辉绿辉长岩构成，斜长石晶体大小(长径)可达5.00～17.00mm。内带发育多组中性岩脉。

LD08剖面也位于罗暮乡镇北西约1km的罗暮软玉矿点处，但展布在与剖面KPM07近于平行的，南西约30m的小溪内(图5.2c)，地理坐标为东经106°31′11″、北纬25°12′35″。LD08剖面的岩相分带和特征与剖面KPM07完全一致(图5.1c)。该剖面产有新鲜的中酸性岩(图5.2d)。LD08剖面是因剖面KPM07岩石风化严重，不易采集新鲜样品而补充测制的，供系统研究全岩化学、年龄、矿物化学，尤其是研究中酸性岩的类型和成因采集样品使用。

图5.2 罗甸基性岩床的代表性剖面(a、c)和重要岩石露头(b、d)野外图

a.沿乡间公路的KPM07剖面；b.岩床上部的杏仁状辉绿岩；c.沿山脚河床的LD08剖面；d.样品LD08B2采样点附近的辉长岩及其中的石英闪长岩侵入体

除上述4条剖面外，还有一些样品采自KPM01剖面(东经106°30′14″、北纬25°10′47″，基性岩体厚101m)和KPM08剖面(东经106°28′39″、北纬25°10′02″，基性岩体厚160m)。此外，零星样品采自KPM02、KPM03等剖面和KY008、KY020、KY023地质观察点。

第二节　岩石类型和岩相学特征

经镜下鉴定样品并结合野外手标本特征，得到中央相带岩石的粒度为巨粒－中粒，或粗粒－细粒，由辉长岩、辉长辉绿岩、辉绿玢岩构成；下部边缘相为细粒辉绿岩；上部边缘相为细粒辉长岩和杏仁状辉绿岩。代表性岩石的岩相学特征如下。

辉长岩：见于岩床内带上部，具辉长结构、含长嵌晶结构（图 5.3a、b），矿物成分有斜长石（50%～65%）、辉石（28%～42%）和副矿物（5%～10%）。斜长石呈半自形—自形长条板柱状，结晶粒径 0.20～7.00mm；辉石呈半自形—自形短柱状、长条柱状，结晶粒径为 0.20～13.00mm；副矿物有钛铁矿和榍石等，自形—半自形—他形粒状，粒径 0.02～0.20mm，具弱白钛石化、弱褐铁矿化。岩石局部发育弱的绿帘石化和绿泥石化。

辉长辉绿岩：见于岩床中上部，具辉长辉绿结构（图 5.3c），矿物成分有斜长石（65%～75%）、辉石（15%～25%）和副矿物（5%～10%）。斜长石为半自形—自形长条板柱状，粒径 0.20～5.00mm，被溶蚀呈港湾状，具强钠长石化、绿泥石化、弱硅化、微弱方解石化、微弱绿帘石化、微弱黏土化；辉石为半自形—自形短柱状，粒径 0.20～5.00mm，具绿帘石化、绿泥石化；副矿物有钛铁矿、磁铁矿及微量榍石等，自形—半自形—他形粒状，粒径 0.02～14.00mm，不等粒级，具弱褐铁矿化、微弱白钛石化。LD08B4 含 2%碱性长石，为半自形—自形长条板柱状，粒径 0.20～2.00mm，具微弱黏土化现象。

辉绿岩：一般见于岩床下部或上部，具辉绿结构（图 5.3d），矿物成分有斜长石（68%～70%）、辉石（22%～25%）和副矿物（7%～8%）。斜长石为半自形—自形长条板柱状，粒径 0.20～2.0mm；辉石为半自形—自形短柱状，粒径 0.20～2.0mm，个别晶体具弱绿泥石化；副矿物有钛铁矿和榍石等，自形—半自形—他形粒状，粒径 0.02～1.00mm，具弱褐铁矿化、弱白钛石化。

辉绿玢岩：见于岩床中部，具似斑状结构，基质具辉绿结构。斑晶约占 20%，成分为斜长石，半自形—自形长柱状，粒径 5.0～17.0mm。基质约占 80%，由斜长石（57%）、辉石（15%）、石英（3%）和副矿物（5%）构成。斜长石为半自形—自形长条板柱状，粒径 0.20～5.0mm；辉石为半自形—自形短柱状，粒径 0.20～4.0mm，有些晶体具弱绿泥石化；石英为半自形—他形粒状，粒径 0.05～1.0mm；副矿物有钛铁矿、微量黄铁矿等，自形—半自形—他形粒状，粒径 0.02～2.0mm，具微弱褐铁矿化。

辉绿岩：全晶质辉绿结构，发育脱落的绿泥石杏仁体，为脱落成因（图 5.3e）。矿物成分主要有斜长石（60%）、辉石（23%）和副矿物（2%）。斜长石和辉石的结晶粒径为 0.20～2.00mm，前者呈半自形—自形长条板柱状，具绿泥石化、微弱硅化、微弱方解石化，后者呈他形—半自形—自形短柱状，具强纤闪石化、弱绿泥石化、微弱绿帘石化等；副矿物为自形—半自形—他形粒状，粒径小于 2.00mm，具微弱褐铁矿化。杏仁体主要呈圆状、次圆状、椭圆状，次为云朵状和不规则状，直径小于 4.00mm（结合手标本测量），含量为 20%～25%，主要矿物为绿泥石（7%～15%）和方解石（8%～15%），次为绿帘石（约 2%），属全充填型复质杏仁体（图 5.3f）。

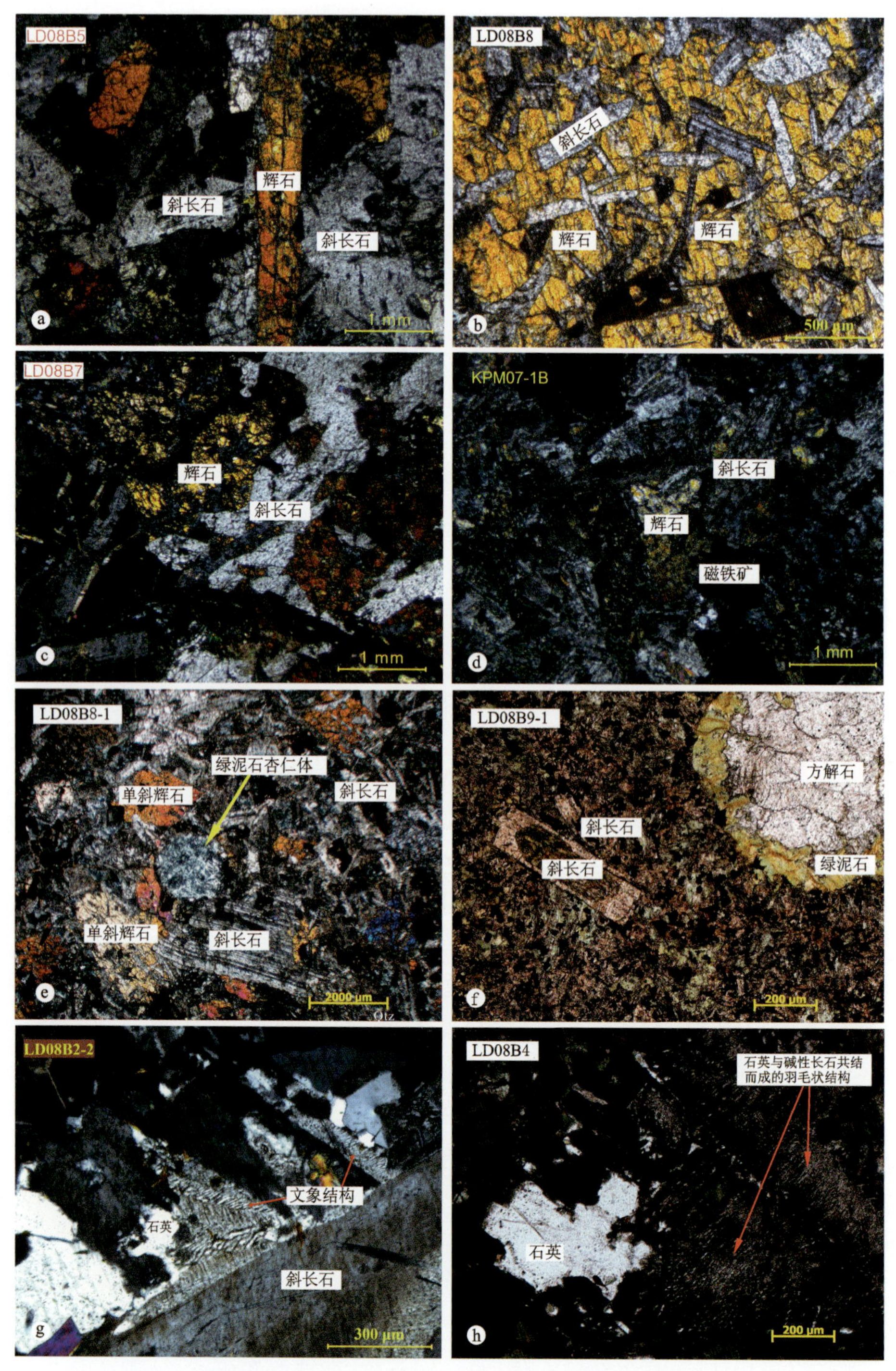

图 5.3　剖面上代表性岩石的典型结构的显微图

a. 辉长结构和包含结构(正交偏光);b. 辉石斑晶具含长嵌晶结构(正交偏光);c. 辉长辉绿结构(正交偏光);d. 辉绿结构(正交偏光);e. 全晶质辉绿岩中脱落的绿泥石杏仁体(正交偏光);f. 杏仁状构造(单偏光);g. 石英与碱性长石的文象结构(正交偏光);h. 石英与碱性长石共结而成的羽毛状结构(正交偏光)

以上岩石的辉长岩、辉长辉绿岩或部分辉绿岩(如样品 LD08B4、LD08B5、LD08B7 和 KPM07-3B1)含有少量石英和碱性长石(图 5.3g),有的碱性长石晶体呈羽状(图 5.3h),含量 2%~5%,石英呈填隙状产出,共结成羽毛状结构。在发育此类石英和碱性长石处,单斜辉石呈现明显的绿泥石化。为相区别,此类含石英和碱性长石的辉长辉绿岩称为含石英辉长辉绿岩组,不含者称无石英辉长辉绿岩组。现已查明,此类石英和碱性长石为晚期呈浸式渗入-注入或脉式侵入到固结了的辉长辉绿岩和岩囊(或岩栓、岩泡)中的长英质岩浆。

第三节　锆石 U-Pb 测年及 Hf 同位素

采集的 5~10kg 全岩样品(样品 LD08B2-1A)在廊坊市诚信地质服务有限公司进行加工并挑选锆石精样。锆石样品靶及其阴极发光(CL)成像在武汉上普分析科技有限责任公司完成。LA-ICP-MS 锆石 U-Pb 定年及锆石稀土、微量元素分析,由武汉上谱分析科技有限责任公司完成,测定激光束斑直径 24μm。单个数据点的误差为 1σ,$^{206}Pb/^{238}U$ 加权平均年龄误差为 2σ。实验分析方法见附录。

一、锆石特征

LD08B2-1A 样品的锆石可分为 3 种类型。第一种为宽环带或无分带锆石,数量最多,具如下特征:①锆石为柱状半自形和不规则状他形晶,长 34~84μm,宽 33~46μm,长宽比 1.0~1.8;②CL 图像与峨眉山玄武岩中的锆石相似(Li et al, 2016),呈暗灰色、深黑色(图 5.4a),Th、U 含量越高颜色越深;③锆石除个别发育隐约可见较宽的结晶环带外,绝大多数不发育岩浆振荡环带,表明锆石可能结晶于高温条件下;④锆石的 Th/U 值为 1.10~3.30,相似于峨眉山玄武岩中的锆石 Th/U 值(1.94~3.69)(Li et al, 2016)。第二种为扇状分带锆石,灰色,呈不规则他形晶,大小约 52μm×49μm,内部结构为扇状分带,边部具港湾状溶蚀状结构,定年约 200Ma,Th/U 值 0.58,属热液改造成因。第三种为核部重结晶锆石,呈暗灰色等轴状半自形晶,内部结构为弱分带,局部边部出现了晶棱圆化,热液作用使局部边部被溶蚀,核部重结晶锆石呈现不规则的窄环带(窄于外部环带),Th、U 含量高达 $10\,000\times10^{-6}$ 以上,Th/U 值为 1.58,可能属于热液成因。Th/U 值大小与其生长速度有关,因而不能仅根据 Th/U 值的大小来判别岩浆锆石和变质锆石。

二、年龄分析结果

LD08B2-1A 样品的锆石特征与 LD01-7 样品相似,但锆石粒度略小,其 Pb、Th、U 含量高,Th/U 值平均达 2.06,显示岩浆锆石特征。12 颗锆石对应的 12 个测量数据见表 5.1。锆石年龄中有 5 个数据点的 $^{206}Pb/^{238}U$ 年龄较为集中,为 275~264Ma,加权平均年龄为(270±6)Ma,MSWD(Mean Square Weighted Deviation,平均加权偏差平方)=2.5,误差稍大(图 5.4b)。其他年龄分布较广,从年轻向老分别为晚白垩世的 75Ma、早侏罗世与晚三叠世之交的 201Ma、晚寒武世的 503Ma、震旦纪的 640~558Ma 和中元古代的 1421~1400Ma。前寒武纪年龄的锆石应为继承性捕虏晶,与华南地区早期的热构造事件对应。

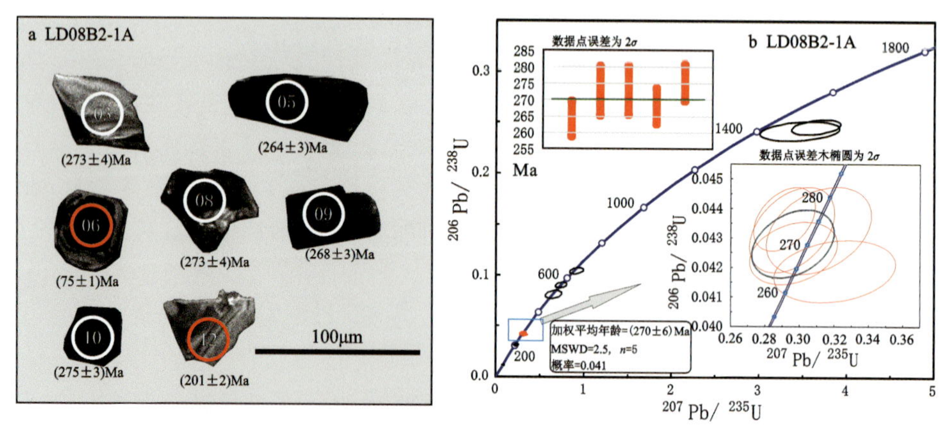

图 5.4　罗甸辉长辉绿岩代表性锆石阴极发光图像(a)和锆石 U-Pb 谐和图(b)

LD08B2-1A 样品 6 号锆石定年于 75Ma，属于晚白垩世，其 CL 图像显示为弱分带结构，核部蚀变较强(图 5.4a)，与其他岩浆锆石相比，其 REE 总量高、相对富集 LREE、具弱的 Ce 正异常(图 5.5)，符合热液锆石的特征(毕诗健等，2008；高少华等，2013)。其年龄明显晚于基性岩床锆石的年龄，应为叠加的后期地质事件产物。201Ma 的 12 号锆石具变质锆石的扇状分带结构特征(图 5.4a)，可能是较老的继承性锆石被 75Ma 的岩浆热事件改造的结果。

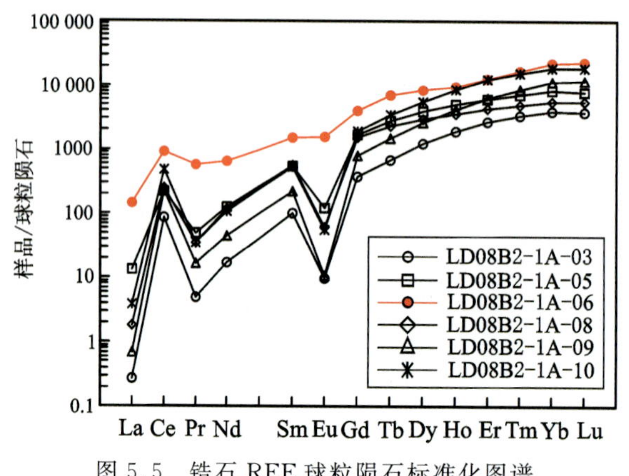

图 5.5　锆石 REE 球粒陨石标准化图谱

275～264Ma 年龄组的加权平均年龄为(270±6)Ma，MSWD＝2.5，误差稍大(图 5.4b)。此外，对昂歪剖面的青磐岩化辉长岩(样品 LD01-7)进行锆石 U-Pb 定年，结果显示 22 个测点中，最小的年龄由 9 个数据点组成，其 $^{206}Pb/^{238}U$ 年龄在 269～240Ma 之间，加权平均年龄为(260±3)Ma (Huang et al, 2019)。离散度更低的 6 个数据点的 $^{206}Pb/^{238}U$ 年龄集中在 265～256Ma 之间，谐和年龄为(260±1)Ma，MSWD＝0.1。此年龄值与峨眉山玄武岩的主喷发期(260Ma)(Zhou et al, 2008)一致，同时也与前人获得的同属罗甸辉绿岩床的罗悃辉绿岩年龄(261Ma)一致(祝明金等，2018)。因此，本书认为罗甸辉绿岩床的形成年龄约 260Ma。

表 5.1　罗甸辉长岩 LA-ICP-MS 锆石 U-Pb 定年数据

样品号	测点号	Pb/ $\times10^{-6}$	Th/ $\times10^{-6}$	U/ $\times10^{-6}$	Th/U	同位素比值						Rho	表面年龄/Ma						谐和度/%
						$^{207}Pb/^{206}Pb$	1σ	$^{207}Pb/^{235}U$	1σ	$^{206}Pb/^{238}U$	1σ		$^{207}Pb/^{206}Pb$	1σ	$^{207}Pb/^{235}U$	1σ	$^{206}Pb/^{238}U$	1σ	
LD08B2-1A*	01	10	104	95	1.09	0.059 5	0.004 0	0.651 5	0.038 0	0.081 1	0.001 5	0.327 1	587	145	509	23	503	9	98
	02	14	33	47	0.71	0.102 9	0.005 6	3.462 1	0.185 1	0.242 5	0.003 9	0.299 7	1677	102	1519	42	1400	20	91
	03	82	1510	1377	1.10	0.051 8	0.002 2	0.311 2	0.012 4	0.043 3	0.000 6	0.350 1	276	98	275	10	273	4	99
	04	222	269	797	0.34	0.105 8	0.003 4	3.646 0	0.114 6	0.246 5	0.002 9	0.380 7	1728	54	1560	25	1421	15	90
	05	170	5367	2534	2.12	0.054 3	0.003 0	0.320 5	0.014 4	0.041 9	0.000 4	0.227 5	389	124	282	11	264	3	93
	06	181	160 63	101 61	1.58	0.047 8	0.003 7	0.081 9	0.006 5	0.011 6	0.000 2	0.186 9	100	165	80	6	75	1	93
	07	74	1403	425	3.30	0.058 3	0.002 1	0.734 3	0.026 4	0.090 4	0.001 1	0.327 4	543	80	559	15	558	6	99
	08	158	5642	2258	2.50	0.049 0	0.001 6	0.295 6	0.010 1	0.043 3	0.000 6	0.403 5	146	71	263	8	273	4	96
	09	103	3834	1277	3.00	0.050 1	0.001 8	0.296 6	0.010 4	0.042 5	0.000 4	0.292 1	198	79	264	8	268	3	98
	10	443	131 15	6321	2.08	0.047 9	0.001 2	0.291 3	0.007 3	0.043 6	0.000 4	0.404 5	100	59	260	6	275	3	94
	11	38	90	336	0.27	0.062 5	0.002 3	0.909 7	0.032 3	0.104 4	0.001 2	0.331 0	700	78	657	17	640	7	97
	12	31	479	826	0.58	0.052 0	0.002 6	0.229 1	0.011 0	0.031 7	0.000 4	0.239 7	287	111	209	9	201	2	95

注：* 由项目 NSFC41672060 资助分析。

三、Hf 同位素分析结果

为了获取罗甸辉绿岩床 260Ma 锆石的 Hf 同位素组成，本研究对青磐岩化辉长岩（样品 LD01-7）11 颗 260Ma的锆石开展 Hf 同位素组成测定。按表面年龄划分为 260Ma、275Ma 和 285Ma 共 3 个年龄群，其对应的 Hf 同位素结果显示（表 5.2），大部分数据的 $^{175}Yb/^{177}Hf$ 高于地壳值（0.15），这里只考虑 $^{175}Yb/^{177}Hf<0.15$ 的数据。7 颗 260Ma 锆石中的 2 颗 Hf 同位素初始比值（$^{176}Hf/^{177}Hf$）为 0.282 662～0.282 724，正 $\varepsilon_{Hf}(t)$ 值为 1.8～4.0，T_{DM1} 模式年龄为 0.87～0.77Ga；2 颗 275Ma 群年龄锆石中的 1 颗的 Hf 同位素初始比值（$^{176}Hf/^{177}Hf$）为 0.282 721，正 $\varepsilon_{Hf}(t)$ 值为 3.8，T_{DM1} 模式年龄为 0.78Ga；2 颗 285Ma 群年龄锆石中的1 颗的 Hf同位素初始比值（$^{176}Hf/^{177}Hf$）为 0.282 686，正 $\varepsilon_{Hf}(t)$ 值为 2.6，对应于 T_{DM1} 模式年龄 0.84Ga。这些结果表明，辉绿岩床玄武质岩浆的源区存在新元古代早期的物质成分。

第四节　辉石矿物化学特征

为查明罗甸辉长辉绿岩床从边缘带到内带的岩浆作用过程，约束岩石系列，对罗暮矿点暴露于河床中的 LD08 剖面中的单斜辉石进行了电子探针成分分析。样品采集按照一定点距进行，共采集 7 件（图 5.1c）。样品处理和电子探针分析方法见附录。分析点一般位于辉石的核部，个别矿物分别做了核部和边部的点。包括含石英和不含石英的 7 件辉长辉绿岩样品的辉石电子探针分析，分析结果见表 5.3。

由表 5.3 可见，单斜辉石呈高 CaO（19.8%～21.1%）、$TFeO_2$（9.15%～16.3%）和 MgO（9.97%～15.0%），但低 Na_2O（0.26%～0.44%）、Al_2O_3（0.96%～3.92%）和 TiO_2（0.21%～1.03%）。计算表明其 Fe^{3+} 的含量很低（0.00～0.09），显著低于 Fe^{2+} 的含量（0.19～0.47）。计算的端员组分硅灰石（Wo）、顽火辉石（En）和斜铁辉石（Fs）分别为 41.6%～45.5%、30.4%～44.3%和 10.4%～24.9%，显示属 Ca-Fe-Mg 辉石类，辉石成分为透辉石和普通辉石（图 5.6）。不含石英辉长辉绿岩和含石英辉长辉绿岩的单斜辉石成分基本相同，且与所处的岩相带和具体位置有一定的关系。如岩床边部的样品中辉石核部通常较富 Mg，其 $En^{\#}$ 可达 73%～80%，而边部为 68%～69%。另外单个辉石的核部到边部其 $En^{\#}$ 值可从 81%降到 68%。这些数据可以表明，岩床在结晶过程中发生了结晶分异作用。中性岩栓（或岩囊）的单斜辉石的 MgO 和 Al_2O_3 明显地低，FeO 明显地高，其 $En^{\#}$ 值仅有 55%～57%。表明辉绿岩结晶分异最后产物的岩栓或岩囊进一步富 Fe 和贫 Mg。

表 5.2　罗甸地区基性岩床(样品 LD01-7)3 个年轻群的锆石 Lu-Hf 年龄数据(Huang et al,2019)

点号	$^{176}Lu/^{177}Hf$	$^{176}Hf/^{177}Hf$①	±(1σ)	$^{176}Yb/^{177}Hf$	年龄②/Ma	$^{176}Hf/^{177}Hf$③	ε_{Hf}	±(1σ)	$T_{(DM)1}$/Ga	±(1σ)/Ga
LD01-7-01Hf	0.002 876	0.282 738	0.000 012	0.109 082	260	0.282 724	4.0	0.4	0.77	0.03
LD01-7-02 Hf	0.004 193	0.282 687	0.000 015	0.154 412	260	0.282 667	1.9	0.5	0.87	0.05
LD01-7-03 Hf	0.009 740	0.282 562	0.000 015	0.359 453	260	0.282 515	−3.4	0.5	1.27	0.05
LD01-7-06 Hf	0.003 184	0.282 736	0.000 012	0.118 851	276	0.282 721	3.8	0.4	0.78	0.04
LD01-7-07 Hf	0.004 051	0.282 700	0.000 019	0.152 787	260	0.282 680	2.4	0.7	0.85	0.06
LD01-7-09 Hf	0.008 164	0.282 555	0.000 017	0.290 636	260	0.282 516	−3.4	0.6	1.22	0.06
LD01-7-11 Hf	0.007 458	0.282 550	0.000 021	0.271 174	274	0.282 514	−3.5	0.7	1.20	0.07
LD01-7-14 Hf	0.003 679	0.282 680	0.000 022	0.133 827	260	0.282 662	1.8	0.8	0.87	0.07
LD01-7-16 Hf	0.005 914	0.282 645	0.000 021	0.192 289	260	0.282 617	0.2	0.7	0.99	0.07
LD01-7-17 Hf	0.004 227	0.282 629	0.000 026	0.152 643	285	0.282 608	−0.1	0.9	0.97	0.08
LD01-7-18 Hf	0.003 628	0.282 703	0.000 013	0.136 051	285	0.282686	2.6	0.5	0.84	0.04

注:①测定比值;②Hf 同位素计算的锆石年龄指的是群年龄;③初始比值。

表 5.3　罗暮 LD08 剖面单斜辉石氧化物和相关分子式系数等参数

类型		LD08B2-1c	LD08B2-2c	LD08B3-1c*	LD08B3-2c*	LD08B4-2c**	LD08B5-1c**	LD08B5-2r**	LD08B5-3c**	LD08B6-2c*	LD08B8-1c	LD08B8-2c	LD03B8-3r
氧化物	SiO_2	49.95	51.62	50.60	51.04	52.51	50.25	51.55	50.11	52.44	52.48	50.65	51.45
	TiO_2	0.41	0.61	0.21	0.28	0.4	0.61	1.03	0.54	0.88	0.3	0.78	0.79
	Al_2O_3	2.63	2.54	1.03	0.96	2.01	3.18	3.44	3.24	2.58	1.68	3.92	2.69
	FeO	9.16	9.22	16.16	16.29	11.02	9.71	10.69	9.15	9.43	9.69	10.46	10.41
	MnO	0.42	0.41	1.00	1.06	0.31	0.42	0.52	0.31	0.29	0.29	0.29	0.33
	MgO	14.18	14.17	9.97	10.59	13.82	13.77	12.68	14.56	14.18	15.05	13.85	14.19
	CaO	20.69	20.93	20.35	20.42	19.82	20.73	20.52	20.72	21.10	20.07	20.35	20.09
	Na_2O	0.32	0.35	0.29	0.23	0.30	0.35	0.44	0.33	0.26	0.31	0.39	0.34
	K_2O	0.00	0.00	0.00	0.00	0.01	0.01	0.01	0.00	0.00	0.01	0.00	0.01
	合计	97.76	99.85	99.61	100.87	100.20	99.03	100.88	98.96	101.16	99.88	100.69	100.30
阳离子数	Si	1.90	1.92	1.95	1.94	1.96	1.89	1.92	1.88	1.93	1.95	1.87	1.91
	Ti	0.01	0.02	0.01	0.01	0.01	0.02	0.03	0.02	0.02	0.01	0.02	0.02
	Al	0.12	0.11	0.05	0.04	0.09	0.14	0.15	0.14	0.11	0.07	0.17	0.12
	Fe^{3+}	0.09	0.03	0.05	0.07	0.00	0.07	0.00	0.10	0.00	0.03	0.06	0.04
	Fe^{2+}	0.20	0.25	0.47	0.45	0.34	0.24	0.33	0.19	0.29	0.27	0.26	0.29
	Mn	0.01	0.01	0.03	0.03	0.01	0.01	0.02	0.01	0.01	0.01	0.01	0.01
	Mg	0.80	0.79	0.57	0.60	0.77	0.77	0.70	0.81	0.78	0.83	0.76	0.79
	Ca	0.84	0.84	0.84	0.83	0.79	0.84	0.82	0.83	0.83	0.80	0.81	0.80
	Na	0.02	0.03	0.02	0.02	0.02	0.03	0.03	0.02	0.02	0.02	0.03	0.02
	K	0.00	0.00	0.00	0.00	0.00	0.00	0.00	0.00	0.00	0.00	0.00	0.00
	合计	4.00	4.00	4.00	4.00	4.00	4.00	4.00	4.00	4.00	4.00	4.00	4.00
$Mg^{\#}$		73.40	73.26	52.37	53.68	69.09	71.65	67.89	73.93	72.83	73.46	70.24	70.84
端员	Wo	45.52	44.50	44.64	44.17	41.59	45.32	44.12	45.29	43.79	41.96	44.03	42.67
	En	43.41	41.92	30.43	31.87	40.35	41.89	37.94	44.28	40.94	43.78	41.70	41.94
	Fs	11.07	13.58	24.93	23.95	18.05	12.79	17.94	10.42	15.27	14.26	14.27	15.39
En		80	76	55	57	69	77	68	81	73	75	75	73

注：$Mg^{\#}=MgO/(MgO+TFeO)\times100$(摩尔比)；表中数据除阳离子数外，单位均为%；* 为中性岩栓；* * 为含石英的辉长辉绿岩中的辉石；c 为核部；r 为边部；阳离子数以 6 个 O 计算。

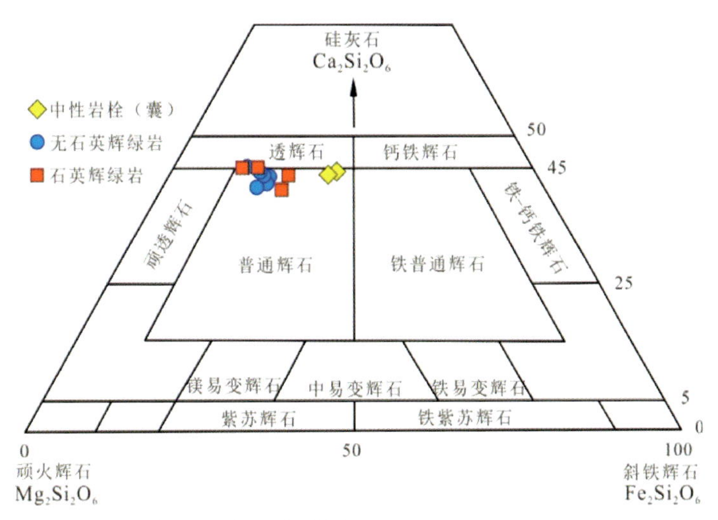

图 5.6　辉石分类图(Morimoto et al,1988)

红色实心框和蓝色实心圈分别代表不含石英辉长辉绿岩、含石英辉长辉绿岩+中性岩栓的单斜辉石

第五节　岩石地球化学

一、主量元素

为全面反映罗甸基性岩床的地球化学特征，本书将已有研究的数据(Huang et al, 2019) KPM07、KPM04(LD06)、KPM22 等剖面的基性岩床共 24 件样品，加上祝明金等(2018)在罗悃一带的 6 件基性岩数据(表 5.4)放在一起研究。另外，还将其地球化学特征和成因的对比扩大到更多学者的研究。

参照林师整(1979)对火成岩的蚀变程度等级划分：弱(LOI＝0.75％)、中(LOI＝1.50％)、强(LOI＝2.25％)、极强(LOI＞3％)，本书采用的大多数样品具有较高的烧失量(LOI＝1.74％～5.34％)，蚀变等级中等或以上。上述剖面样品的镜下观察发现辉石不同程度变化为绿泥石的现象，支持这一结果。特别是位于边缘相边缘的辉绿玢岩(样品 LD08B9)烧失量达到了 9.86％，这与该岩石的玻璃质基质发生变质生成闪石和绿泥石及绿帘石，气孔中被大量方解石和绿泥石杏仁体充填有关(图 5.2d)。

将主量元素含量中的烧失量去掉后重新换算成 100％，得全部样品的 SiO_2 含量介于 45.6％～52.6％之间，全部落在基性岩类的成分范围。TiO_2 含量除 1 件(KPM07-1B1)为 2.4％，其余介于 2.6％～4.0％之间，据 Linnen 和 Keppler(2002)关于高 Ti 玄武岩的划分标志(TiO_2＞2.5％)，几乎全部属于高 Ti 玄武岩；而按 Ti/Y＞500 为高 Ti 型玄武岩，Ti/Y＜500 为低 Ti 型玄武岩标准划分(Peate et al, 1992; Xu et al, 2001)，罗甸基性岩床的样品 Ti/Y值介于 406～760 之间，同时存在高 Ti 型和低 Ti 型岩石类型，其中高 Ti 型辉长辉绿岩共 25 件，占绝对优势。高 Ti 型辉长辉绿岩具有高 Al_2O_3(11.2％～16.1％)、TFe_2O_3(12.6％～17.3％)、MgO(4.3％～8.5％)和 CaO(5.9％～12.7％)的特点，当未扣除后期注入形成的碱性长石(包括钾长石和钠长石)时的情况下，其全碱 Na_2O+K_2O 含量为 3.1％～5.3％，但大多数在 5％以下，这与岩石中不发育碱性暗色矿物相一致。

表 5.4　基性岩主量元素和微量元素成分

类型	高 Ti 辉绿岩									
	LD06B1	LD06B2	LD06B4	LD06B5	LD06B6	LD06B7	LD06B8	LD08B1	LD08B2	LD08B8
SiO_2	47.02	45.92	47.68	45.81	47.23	46.13	45.57	46.11	44.25	46.97
TiO_2	2.58	2.48	2.72	3.62	3.18	2.91	2.64	3.09	3.54	2.94
Al_2O_3	13.62	14.44	12.92	11.89	12.70	13.41	12.90	10.82	12.24	13.65
TFe_2O_3	13.58	13.76	13.98	16.58	15.12	14.68	13.83	16.14	16.66	14.33
MnO	0.22	0.21	0.22	0.24	0.20	0.19	0.19	0.24	0.23	0.21
MgO	5.34	5.40	5.37	5.36	5.40	5.51	7.53	7.78	6.25	5.47
CaO	9.95	9.24	8.77	8.10	7.68	8.31	6.60	9.21	7.48	6.86
Na_2O	3.21	3.36	3.55	3.24	3.11	3.35	2.22	2.95	3.89	3.69
K_2O	1.14	0.83	1.03	1.22	1.44	1.12	1.92	1.06	0.79	1.34
P_2O_5	0.63	0.63	0.64	0.69	0.74	0.73	0.66	0.59	0.81	0.74
LOI	2.74	3.33	2.69	2.62	2.49	4.04	5.34	2.18	3.96	2.79
合计	100.03	99.6	99.57	99.37	99.29	100.38	99.40	100.17	100.1	99.04
FeO	6.63	7.08	6.89	6.33	7.01	5.20	6.56	9.43	9.89	10.50
$Mg^{\#}$	43.79	43.74	43.21	39.04	41.43	42.64	51.89	48.85	42.63	42.97
δ	3.56	3.78	3.44	4.59	3.63	4.21	3.38	3.75	6.81	4.37
Rb	17.4	13.5	17.8	20.9	28.1	18.9	24.9	19.5	18.1	31.5
Sr	553	440	574	398	662	522	181	239	304	564
Ba	565	286	473	539	724	435	438	492	521	955
Th	2.54	2.46	2.59	2.62	3.41	3.11	2.98	2.29	3.16	3.33
U	0.59	0.55	0.57	0.63	0.77	0.63	0.58	0.53	0.73	0.76
Nb	17.3	17.4	18.3	19.6	23	20.6	19.5	16.1	20.7	21.6
Ta	1.1	1.3	1.4	1.4	1.6	1.3	1.2	1	1.2	1.3
Pb	2	4	<2	5	2	<2	<2	3	<2	<2

续表 5.4

类型	高 Ti 辉绿岩									
	LD06B1	LD06B2	LD06B4	LD06B5	LD06B6	LD06B7	LD06B8	LD08B1	LD08B2	LD08B8
Zr	130	130	134	147	175	158	150	126	164	173
Hf	3.3	3.1	3.5	3.9	4.5	4.0	3.9	3.5	4.3	4.5
Ni	57	63	57	47	33	41	41	41	18	32
V	314	282	285	402	383	340	300	464	440	346
La	27.5	27.7	27.9	29.7	36.2	33.4	30.2	25.5	34.0	33.5
Ce	61.8	62.9	63.6	69.5	81.4	75.2	68.7	59.3	77.6	76.1
Pr	7.54	7.45	7.66	8.27	9.58	8.79	7.87	7.08	9.00	9.01
Nd	32.7	32.5	32.8	34.7	42.2	37.8	34.0	31.3	39.9	39.3
Sm	7.08	7.03	7.22	7.80	8.88	8.09	7.43	7.13	8.86	8.14
Eu	2.76	2.62	2.43	2.80	3.19	2.94	2.63	2.70	3.24	2.95
Gd	7.35	7.22	7.22	8.06	9.20	8.09	7.38	7.30	8.87	8.00
Tb	1.02	0.99	1.02	1.11	1.26	1.08	1.06	1.01	1.22	1.18
Dy	5.32	5.44	5.57	5.93	6.84	6.02	5.70	5.45	6.73	6.18
Ho	1.13	1.08	1.11	1.21	1.37	1.18	1.13	1.11	1.33	1.23
Er	2.78	2.76	2.81	3.12	3.55	3.11	2.97	2.86	3.49	3.30
Tm	0.39	0.38	0.40	0.41	0.48	0.42	0.42	0.37	0.46	0.45
Yb	2.21	2.15	2.22	2.43	2.83	2.51	2.48	2.31	2.64	2.60
Lu	0.30	0.29	0.31	0.32	0.39	0.36	0.36	0.31	0.39	0.38
Y	32.0	30.0	30.0	33.6	36.9	33.3	29.6	29.8	36.1	34.0
ΣREE	159.88	160.51	162.27	175.36	207.37	188.99	172.33	153.73	197.73	192.32
LREE/HREE	6.80	6.90	6.85	6.76	7.00	7.30	7.02	6.42	6.87	7.25
La_N/Yb_N	8.93	9.24	9.01	8.77	9.18	9.54	8.73	7.92	9.24	9.24

续表 5.4

类型	高 Ti 辉绿岩									
	LD06B1	LD06B2	LD06B4	LD06B5	LD06B6	LD06B7	LD06B8	LD08B1	LD08B2	LD08B8
δEu	1.17	1.12	1.03	1.08	1.08	1.11	1.09	1.14	1.12	1.12
Cs	0.55	0.56	0.45	1.35	0.92	0.81	0.76	0.97	2.87	16.80
Sc	30	29	30	38	32	30	28	49	34	31
Cr	47	56	49	5	25	35	31	5	1	33
Co	40	43	42	48	41	42	36	49	51	41
Ga	17.1	21.1	15.9	17.4	20.3	20.0	19.1	17.9	21.8	19.3
Rb/Sr	0.03	0.03	0.03	0.05	0.04	0.04	0.14	0.08	0.06	0.06
Sr/Ba	0.98	1.54	1.21	0.74	0.91	1.20	0.41	0.49	0.58	0.59
TA	4.51	4.39	4.77	4.64	4.74	4.67	4.44	4.14	4.92	5.29
Ti/Y	500	519	565	672	538	547	573	641	618	545

类型	高 Ti 辉绿岩								
	LD08B9	KPM01-3B	KPM04-1B	KPM04-2B	KPM04-3B1	KPM07-1B1	KPM08-1B	KPM22-2B	KPM22-5B
SiO_2	42.02	47.90	46.80	47.10	45.90	46.40	45.00	45.40	46.30
TiO_2	2.54	2.79	2.76	2.90	2.98	2.32	3.34	3.11	2.48
Al_2O_3	11.16	13.45	13.35	13.55	13.56	14.50	14.00	13.05	13.85
TFe_2O_3	11.23	13.60	15.00	14.54	14.25	13.04	15.04	16.06	14.06
MnO	0.17	0.22	0.23	0.20	0.20	0.17	0.22	0.21	0.21
MgO	7.52	5.96	5.80	4.60	6.72	6.17	6.14	6.18	6.87
CaO	11.25	6.68	8.18	7.86	5.95	10.20	9.33	8.82	8.85
Na_2O	2.27	4.00	3.30	2.90	3.07	2.71	2.77	3.31	2.79
K_2O	0.53	0.98	1.34	1.38	1.10	0.29	1.14	0.86	0.91

续表 5.4

类型	高 Ti 辉绿岩								
	LD08B9	KPM01-3B	KPM04-1B	KPM04-2B	KPM04-3B1	KPM07-1B1	KPM08-1B	KPM22-2B	KPM22-5B
P_2O_5	0.62	0.71	0.67	0.67	0.73	0.53	0.75	0.59	0.61
LOI	9.86	3.09	2.53	3.39	4.30	3.25	2.16	2.38	3.11
合计	99.17	99.38	99.96	99.09	98.76	99.58	99.89	99.97	100.04
FeO	8.41	10.10	8.87	3.12	6.76	8.37	10.80	8.62	8.83
$Mg^{\#}$	57.02	46.47	43.37	38.53	48.30	48.38	44.71	43.26	49.18
δ	2.21	3.73	4.19	3.15	3.31	1.75	4.53	4.68	2.83
Rb	23.0	16.2	19.1	24.6	16.4	5.9	21.4	18.9	18.6
Sr	393	216	301	842	258	743	705	583	937
Ba	184.5	448.0	441.0	596.0	362.0	197.0	810.0	516.0	607.0
Th	2.93	3.21	2.54	2.67	3.18	1.78	2.99	2.24	2.28
U	0.67	0.78	0.62	0.67	0.72	0.45	0.73	0.51	0.58
Nb	19.9	22.9	19.8	19.5	22.9	15.0	23.2	17.9	18.5
Ta	1.1	1.4	1.3	1.2	1.5	0.9	1.2	0.8	0.8
Pb	<2	4	3	5	4	<2	—	—	—
Zr	151	172	131	135	160	97	158	126	124
Hf	3.9	4.4	3.6	3.6	4.4	2.8	3.8	3.3	3.0
Ni	48	32	71	48	39	70	—	—	—
V	260	374	318	343	340	338	402	539	312
La	29.3	31.8	26.9	27.0	30.4	20.2	29.4	24.9	24.8
Ce	67.8	70.4	59.4	60.8	69.3	46.0	65.7	56.2	56.3
Pr	7.97	9.05	8.12	8.17	9.21	6.18	8.46	7.29	7.04

续表 5.4

类型	高 Ti 辉绿岩								
	LD08B9	KPM01-3B	KPM04-1B	KPM04-2B	KPM04-3B1	KPM07-1B1	KPM08-1B	KPM22-2B	KPM22-5B
Nd	33.6	39.8	34.7	34.9	39.0	26.7	34.9	31.2	30.8
Sm	7.48	8.46	7.82	7.87	8.68	6.16	7.85	7.07	6.92
Eu	2.47	3.03	2.79	2.69	2.88	2.13	3.12	2.49	2.38
Gd	7.19	7.56	7.49	7.45	8.02	5.71	6.88	6.58	6.39
Tb	1.00	1.16	1.06	1.06	1.16	0.83	1.01	1.01	0.93
Dy	5.55	6.47	5.66	5.72	6.42	4.50	5.28	5.53	5.03
Ho	1.12	1.19	1.15	1.17	1.28	0.90	1.08	1.11	1.00
Er	2.83	3.18	2.90	2.87	3.16	2.17	2.83	2.82	2.50
Tm	0.38	0.45	0.41	0.41	0.46	0.31	0.46	0.39	0.36
Yb	2.23	2.59	2.51	2.46	2.92	1.83	2.22	2.31	2.17
Lu	0.33	0.39	0.36	0.39	0.45	0.27	0.36	0.33	0.32
Y	29.6	31.8	29.2	28.5	31.3	22.0	27.3	28.3	26.3
ΣREE	169.25	185.53	161.27	162.96	183.34	123.89	169.55	149.23	146.94
LREE/HREE	7.20	7.07	6.49	6.57	6.68	6.50	7.43	6.43	6.86
La_N/Yb_N	9.42	8.81	7.69	7.87	7.47	7.92	9.50	7.73	8.20
δEu	1.03	1.16	1.11	1.07	1.06	1.10	1.30	1.12	1.09
Cs	8.03	3.11	0.46	0.75	0.83	2.01	8.69	1.75	3.42
Sc	27	27	28	31	31	29	—	—	—
Cr	30	30	39	39	33	96	100	30	90
Co	38	35	45	41	42	44	—	—	—

续表 5.4

类型	高 Ti 辉绿岩								
	LD08B9	KPM01-3B	KPM04-1B	KPM04-2B	KPM04-3B1	KPM07-1B1	KPM08-1B	KPM22-2B	KPM22-5B
Ga	15.6	18.7	19.7	20.5	20.3	18.1	20.3	20.5	19.4
Rb/Sr	0.06	0.08	0.06	0.03	0.06	0.01	0.03	0.03	0.02
Sr/Ba	2.13	0.48	0.68	1.41	0.71	3.77	0.87	1.13	1.54
TA	3.17	5.23	4.81	4.49	4.45	3.14	4.05	4.32	3.86
Ti/Y	582	553	567	615	578	663	760	682	589

类型	高 Ti 辉绿岩						低 Ti 辉绿岩				
	GG14-1*	GG14-2*	QJ1-1*	BS5*	LM1*	LM4*	LD08B4	LD08B5	LD08B7	KPM07-3B1	KPM22-3B
SiO_2	47.00	46.20	45.50	45.50	44.40	46.80	49.19	49.89	47.85	49.93	47.50
TiO_2	3.10	3.28	3.29	2.83	3.25	3.65	3.54	3.05	3.49	3.44	3.85
Al_2O_3	12.90	13.05	14.10	15.60	13.95	12.05	12.60	12.81	12.40	12.26	12.30
TFe_2O_3	15.60	15.50	14.92	14.72	14.76	16.46	14.68	14.20	14.44	14.30	15.66
MnO	0.23	0.21	0.22	0.18	0.20	0.27	0.28	0.21	0.23	0.24	0.26
MgO	5.52	4.32	6.02	4.70	5.80	4.90	4.34	4.08	4.56	4.41	4.54
CaO	7.51	9.22	10.00	8.22	10.80	8.24	5.88	5.55	6.73	7.07	6.60
Na_2O	4.25	3.98	2.63	3.68	2.93	3.07	3.54	3.32	3.39	3.31	3.43
K_2O	0.75	1.06	1.18	0.99	0.64	1.10	1.40	1.66	1.16	1.33	1.30
P_2O_5	0.76	0.84	0.71	0.57	0.73	0.95	1.52	1.32	1.46	1.18	1.36
LOI	2.42	1.91	1.74	2.86	2.48	2.00	2.56	2.79	3.04	2.51	2.46
合计	100.04	99.57	100.31	99.85	99.94	99.49	99.53	98.88	98.75	99.98	99.26
FeO	—	—	—	—	—	—	10.35	10.60	10.30	8.50	7.71
$Mg^{\#}$	41.21	35.57	44.42	38.74	43.77	37.10	36.93	36.27	38.48	37.92	36.48

续表 5.4

类型	高 Ti 辉绿岩						低 Ti 辉绿岩				
	GG14-1*	GG14-2*	QJ1-1*	BS5*	LM1*	LM4*	LD08B4	LD08B5	LD08B7	KPM07-3B1	KPM22-3B
δ	5.10	6.18	4.73	5.93	5.25	3.66	3.19	2.88	3.05	2.65	3.73
Rb	13.4	18.0	21.4	23.9	7.3	22.5	28.1	31.8	22.0	29.2	25.8
Sr	454	916	606	663	694	708	429	451	265	567	277
Ba	340	440	640	490	1860	600	649	985	532	821	612
Th	2.50	3.20	2.80	1.90	2.60	3.50	5.99	5.73	5.95	5.79	4.61
U	0.60	0.70	0.70	0.50	0.60	0.80	1.35	1.31	1.36	1.52	1.07
Nb	21.0	25.9	22.1	15.4	21.7	29.4	40.7	33.8	36.7	37.1	36.8
Ta	1.36	1.68	1.46	0.98	1.43	1.89	2.50	2.20	2.40	2.60	1.90
Pb	2.1	7.1	2.6	1.9	1.6	4.4	7.0	5.0	2.0	5.0	—
Zr	106.5	129.0	150.0	83.0	125.0	152.5	293.0	271.0	291.0	290.0	239.0
Hf	3.2	3.8	3.9	2.4	3.7	4.2	7.1	6.9	7.4	7.3	5.6
Ni	39.3	25.1	81.6	66.5	83.9	6.3	1.0	2.0	<1.0	6.0	—
V	311	367	345	404	344	335	180	190	186	302	268
La	30.5	35.5	27.6	23.1	29.4	43.1	57.2	52.6	55.7	53.8	49.8
Ce	69.0	80.1	62.7	52.6	67.0	97.9	131.5	118.5	129.0	123.5	111.0
Pr	8.80	10.10	8.25	6.77	8.41	12.30	15.35	13.70	15.35	14.40	14.10
Nd	37.8	42.8	33.6	28.7	35.3	51.2	66.2	58.1	64.7	59.3	58.9
Sm	8.01	8.84	7.08	6.24	7.54	10.85	14.20	12.35	13.65	12.75	13.15
Eu	3.11	3.66	3.13	2.42	3.11	3.92	5.09	4.68	4.99	4.35	4.07
Gd	7.87	8.72	6.93	6.06	7.12	10.50	14.00	12.30	14.00	12.35	11.75
Tb	1.11	1.23	0.89	0.85	0.93	1.46	1.89	1.57	1.85	1.77	1.67

续表 5.4

类型	高 Ti 辉绿岩						低 Ti 辉绿岩				
	GG14-1*	GG14-2*	QJ1-1*	BS5*	LM1*	LM4*	LD08B4	LD08B5	LD08B7	KPM07-3B1	KPM22-3B
Dy	6.12	7.03	5.23	4.98	5.44	8.42	10.30	8.48	10.15	10.05	9.05
Ho	1.19	1.34	1.02	0.98	1.02	1.62	2.05	1.75	1.99	1.91	1.77
Er	3.31	3.79	2.50	2.34	2.60	4.23	5.38	4.67	5.38	4.99	4.84
Tm	0.42	0.45	0.34	0.33	0.35	0.51	0.74	0.62	0.75	0.72	0.66
Yb	2.50	3.08	2.15	1.93	2.20	3.43	4.35	3.69	4.16	4.35	3.96
Lu	0.40	0.47	0.32	0.31	0.33	0.49	0.64	0.55	0.64	0.61	0.57
Y	30.5	35.1	26.7	23.5	26.6	40.2	54.5	46.7	53.2	50.2	48.2
ΣREE	180.14	207.11	161.74	137.61	170.75	249.93	328.89	293.56	322.31	304.85	285.29
LREE/HREE	6.86	6.93	7.35	6.74	7.54	7.15	7.36	7.73	7.28	7.30	7.32
La_N/Yb_N	8.75	8.27	9.21	8.59	9.59	9.01	9.43	10.22	9.60	8.87	9.02
δEu	1.20	1.27	1.37	1.20	1.30	1.12	1.10	1.16	1.10	1.06	1.00
Cs	—	—	—	—	—	—	8.55	25.90	6.58	14.10	1.72
Sc	—	—	—	—	—	—	22	22	23	24	—
Cr	—	—	—	—	—	—	2	2	4	5	10
Co	—	—	—	—	—	—	30	31	23	33	—
Ga	—	—	—	—	—	—	22.3	21.7	23.9	22.0	21.8
Rb/Sr	0.03	0.02	0.04	0.04	0.01	0.03	0.07	0.07	0.08	0.05	0.09
Sr/Ba	1.34	2.08	0.95	1.35	0.37	1.18	0.66	0.46	0.50	0.69	0.45
TA	5.00	5.04	3.81	4.67	3.57	4.17	5.16	5.25	4.81	4.81	4.93
Ti/Y	624	573	749	744	751	558	406	412	416	425	499

注：氧化物单位为%，元素单位为$\times 10^{-6}$；全铁 $TFe_2O_3=FeO/0.8998+Fe_2O_3$；$TFeO=FeO+0.8998\times Fe_2O_3$；$TFeO=0.8998\times TFe_2O_3$；$Mg^{\#}=MgO/(MgO+TFeO)\times 100$（摩尔比）；$\delta=(K_2O+Na_2O)^2/(SiO_2-43)$；$\delta Eu=Eu_N/(Sm_N\times Gd_N)^{1/2}$；—为未测项；测试单位为澳实分析检测（广州）有限公司；* 据祝明金等（2018）。

岩石的 $Mg^{\#}$ 值[MgO/(MgO+TFeO)×100(摩尔比)]为 35.57～57.02，平均 42.88，低于原始岩浆的参考值 68～75(张旗，2012)。高 Ti 辉绿岩的 $Mg^{\#}$ 值平均为 44，而低 Ti 辉绿岩的 $Mg^{\#}$ 值较低，平均为 37。

岩石的里特曼指数 δ=1.75～6.81，为亚碱性—碱性岩，其中，25 件高钛辉绿岩样品有 21 件属于碱性系列，5 件低 Ti 辉绿岩样品中有 4 件属亚碱性系列。在 TAS 图解中(图 5.7a)，大部分样品落在碱性辉长岩区，少量落入亚碱性辉长岩区和二长辉长岩区。用抗蚀变元素比值 Zr/TiO_2-Nb/Y 构建的图解判别岩石类型，多数高 Ti 样品和全部低 Ti 样品投在碱性玄武岩区(图 5.7b)，总体上看，属于碱性系列(图 5.7c)。这与全部单斜辉石的电子探针成分分析的 TiO_2<1.0%的结果不一致。据统计，碱性辉长岩普遍含碱性辉石或角闪石，而不含正长岩或二长辉长岩，全岩化学数据与矿物成分数据不一致的原因还有待研究。

此外，岩石的 P_2O_5 含量高，高 Ti 辉绿岩中的含量在 0.5%～1.0%之间，低 Ti 辉绿岩的含量都在 1.2%～1.6%之间，普遍比前者高 1 倍。

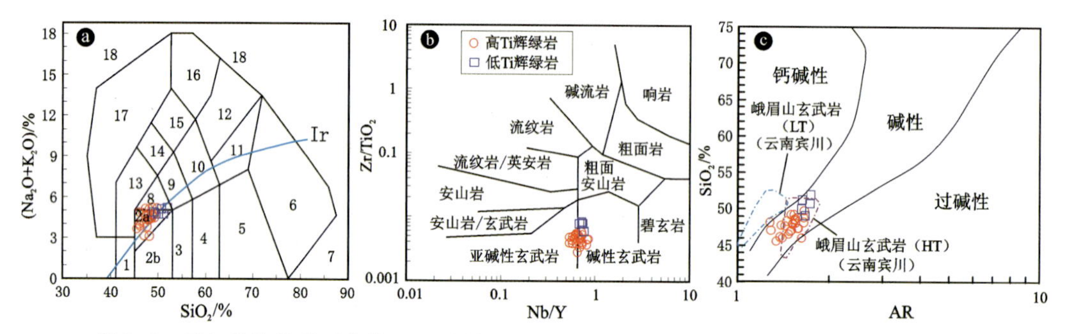

图 5.7 罗甸基性岩岩石分类 TAS 图解(a)、Nb/Y-Zr/TiO_2 图解(b)和岩石系列图解(c)

(a. 底图据 Middlemost，1994；b. 底图据 Winchester 和 Floyd，1977；c. 底图据 Irvine 和 Baragar，1971；云南宾川玄武岩数据范围据 Xiao 等，2004)

1. 橄榄辉长岩；2a. 碱性辉长岩；2b. 亚碱性辉长岩；3. 辉长闪长岩；4. 闪长岩；5. 花岗闪长岩；6. 花岗岩；7. 硅英岩；8. 二长辉长岩；9. 二长闪长岩；10. 二长岩；11. 石英二长岩；12. 正长岩；13. 副长石辉长岩；14. 副长石二长闪长岩；15. 副长石二长正长岩；16. 副长石正长岩；17. 副长石深成岩；18. 霓方钠岩/磷霞岩/粗白榴岩；Ir. Irvine 分界线，上方为碱性，下方为亚碱性

二、微量与稀土元素

罗甸基性岩床的稀土元素总量变化较大(ΣREE=124×10^{-6}～329×10^{-6})。其中，高 Ti 辉绿岩的稀土元素总量相对较低(ΣREE=124×10^{-6}～250×10^{-6}，平均 173×10^{-6})；低 Ti 辉绿岩的稀土元素总量相对较高(ΣREE=285×10^{-6}～329×10^{-6}，平均 307×10^{-6})，出现显著的成分间断，从而构成双峰式分布。然而，高 Ti 和低 Ti 岩石的球粒陨石标准化的 REE 配分模式却是相似的(图 5.8a；Huang et al，2019)，如 δEu=1.00～1.37，平均 1.13，具 Eu 弱正异常；LREE/HREE=6.42～7.73，平均 7.00，稀土元素球粒陨石标准化图表现为明显的轻稀土富集型右倾模式，$(La/Yb)_N$=7.47～10.22，平均 8.83，轻重稀土分馏较强烈。这一稀土配分模式与整个峨眉山高 Ti 玄武岩的配分模式一致(Xu et al，2001；Xiao et al，2003，2004；Zhou et al，2006)，同时也相似于洋岛玄武岩(OBI)(图 5.8a)。然而，罗甸低 Ti 辉长辉绿岩床岩石的 REE 含量明显高于峨眉山低 Ti 玄武岩(图 5.8a)。

罗甸基性岩床岩石的不相容元素在高 Ti 与低 Ti 辉长辉绿岩中也有一些元素的含量存在明显差别，如低 Ti 辉长辉绿岩的 Zr、P、Ba、Th 和 Nb 含量明显高，而 K 明显低于高 Ti 辉长辉绿岩。然而，两者的原始地幔标准化的不相容元素曲线，即蛛网图却又十分地相似：表现为 Th、Nb、Sr、Zr、Ti 的负异常和 Ba、P 的正异常。与峨眉山高 Ti 玄武岩的配分模式(Xu et al, 2001; Xiao et al, 2004, 2003; Zhou et al, 2006)相比，罗甸高 Ti 辉长辉绿岩配分曲线则以明显的 Ba、P 正异常，Th、Nb、Sr、Zr 负异常而与之相区别，与洋岛玄武岩(OBI)相比，则以正 Ba、P 异常和负 Zr 异常而相区别(图 5.8b)。然而，罗甸低 Ti 辉长辉绿岩床岩石与峨眉山低 Ti 玄武岩相比，则以显著的 P 正异常、Zr 负异常与之 P 负异常、Zr 正异常而区别。

罗甸辉绿岩的 Cr、Ni 平均含量分别为 33×10^{-6} 和 42×10^{-6}，远低于标准的原始岩浆值($Cr=300\times10^{-6}\sim500\times10^{-6}$，$Ni=300\times10^{-6}\sim400\times10^{-6}$)。

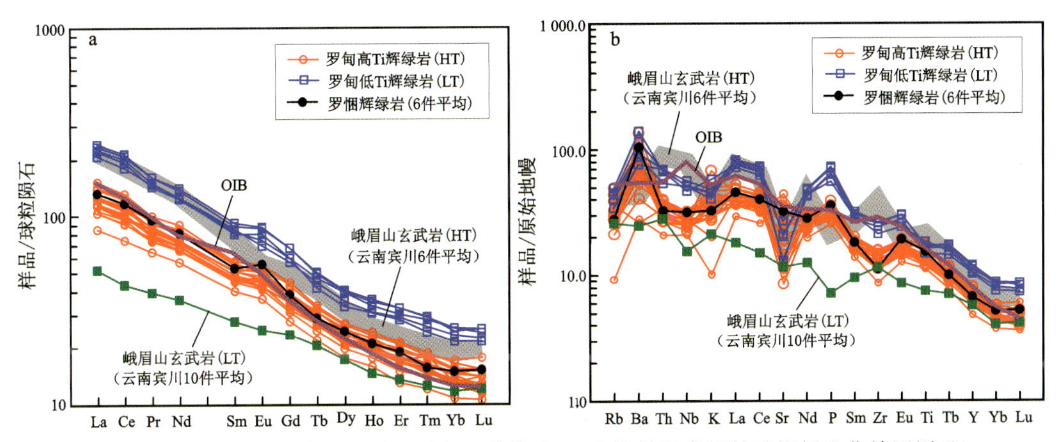

图 5.8 罗甸基性岩床岩石稀土元素配分模式(a)和微量元素原始地幔标准化蛛网图(b)

(OIB 引自 Sun 和 McDonough, 1989；峨眉山玄武岩(云南宾川)数据引自 Xiao 等, 2004；罗悃辉绿岩数据引自祝明金等, 2018)

三、构造环境

在构造环境判别图解上，样品落入板内玄武岩区(图 5.9a、b)，同时显示洋岛碱性玄武岩特征(图 5.9c)。Ta、Hf、Th 是强不相容元素，在岩浆分离结晶过程中的变化是同步的，因而 Th/Hf、Ta/Hf 值在地幔部分熔融过程中以及岩浆分离结晶过程中的变化非常小。Th/Hf、Ta/Hf 值差异一般认为是源区成分不同引起的，这是判别岩石形成的大地构造环境的重要地球化学指标(汪云亮等，2001)。在构造环境 Th/Hf-Ta/Hf 判别图解中，罗甸高 Ti 辉绿岩和低 Ti 辉绿岩样品都投点于陆内裂谷环境区，且多数为碱性玄武岩和少量为拉斑玄武岩成分特征(图 5.10)。

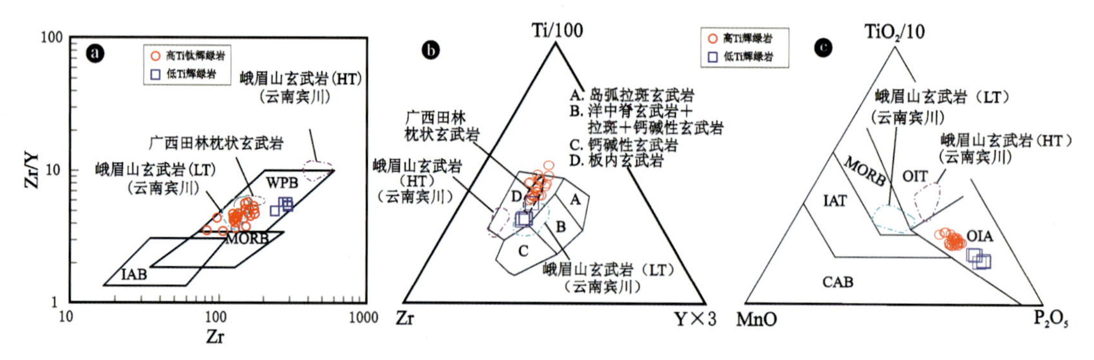

图 5.9　罗甸基性岩构造环境图解

(a. 底图引自 Pearce 和 Norry,1979;b. 底图引自 Pearce 和 Cann,1973; c. 底图引自 Mullen,1983;广西田林玄武岩数据范围引自 Lai 等,2012; 峨眉山玄武岩(云南宾川)数据范围据 Xiao 等, 2004)

OIT. 洋岛拉斑玄武岩;OIA. 洋岛碱性玄武岩;MORB. 洋中脊玄武岩;IAT. 岛弧拉斑玄武岩;CAB. 钙碱性玄武岩;WPB. 板内玄武岩

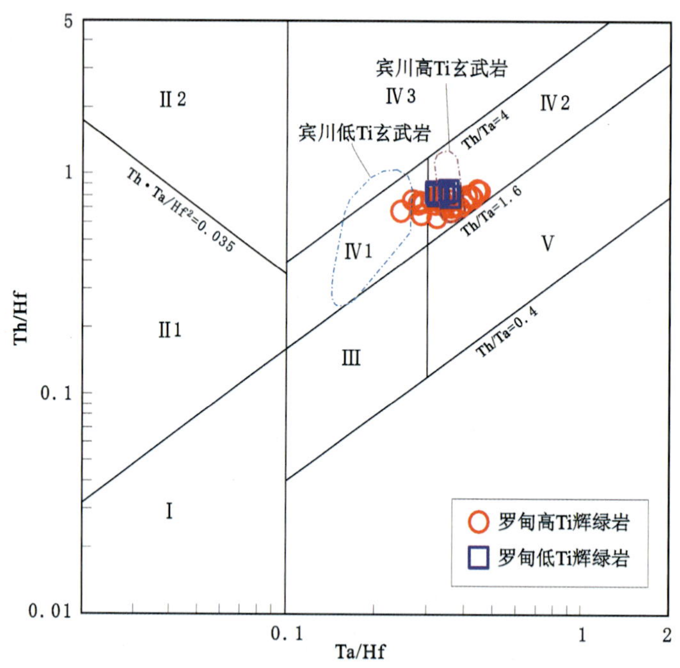

图 5.10　罗甸基性岩床构造环境 Th/Hf-Ta/Hf 判别图

(底图引自汪云亮等,2001;峨眉山高 Ti 和低 Ti 玄武岩数据范围引自 Xiao 等, 2004)

Ⅰ. 板块离散边缘 N-MORB 区; Ⅱ. 板块汇聚边缘(Ⅱ1. 洋岛弧玄武岩区; Ⅱ2. 陆缘弧玄武岩区); Ⅲ. 大洋板内洋岛、海山玄武岩区及 T-MORB、E-MORB 区; Ⅳ. 大陆板内[Ⅳ1. 陆内裂谷及陆缘裂谷拉斑玄武岩区; Ⅳ2. 陆内裂谷碱性玄武岩区; Ⅳ3. 大陆拉张带(或初始裂谷)玄武岩区]; Ⅴ. 地幔热柱玄武岩区

第六节　讨　论

一、多幕岩浆侵位

罗甸辉绿岩床的岩浆侵位基本沿四大寨组第一段与第二段之间的界面进行，与延深至源区断裂上升的岩浆不同，需要强力拓展才能前进，因此具有行进不快且因会与围岩发生物质、热能交换和冷却结晶，尤其是上边缘快速结晶为辉绿玢岩，从而发生自顶向下的明显成分分异。而沿途持续的冷却与结晶，将使其成分分异程度与离上升通道的距离成正比。此外，全晶质辉绿岩中存在低温成因的绿泥石杏仁体的脱落体，表明岩浆的输送不是一次完成的，而是多幕进行的，且在相邻的岩浆作用幕间发育过低温矿物组合，表明幕间发生过一定程度的物质交换。

二、基性岩床的就位深度

罗甸基性岩床侵入于四大寨组碳酸盐岩地层中，造成岩床的上覆和下伏地层岩石发生接触热变质作用，因此是典型的侵入岩而非有些学者认为的那样属于火山岩(张旗等，1999)。然而该岩床上部边缘相发育大量气孔状构造和杏仁状构造，形成深度在地下约 3km 至地表之间。据经验估计，在海水覆盖的海底玄武岩中，其气孔体积与海水深度的关系大致为：气孔体积为 10%～40%时海水深度约 500m，气孔体积约 5%时深度约 1000m，深度大于 3000m 时不再发育(桑隆康和马昌前，2012)。罗甸辉绿岩的气孔体积最多在 25%左右，其离海面深度保守估计约 500m。

基于沉积地层的某些特征也可通过上覆地层厚度推定大致了解就位深度。以峨劳背斜为例，该背斜区的四大寨组第二段相对较厚(224m)，岩床位于其底界处，侵入时代为 260Ma，恰值中二叠世与晚二叠世之交，大致对应于四大寨组第二段与上覆领薅组沉积界面附近，四大寨组第二段顶部为砾屑灰岩，指示沉积晚期已处于台地边缘斜坡相带的上斜坡部位，水体较浅，岩浆侵入时的上覆重荷主要来自四大寨组第二段沉积体。沉积物成岩前、后的体积(V_0，V_b)与孔隙度(φ_0，φ_b)之间的关系式为：$V_0(1-\varphi_0)=V_b(1-\varphi_b)$。经计算，1000$m^3$的泥质沉积物压实后体积减至 470.6 m^3(刘池阳，1981)，按照这一压缩比换算，峨劳地区四大寨组第二段沉积物压实前的厚度为 477m。不同岩性的压实系数因其孔隙度不同而有所不同，微晶灰岩的孔隙度为 30%，压实系数为 0.41；砂屑灰岩的孔隙度为 42%，压实系数为 0.56(Hegarty，1988)，由此恢复四大寨组第二段泥晶灰岩的古沉积厚度为 546m，加上斜坡相带的海水深度(一般不超过 200m)约为 700m。如果参照美国佛罗里达盆地灰岩的孔隙度-深度关系图(图 5.11)，以微晶灰岩的孔隙度 30%投影，埋深在 600～700m 处。因此，罗甸基性岩床的侵位深度估计位于古海面或地面以下 500～700m。

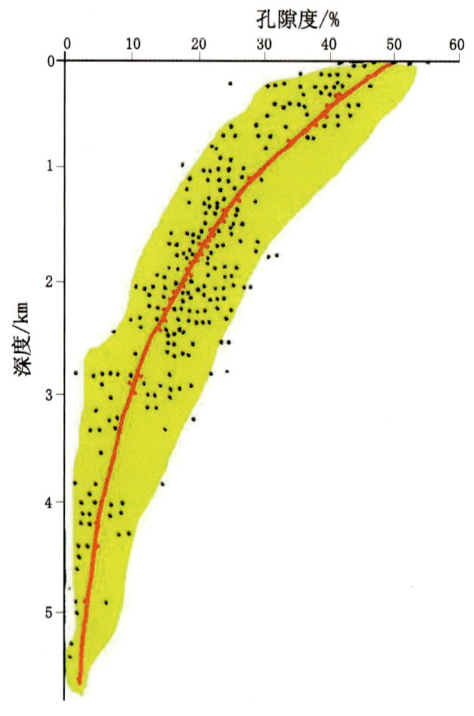

图 5.11　美国佛罗里达盆地灰岩的孔隙度-深度关系图

(Sckmoker and Halley,1982)

三、岩浆分异作用

玄武岩岩浆在结晶分离作用过程中,随着富镁橄榄石和辉石的分离,残余岩浆逐渐向富铁方向演化,因此其结晶分离的重要标志是 MgO 含量逐渐降低、FeO 含量逐渐增加。在工作中,通常考察橄榄石或全岩的 $Mg^{\#}$ 值变化与其他氧化物或微量元素的变化情况来判别。一般来说,原始岩浆的 $Mg^{\#}$ 值介于 68～75 之间,若小于该值可能发生了分离结晶和演化(张旗,2012);最初形成的玄武岩 $Mg^{\#}$ 值高,经过结晶分离作用之后最终形成 $Mg^{\#}$ 值低的富铁残余岩浆。

罗甸辉绿岩床 30 件样品的 $Mg^{\#}$ 值为 35.6～57.0,低于原始岩浆的参考值 68～75,表明岩浆可能经历了结晶分离。从罗暮的 LD08 剖面来看,位于上侧边缘带最边缘处的杏仁状辉绿玢岩(样品 LD08B9)的 $Mg^{\#}$ 值(57)最高,相邻内侧的杏仁状辉绿玢岩(样品 LD08B8)为 43,下侧边缘最边缘的样品(样品 LD08B1)的 $Mg^{\#}$ 值为 49,相邻内侧的(LD08B2)的 $Mg^{\#}$ 值为 44。剖面 LD06 最边缘样品的 $Mg^{\#}$ 值也明显高于相邻内侧样品的 $Mg^{\#}$ 值。这表明,最边缘上,尤其是上边缘处结晶最早的岩石 $Mg^{\#}$ 值较高,内侧岩石结晶较晚 $Mg^{\#}$ 值较低,显示岩浆可能发生了结晶分离。高 Ti 辉绿岩样品的 MgO 与 Na_2O、K_2O、CaO、TiO_2、TFe_2O_3、Al_2O_3 总体呈示负相关关系,与 SiO_2 呈正相关关系,但与 P_2O_5 无明显相关性;$Mg^{\#}$ 与 Cr 和 Ni 呈正相关关系(图 5.12)。这表明虽然这些样品来自多条剖面,但其总体效应显示存在辉石和长石发生分离结晶过程，其残余岩浆逐渐向富铁、富硅、富碱方向演化。在 $Mg^{\#}$ 对 Nb/La 的变异图中的变化趋势平行于结晶分离(FC)走势，与同化地壳物质后再结晶分离的趋势(AFC)关系不明显，支持其完好的结晶分离作用。

低 Ti 辉绿岩的 MgO 与 SiO_2、K_2O、Al_2O_3、CaO、P_2O_5 和 Zr 呈明显的负相关关系，尤其是与其中的 SiO_2、K_2O、Zr 和 P_2O_5 呈突变的负相关关系。

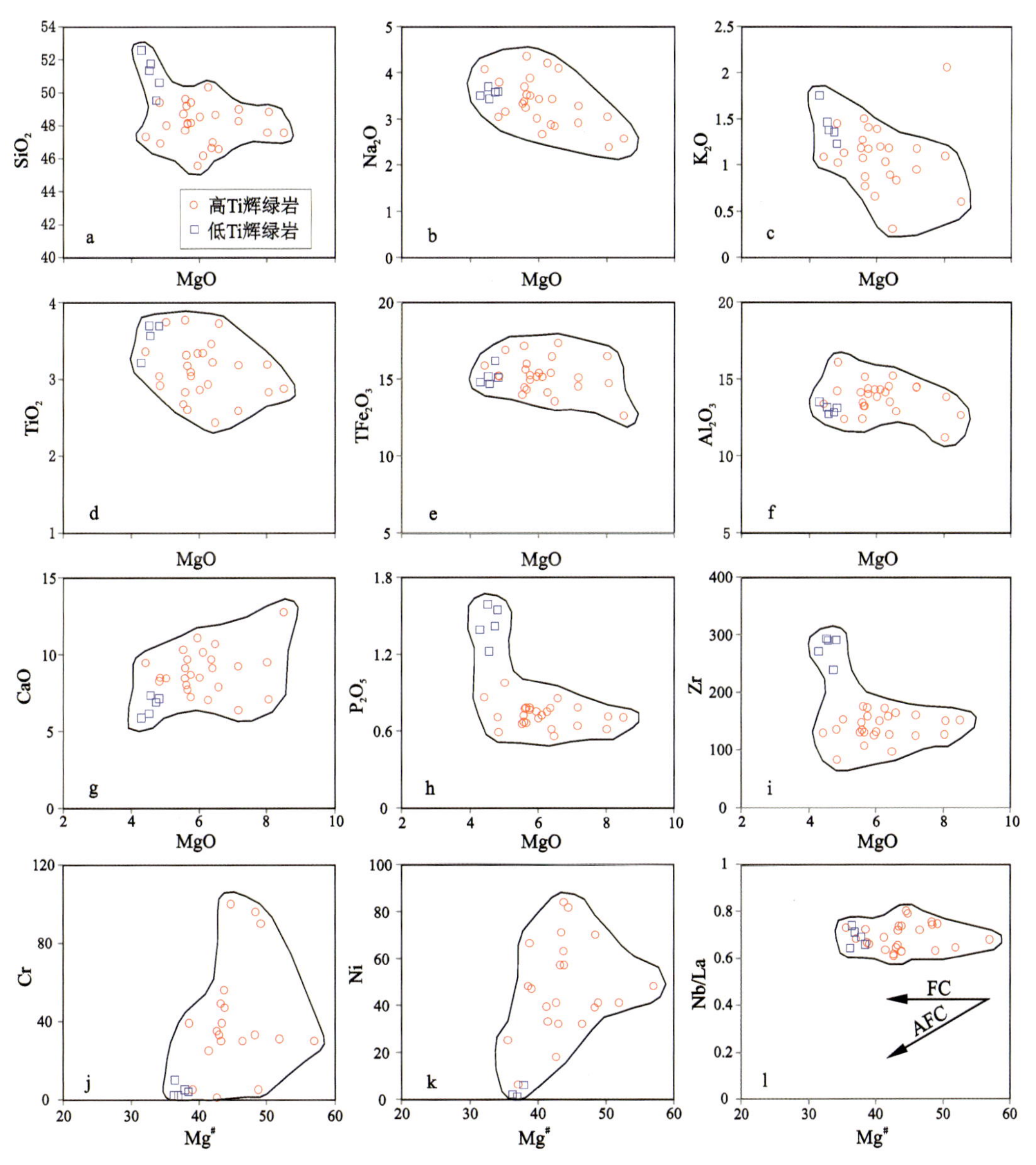

图 5.12　罗甸基性岩床的 MgO 和 $Mg^{\#}$ 与部分氧化物和微量元素或比值变异图

四、罗甸高 Ti 和低 Ti 辉绿岩的成因

高 Ti 和低 Ti 玄武岩的成因尚有争议。国外一些大火成岩省，如南非 Karoo 大火成岩省

的高 Ti 玄武岩和低 Ti 玄武岩具有清楚的空间分带性，此类分带清楚的高 Ti 玄武岩由地幔部分熔融形成、低 Ti 玄武岩则认为是地壳混染所致(Hoefs et al, 1980; Allegre et al, 1982)。有学者认为低 Ti 玄武岩不都是地壳混染而成的，其中少量低 Ti 玄武岩可由岩石圈地幔熔融形成(Carlson, 1991)；也有学者认为高 Ti 玄武岩源自厚的岩石圈的低程度部分熔融，低 Ti 玄武岩源自薄的岩石圈的高度部分熔融(Gibson et al,1995, 1996)。

峨眉山大火成岩省(ELIP)的二叠纪玄武岩有高 Ti 和低 Ti 之分。最早的研究认为，两者之间存在空间分带性，其低 Ti 玄武岩见于火成岩省西区，是地幔柱"尾柱"的典型岩浆产物(苦橄岩、高镁玄武岩)；高 Ti 玄武岩分布在东区，是地幔柱"头冠"的岩浆产物(大陆溢流玄武岩)(张成江等,1999)。后来相继在 ELIP 西区二滩一带发现二叠纪高 Ti 玄武岩，在西区的宾川二叠纪玄武岩剖面下部为低 Ti 玄武岩，上部为高 Ti 玄武岩(Xu et al, 2001; Xiao et al, 2004)。对宾川地区的二叠纪高 Ti 和低 Ti 玄武岩的成因存在两种代表性观点：第一种观点认为二者岩浆源区不同，高 Ti 玄武岩是地幔柱外围岩石圈较厚部位相对较低温度下的低度部分熔融，低 Ti 玄武岩是在岩石圈最薄的地幔柱轴部较高温度条件下的部分熔融产物(Xu et al, 2001,2007)；第二种观点认为 ELIP 二叠纪高 Ti 和低 Ti 玄武岩是同源岩浆分离结晶的产物，不存在时间、空间上的分带性，低 Ti 玄武岩受到了地壳物质的混染(张招崇等,2001；肖龙等,2003；郝艳丽,2004)。也有学者认为低 Ti 和高 Ti 玄武岩可以互相演化，但受氧逸度控制(Hou et al, 2011)。在 ELIP 东区的广西田林一带也出现了二叠纪低 Ti 玄武岩的研究报道(Lai et al, 2012)，表明 ELIP 可能不存在具空间分带的二叠纪高 Ti 和低 Ti 玄武岩。

罗甸辉绿岩也存在高 Ti 和低 Ti 辉绿岩两类(图 5.13)。岩床综合剖面上，似乎高 Ti 辉绿岩位于顶部和底部，低 Ti 辉绿岩产在中部(图 5.14a)，并可以从中部延伸至顶部(图 5.14b)，但有的岩床剖面并不发育低 Ti 辉绿岩(图 5.14c)。

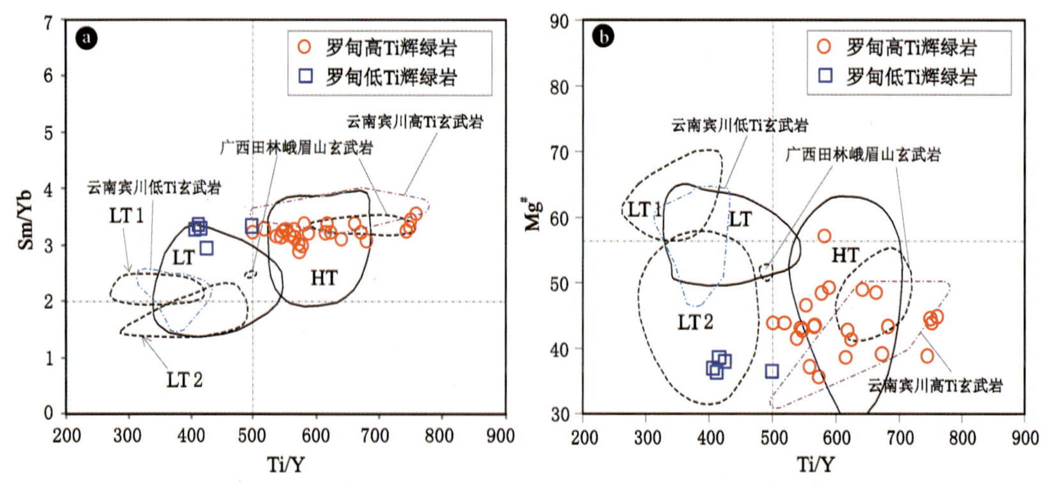

图 5.13 罗甸辉绿岩 Sm/Yb-Ti/Y 图解(a)和 $Mg^{\#}$-Ti/Y 图解(b)

(广西田林峨眉山玄武岩数据范围引自 Lai 等,2012；云南宾川玄武岩数据范围引自 Xiao 等,2004)

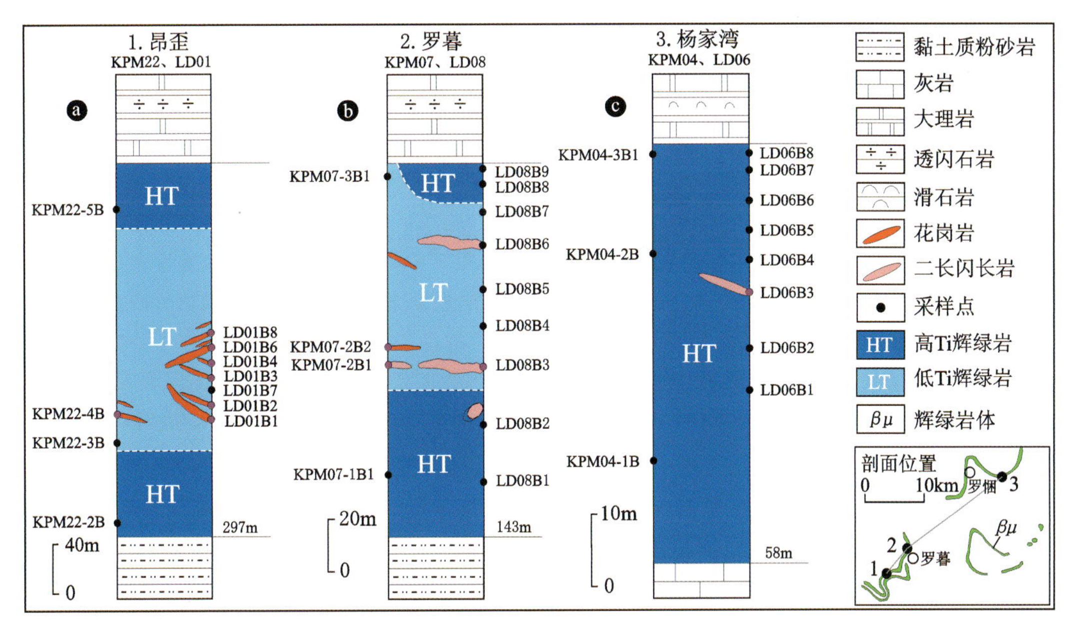

图 5.14　罗甸高 Ti-低 Ti 辉绿岩综合剖面柱状图

罗甸基性岩床的高 Ti 和低 Ti 辉绿岩的稀土元素总量之间出现显著的成分间断，呈双峰式分布，但高 Ti 和低 Ti 基性岩石的球粒陨石标准化的 REE 配分模式却是相似的。在不相容元素方面，高 Ti 和低 Ti 辉长辉绿岩中在一些元素含量上虽然存在明显差别，但两者的原始地幔标准化的不相容元素蛛网图却十分地相似（图 5.8b；Huang et al，2019）。此外，ELIP 的高 Ti 与低 Ti 玄武岩虽然存在更明显的成分间断，但罗甸低 Ti 辉绿岩的配分模式与其相似度较低（图 5.8a）。

低 Ti 辉绿岩与含石英辉绿岩类岩石相当。野外露头上在产于此类岩石的旁边总有块状构造的红色中酸性花岗岩脉伴生，如罗暮、昂歪等剖面上（图 5.14），但有中酸性岩脉未必一定有含石英的辉绿岩，如杨家湾剖面（图 5.14）。在镜下，低 Ti 辉绿岩无一不含石英单晶和钾长石，尤其是含文象交生的钾长石与石英集合体（图 5.3g）。在与 MgO 相关的变异图上，SiO_2 和 K_2O 与 MgO 的变化完全不同于无石英辉绿岩内部缓慢变化（低斜率）特征，而是呈快速增加（高斜率）的负相关的线性关系；P_2O_5 和 Zr 与 MgO 则以跳跃性增高和高得多的含量区别于无石英辉绿岩（图 5.12）。这种成分变异趋势表明其与结晶分离作用成因无关，更重要的是表明存在与 Si、K、P、Zr 相关物质的快速加入，而这些物质的固体集合体即是镜下所见的钾长石、石英、粗大的磷灰石矿物（图 5.3）和多组年龄的锆石（图 5.4b），它们是燕山期花岗岩的重要组成部分，而此期花岗岩的 REE 总量都很高。因此，本书研究的罗甸低 Ti 辉绿岩是高 Ti 辉绿岩陆壳物质污染的产物，但这种陆壳具有特定的成分和成因，即是燕山期—喜马拉雅期花岗岩的侵入混杂，将高 Ti 辉绿岩改造成了低 Ti 辉绿岩，是相当有可能的，正是此种机制造成罗甸低 Ti 辉绿岩与 ELIP 中广泛分布的低 Ti 玄武岩具有完全不同的 REE 含量和不相容元素配分图式（图 5.8a）。

先前对罗甸部分高 Ti 辉绿岩的研究表明(Huang et al, 2019),其 REE 配分图式中的重稀土严重亏损,表明其岩浆来源于一个石榴子石稳定的地幔源区。岩石样品 Th/La 值(0.09~0.10)很窄,但 Nb/U 值(28.4~33.3)和 Nb/Th 值(6.49~8.43)变化较大,表明其岩浆来自非均匀的地幔。REE 模式和不相容元素蛛网图显示与洋岛玄武岩大致相似,Th/Yb-Ta/Yb 变异图显示存在洋岛玄武岩源与富集或正常地幔混合(图 5.15a)。La/Nb=1.27~1.64,高于 MORB 的相关值,表明可能来源于已交代过的富集地幔。Nb($15.0\times10^{-6}\sim23.2\times10^{-6}$)和 Zr($97\times10^{-6}\sim173\times10^{-6}$)在含量上与广西西部的田林玄武岩一致,但高于正常洋中脊玄武岩(N-MORB)的 Nb(2.33×10^{-6})和 Zr(74×10^{-6}),低于洋岛玄武岩的 Nb(48×10^{-6})和 Zr(280×10^{-6}),进一步表明源于富集地幔源(Sun and McDonough,1989)。岩石样品的 Th/Yb-Nb/Yb 和 TiO_2/Yb-Nb/Yb 变异关系(图 5.15a~c)、原始地幔标准化的不相容元素蛛网图的 Nb-Ta 和 Zr-Hf 负异常以及锆石正的 Hf(t)值(1.8~4.0)和模式年龄 T_{1DM}(0.87~0.77Ga)表明,罗甸高 Ti 辉绿岩的原始岩浆可能来自包括了地幔柱组分与富集地幔和扬子克拉通的亏损地幔组分的混合。

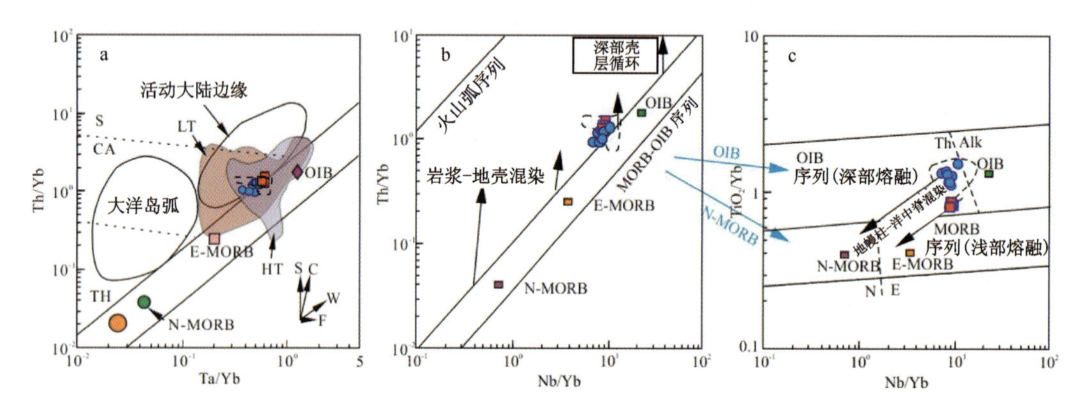

图 5.15 以剖面 LD08 为主的部分样品的罗甸高 Ti 和低 Ti 辉绿岩的不相容元素比值变异图

a. Th/Yb-Ta/Yb 图解(Shellnutt and Jahn,2011);b. Th/Yb-Nb/Yb;c. TiO_2/Yb-Nb/Yb 图解(Pearce, 2008)

玄武岩系列代号:S. 橄榄粗玄质;CA. 钙碱质;TH. 拉斑玄武质;OIB. 洋岛玄武岩;E-MORB. 富集洋中脊玄武岩;N-MORB. 正常洋中脊玄武岩

矢量趋势:S. 俯冲带;C. 地壳污染;W. 板内富集;F. 分离结晶[虚线圈内为广西田林玄武岩数据(Lai et al,2012)]

罗甸辉绿岩位于 ELIP 外带的东南部,其产出环境同属陆内裂谷环境(图 5.10),岩浆都受到大陆物质的污染,形成年龄也一致,约 260Ma。然而其主体岩石高 Ti 辉绿岩的 REE 和不相容元素配分图式与 ELIP 的高 Ti 玄武岩的图式存在显著差别:罗甸高 Ti 辉绿岩以 Th-Nb、Zr 和 Ti 的负异常及 P 的正异常,分别相反于 ELIP 的 Th-Nb、Zr 和 Ti 的正异常及 P 的负异常。因此,地处 ELIP 边缘的罗甸基性岩床在成因上可能有其特殊之处。这异乎寻常高的 P 与低得多的 Zr 和 Ba-Th(图 5.8b),暗示其中的 P 并没有像 ELIP 内带岩石中的 P 那样发生了富集沉淀并成矿,这也许是罗甸辉绿岩床岩石富 P 的原因。

第七节　小　结

(1)罗甸辉绿岩以水平或小角度的岩床状产在四大寨组第一段与第二段之间的界面处，形成年龄约260Ma，与峨眉山大岩浆岩省玄武岩的主喷发期同期，是该玄武岩的超浅成侵入岩(或潜火山岩)，侵位深度在500～700m之间。

(2)辉绿岩床玄武岩浆的侵位为一个长距离输运、前锋不断拓展岩层、沿途与围岩持续发生热能交换并逐渐冷却、岩浆发生结晶分异而变成低镁的演化岩浆的过程。岩浆的侵位作用并非一次完成的，而是具有多幕性。岩浆侵位幕间曾发生过自变质作用，导致上边缘快速冷却结晶的气孔状辉绿玢岩中充填了低温产物绿泥石杏仁体，这暗示基性岩浆可能与围岩发生过物质交换。

(3)罗甸辉绿岩床可划分出内部相和边缘相。边缘相粒度细或隐晶，其最外缘的岩石发育斑状结构和气孔构造，岩石的全岩MgO含量相对较高。内部相岩石粒度较粗，块状构造，其全岩MgO含量相对较低。岩床岩石在空间上从边缘相一内部相、在时间上从早到晚发生过不同程度的岩浆结晶分异。

(4)罗甸基性岩床主要矿物有单斜辉石和斜长石，副矿物为钛磁铁矿和磷灰石，岩性主要为高Ti辉绿岩，少量为低Ti辉绿岩。但罗甸低Ti辉绿岩与峨眉山大火成岩省的低Ti玄武岩不同，它们不是高Ti玄武岩浆结晶演化的结果，而是晚期长英质岩浆注入混染的产物。

第六章　中酸性侵入岩的岩石特征与成因

众所周知，中酸性岩石，尤其是其中的花岗岩是以富 K、Na 和 Si 等活动性极强的化学成分为主要组成的岩石。中酸性岩的侵入可以和基性岩床一样，使围岩发生接触热作用，还可在岩浆作用之后产生超临界流体和热液并作用于先存岩石和自身，形成各种蚀变岩和/或各种有用矿产。因此，对软玉矿体伴生的花岗岩进行研究，对于揭示软玉矿床的成因具有重要意义。罗甸辉绿岩床中发育为数不多但空间上与罗甸软玉矿紧密伴生的中酸性岩体。本章将介绍这些中酸性岩体的产状类型、岩石类型、锆石 U-Pb 年龄和地球化学特征等，探讨岩体侵入年龄和期次及岩石成因，为进一步研究它们的形成与软玉矿床形成的关系提供依据。

第一节　岩体产状

罗甸中酸性侵入岩分布在基性岩体内部，主要见于罗悃（Zhu et al，2019）、官固、杨里湾、罗暮和昂歪等地（黄勇等，2017；Huang et al，2019），其中，罗暮岩体剖面和昂歪岩体剖面上发育岩囊和岩脉。

一、中性岩囊

中性岩囊仅见于罗暮 KPM07 剖面和 LD08 剖面的基性岩床内带，其露头呈灰白色，局部受后期注入的钾质中酸性岩浆而局部略显肉红色（图 6.1a、b、g）。在纵向断面上，岩囊呈长轴垂直于岩床界面的向下收敛的不规则漂浮气球状，上顶面为较平缓的圆弧状（图 6.1b），因此又被称为岩泡或岩栓。岩囊大小不等，其长轴长 50～260cm，短轴长 20～130cm，最小的岩囊长约 10cm，宽 2.5cm。岩囊中的同种矿物，如磷灰石和斜长石，其长度（可达 5～8mm）和自形程度都要高于辉绿岩。突出特征是颜色浅于辉长辉绿岩，但两者呈涌动关系侵入，边界模糊，指示其为同期岩浆作用，但为结晶形成时间稍晚的产物。囊体受蚀变常转变为绿泥石岩球或绿帘石化岩囊（图 6.1）。

二、中酸性岩脉

除罗悃剖面只发育 1 条中酸性岩脉外（图 6.2a），在罗暮和昂歪等地的剖面上中酸性岩呈脉群产出，也多见于岩体内带。与所有岩囊不同，岩脉与其基性岩床围岩边界清晰，呈超动侵入关系。

图 6.1　罗甸中性岩囊露头

a. 岩囊纵断面；b. 绿帘石化岩囊；c. 岩囊露头近照，可见长柱状磷灰石和斜长石晶体；d. 岩囊内发育的石英团块；e. 石英团块；f. 中酸性岩脉中发育的石英晶洞；g. 切穿中性岩囊及其寄主岩（辉长岩）的绿帘石脉；h. 岩囊围岩辉长岩发育两组节理及其充填的方解石脉和绿帘石脉

罗暮剖面发育两组岩脉。一组顺基性岩体走向产出，脉体较短呈扁豆状分布(图 6.2b)，各条短脉的厚度不等，一般厚 5～40cm，产状 110°∠70°；另一组则斜交基性岩体走向，波状起伏(图 6.2c)，局部具膨大现象，厚 14～20cm，产状 240°∠60°～245°∠55°。

昂歪剖面也发育两组岩脉，均斜交岩体走向，其中一组脉较平直，厚约 10cm，产状 40°∠25°；另一组脉蜿蜒曲折，厚薄不均，常常膨胀鼓出和收缩变细，具分枝复合现象(图 6.2d)，局部被平直组岩脉轻微切割，厚 15～100cm，产状 265°∠55°～265°∠70°。

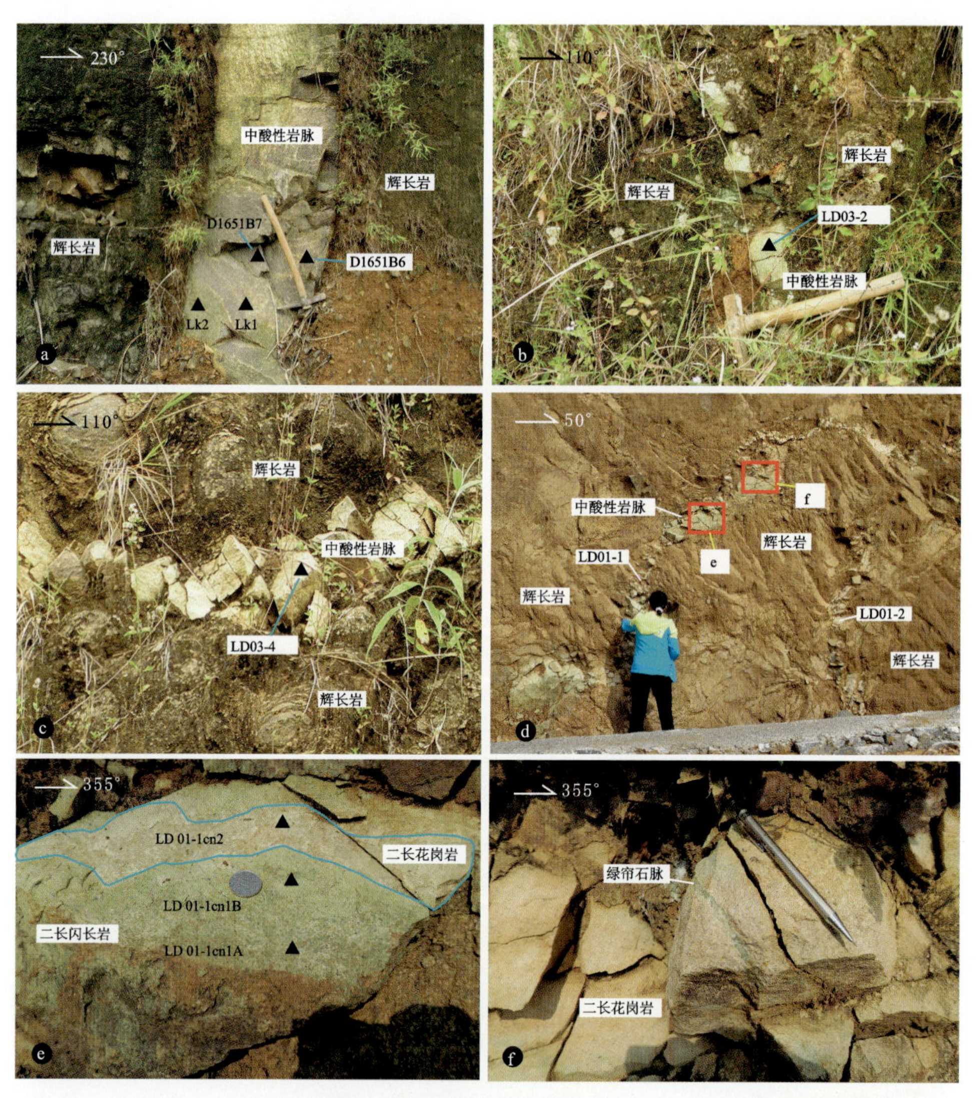

图 6.2 罗甸中酸性岩脉露头

a. 罗悃侵入于辉长辉绿岩中的中酸性岩脉(郝家栩等，2014；Zhu et al，2019)；b、c. 罗暮中酸性岩脉，岩脉上方发育球形风化的绿帘石化辉长岩围岩；d～f. 昂歪中酸性岩脉；e. 粉红色的二长花岗细晶岩呈注入绿帘石化的二长闪长岩；f. 二长花岗细晶岩被绿帘石脉穿插

岩脉色率较浅，呈白色、灰白色、肉红色，青磐岩化者呈黄绿色。罗悃岩脉和罗暮部分岩脉未发育岩相学分带，但昂歪剖面上的岩脉因局部发生交代作用呈明显的交代带：最内带为

无或弱帘石化的中粒二长闪长岩和肉红色二长花岗细晶岩，向边缘依次为黄绿色帘石化细粒二长闪长岩和褐黄色帘石化中粒二长闪长岩(图 6.2e、f)。

第二节　岩石类型和岩相学特征

岩囊只有中性岩 1 种类型，岩脉有中性岩和酸性岩 2 种类型。

一、岩囊中性岩

岩囊中性岩岩性有闪长岩、二长闪长岩和二长岩 3 种，它们均见于罗暮辉绿岩床内部。

闪长岩的岩石呈灰白色，半自形粒状结构，块状构造，其矿物成分有斜长石(约 65%)、辉石(约 20%)、钾长石(约 5%)、石英(5%～10%)、副矿物磷灰石和不透明矿物(2%)，交代蚀变矿物有角闪石和绿泥石，钾长石和石英为注入岩浆结晶矿物。斜长石呈半自形长条板柱状，发育聚片双晶，粒径 0.20～7.00mm，具弱的钠长石化、绿泥石化方解石化；单斜辉石呈短柱状，粒径 0.20～5.00mm，产在斜长石格架中，几乎或全部分解为绿泥石(图 6.3a)，或被角闪石交代；角闪石呈半自形长条柱状，交代单斜辉石而呈反应边产出，中间残余的辉石部分转变为绿泥石，粒径 0.02～2.00mm，具纤闪石化和绿泥石化；石英为半自形—他形粒状，粒径 0.02～2.00mm，或呈石英单晶或与碱性长石构成显微文象结构。构成文象结构的钾长石充填在斜长石的空隙内，或增生在斜长石的边缘上。副矿物有磁铁矿、含钛磁铁矿等，为半自形—他形粒状，粒径 0.02～0.20mm，具微弱褐铁矿化。

石英二长岩含有较多的钾长石(30%～40%)和斜长石(35%～45%)，辉石约 5%、石英 10%～15%，副矿物为不透明矿物，蚀变矿物有绿泥石和少量方解石，少见帘石类矿物。钾长石为半自形—自形矩形板状，切面因普遍高岭土化而呈污浊土状，在其外围常为碱性长石与石英显微文象交生体，呈填隙状；斜长石普遍蚀变，或发育尘点状高正突起的黝帘石集合体，或被显微片状的绿泥石取代。单斜辉石被角闪石反应边交代，中间残余的辉石部分转变为绿泥石(图 6.3b)。石英除呈与碱性长石呈文象交生体外，还呈浑圆状或填隙状单晶产出。

综上可见，存在单斜辉石残余或假象是岩囊状中性岩的主要特征。

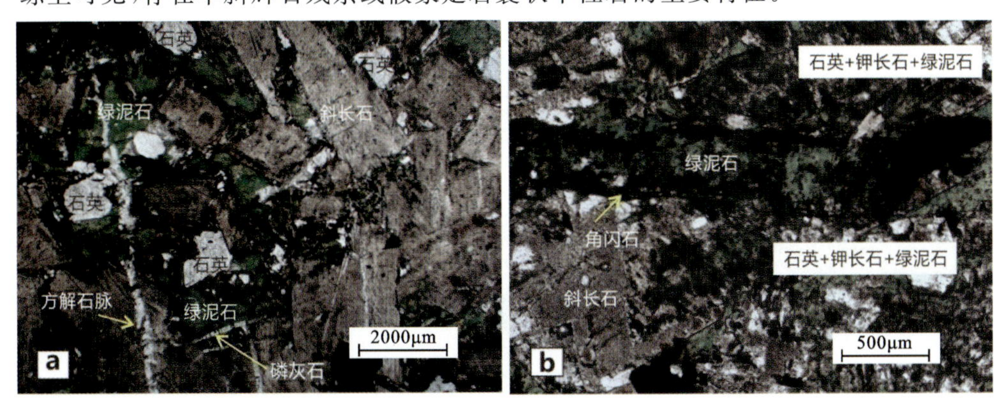

图 6.3　罗甸中性岩囊显微照片

a. 闪长岩的半自形粒状结构(单偏光)；b. 石英二长岩中辉石退变为角闪石和绿泥石(单偏光)

二、岩脉中性岩

二长闪长岩：岩石具细粒半自形粒状结构(图 6.4)、块状构造，矿物成分有斜长石(66%)、碱性长石(20%～30%)、角闪石(8%)、黑云母(约 3%)和副矿物(2%)。斜长石呈半自形板柱状，粒径 0.20～2.00mm，弱绿帘石化、微弱绿泥石化；碱性长石呈半自形长条板柱状，粒径 0.20～2.00mm，具弱绿帘石化、微弱绿泥石化；角闪石呈半自形长柱状，粒径 0.20～2.00mm，具绿帘石化、弱绿泥石化；石英呈半自形—他形粒状，粒径 0.02～0.50mm，常与碱性长石共结生成显微文象结构；黑云母呈鳞片状，粒径 0.02～0.20mm；副矿物有磁铁矿等，自形—半自形—他形粒状，粒径 0.02～0.20mm，具微弱褐铁矿化。

石英二长闪长岩：灰白色，具半自形粒状结构、块状构造，矿物成分有斜长石(77%～80%)、角闪石(8%～10%)、石英(6%～10%)、黑云母(约 1%)和副矿物(3%～5%)。斜长石呈自形—半自形长条板柱状，粒径0.20～10.00mm，具强绿帘石化、微弱绿泥石化；角闪石呈半自形长柱状，解理发育，粒径 0.20～2.00mm，具绿泥石化、绿帘石化；石英为自形—半自形—他形粒状，粒径 0.02～2.00mm；黑云母呈鳞片状晶体；副矿物有磁铁矿、钛磁铁矿等，具白钛石化、褐铁矿化。

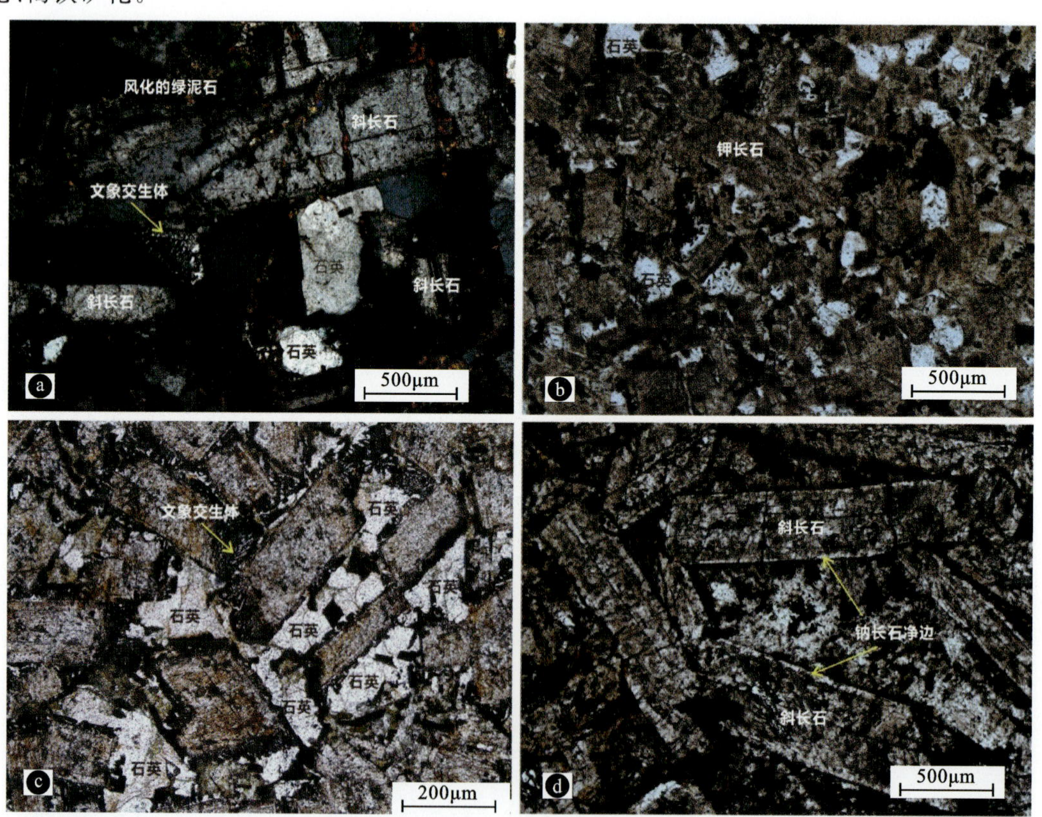

图 6.4　罗甸中性—酸性岩脉显微照片

a. 风化二长闪长岩的半自形粒状结构(正交偏光)；b. 细晶花岗岩的风化半自形—自形晶长石和他形晶填隙状石英(单偏光)；c. 石英与碱性长石共结而成的文象结构(正交偏光)；d. 由石英与碱性长石共结而成的羽毛状结构(正交偏光)

三、岩脉酸性岩

角闪石二长花岗细晶岩：肉红色(图 6.2f)，具细晶结构、块状构造，矿物成分有斜长石(35%～50%)、钾长石(25%～50%)、石英(约 20%)、角闪石(约 5%)、副矿物(1%)。斜长石呈自形—半自形宽板状，粒径 0.3～0.6mm。钾长石以呈独立晶体、作为斜长石的环边、与石英呈显微文象交生体 3 种形式产出(图 6.4)。独立晶体呈他形晶，结晶大小同斜长石；环绕斜长石边结晶的钾长石环边厚度 0.01～0.03mm；产在显微文象交生体中的钾长石略具黏土化。石英呈他形晶结晶于长石的空隙内，粒径 0.05～0.2mm。角闪石为他形柱状晶体，粒径约 0.3mm，发育两个世代：第一世代为残余的早期岩浆成因角闪石，呈棕绿色；第二世代呈针柱状晶体或放射状集合体，叠加在长石之上，呈蓝绿色。副矿物有磷灰石和钛铁矿。从斜长石经钾长石到石英，自形程度从自形—半自形—他形到填隙状生长，构成典型的花岗岩结构特征。

第三节　锆石年代学

一、样品采集与加工处理

1. 样品采集

岩囊采集了 1 件样品，位于罗暮的 LD08 剖面上。样品 LD08B2-2 的产状见图 5.2c 和图 5.1c，岩性为绿泥石化辉石二长闪长岩。单斜辉石部分蚀变为绿泥石，有少量红色的花岗岩注入，镜下局部见其组成为石英及文象交生体。

岩脉共采集了 4 件样品，来自昂歪 KPM022 剖面的 LD01-1cn2 和 LD01-6，以及罗暮 KPM07 剖面的 LD03-2 和 LD03-4。昂歪的 2 件样品看似来自不同岩脉，实际为来自同一背景下不同部位断裂注入的岩浆结晶产物。露头上岩石为内部略风化的酸性岩，呈枣红色，两侧为青磐岩化的中酸性岩，因此实为最晚注入的酸性岩浆结晶产物。镜下岩石的浅色矿物成分有斜长石、钾长石和石英，暗色矿物有普通角闪石，呈棕绿色，但被绿色角闪石部分取代。在斜长石或钾长石孔隙中，填充着晚结晶的文象交生体和石英(图 6.4a)。罗暮剖面的 2 件样品 LD03-2 和 LD03-4 所在的岩石也呈脉状侵入于辉长岩床中(图 6.2b、c)，岩性与昂歪样品 LD01-1cn2 和 LD01-6 相近，但发育更多的斜长石，文象结构不太发育，矿物粒度较粗。

2. 样品分选和测试及处理

中性岩囊和中酸性岩脉的锆石同位素定年样品主要采自罗暮的 LD08 剖面、KMP07 剖面，昂歪的 KMP22 剖面的 LD01 观察点。锆石精样由廊坊市诚信地质服务有限公司加工挑选，锆石样品制靶及其阴极发光(CL)测试由武汉上普分析科技有限责任公司完成。其中，LD01-1cn2、LD08B2-2A、LD08B2-2B 等样品是在武汉上谱分析科技有限责任公司完成 LA-ICP-MS 锆石 U-Pb 定年及锆石稀土、微量元素分析，激光束斑直径为 24μm；LD03-2、LD03-4

等样品是在中国地质大学(武汉)地质过程与矿产资源国家重点实验室完成 LA-ICP-MS 锆石 U-Pb 定年及锆石稀土、微量元素分析,激光束斑直径为 32μm。单个数据点的误差为 1σ,$^{206}Pb/^{238}U$加权平均年龄误差为 2σ。实验方法见附录。

二、分析结果

1. 锆石的 CL 类型

1)岩囊中的锆石 CL 类型

岩囊中的锆石 CL 类型主要有 3 种。第一种为弱分带的捕虏锆石(图 6.5),可细分以下几种:①变质增生边锆石(图 6.5b),呈灰色、深灰色的短柱状至等轴状自形和半自形晶,长 48~80μm,宽 38~45μm,长宽比 1.5,内部结构显示弱分带特征,以 LD08B2-2B 样品中的 1000Ma 左右的锆石为代表,Th/U 值为 0.18~1.84,变质增生边清楚,属于变质成因;②以弱分带的不规则状为主的锆石(图 6.5a),呈灰色、浅灰色,呈短柱状自形和不规则状他形晶,长 40~58μm,宽 30μm,长宽比 1.6,定年于 570~370Ma,Th/U 值为 0.34~1.71,属于岩浆成因;③宽环带锆石(图 6.5a),黑色,柱状自形晶,长 46~62μm,宽 34μm,长宽比 1.6,隐约可见较宽的结晶环带,年龄 284~266Ma,Th/U 值为 2.0~2.3,属于高温的幔源岩浆锆石,其颜色和结构特征与罗甸辉绿岩中的结晶锆石相似(图 5.4a);④晶棱圆化的蚀变改造锆石(图 6.5b),呈深黑色,长柱状半自形晶,晶体一端显示晶棱圆化特征,长 99~135μm,宽 54μm,长宽比 2.2,定年于 210Ma 左右,U 含量高达 4200×10^{-6},导致颜色非常深,隐约可见冷杉叶分带结构和热液蚀变增生边,Th/U 值为 0,属于热液蚀变成因。第二种为浅色弱分带锆石(图 6.5b),呈灰白色,短柱状自形晶和不规则状他形晶,以 LD08B2-2B-05 为代表,大小约 38μm×25μm,长宽比 1.5,具弱分带结构,另一颗锆石(LD08B2-2B-09)呈不规则外形,由于颜色太浅,隐约可见扰乱的弱环带,定年于 130Ma 左右,Th/U 值 1.32~1.43,属于被热液改造过的岩浆锆石。第三种为蚀变环带锆石(图 6.5a),呈灰色,不规则状他形晶,具面状分带特征,大小约 73μm×54μm,长宽比 1.4,热液增生环带宽 7.4~16μm,定年于 89Ma,Th/U 值为 0.56,属于热液蚀变成因。

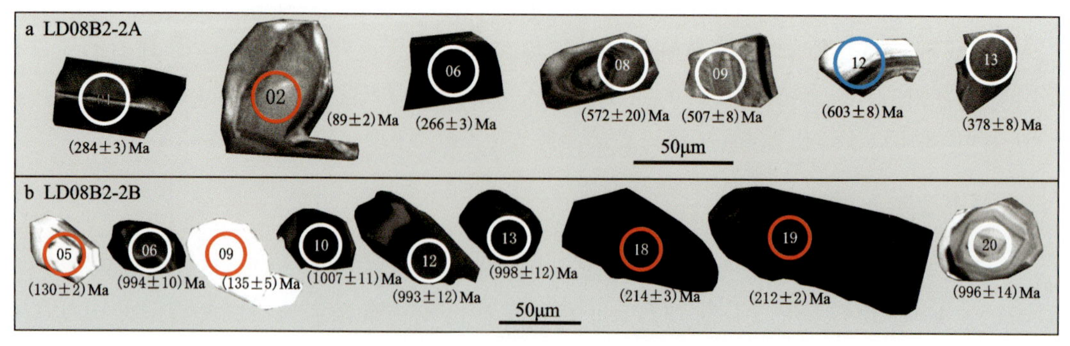

图 6.5　罗甸中性岩囊锆石阴极发光(CL)图像

2)中酸性岩脉中的锆石 CL 类型

中酸性岩脉中的锆石 CL 类型划分为 3 种。第一种是宽环带捕虏锆石,占比大,以 260Ma 左右者居多,呈自形—半自形长柱状、短柱状及他形不规则状,长 57～187μm,宽 30～82μm,长宽比 2.2,Th、U 含量高(分别为 1049×10^{-6}～9159×10^{-6},平均 4196×10^{-6};439×10^{-6}～3993×10^{-6},平均 1834×10^{-6}),Th/U 值大(1.34～2.71,平均 2.22),CL 图像为黑色,不发育岩浆振荡环带或具弱的宽环带(图 6.6),与基性岩中的锆石特征相似(图 5.4a)。第二种为弱分带岩浆锆石,呈自形—半自形短柱状,长 60～132μm,宽 37～44μm,长宽比 2.4,Th、U 含量较高(分别为 1870×10^{-6}～6209×10^{-6},平均 3993×10^{-6};1467×10^{-6}～2558×10^{-6},平均 1983×10^{-6}),Th/U 值较大(1.27～2.43,平均 1.92),CL 图像主要为暗灰色,具弱分带结构,以 LD01-1cn2 样品中的新年龄锆石为代表,定年于 86Ma 左右(图 6.6a),LD03-2 样品锆石[LD03-2(x)、LD03-2(c)]也属于这种类型(图 6.6c)。第三种为细环带岩浆锆石,发育细密的岩浆振荡环带,自形程度较高,呈自形短柱状,长 67～91μm,宽 27～48μm,长宽比为 2.1,个别锆石呈近等轴状,Th、U 含量低(分别为 180×10^{-6}～1010×10^{-6},平均 447×10^{-6};190×10^{-6}～1447×10^{-6},平均 631×10^{-6}),Th/U 值小(0.53～1.57,平均0.85),CL 图像呈白色、灰白色、灰色,LD03-4 样品中的部分新年龄锆石属于这种类型(图 6.6d)。

2. 年龄结果

1)岩囊锆石年龄

LD08B2-2B 样品测定了 20 个点(表 6.1),分析结果给出若干组谐和的年龄值,分布分散(图 6.7)。从年轻年龄算起,计有 89Ma、135～130Ma、214～199Ma、451～416Ma、644～578Ma、811Ma、1089～953Ma、1463～1306Ma 和 2487Ma 等多个年龄组。

2)中酸性岩脉的锆石年龄

采自昂歪 KPM22 剖面中部的 LD01 脉群观察点的 LD01-1cn2 样品测定了 17 颗锆石点(表 6.2),全部数据点落在谐和线上,但分布较为分散,$^{206}Pb/^{238}U$ 年龄介于 289～85Ma 之间。最小的年龄数据有 4 个,$^{206}Pb/^{238}U$ 年龄 87～85Ma,加权平均年龄为(86±1)Ma,MSWD=0.9(图 6.8a)。另外有一系列的年龄组依次为 116～111Ma、242Ma、263～260Ma 和 289Ma。263～260Ma 年龄组共有 6 个数据,其谐和年龄为(264±3)Ma,MSWD=1.1。

LD01-6 样品测定了 26 颗锆石共 26 个数据(表 6.2)。全部年龄介于 1746～22Ma 之间(图 6.8b)。最小的年龄数据为 22Ma,其次为 117～111Ma、197～165Ma、219Ma、264～249Ma、304～289Ma、365Ma、476～423Ma、656Ma 和 1746Ma。考虑到 22Ma 与地质情况不相吻合,该年龄值可能是样品的问题,不予采纳。

罗暮 KPM07 剖面的 LD03-2 样品测定了 17 颗锆石点(表 6.2),由多组年龄构成,最小的 4 个年龄数据点落在谐和线上及其附近,较为集中,其$^{206}Pb/^{238}U$ 年龄在(259±3)～(251±4)Ma 之间,加权平均年龄为(255±3)Ma,MSWD=1.11(黄勇等,2017)。用新的计算程序IsoplotR(Vermeesch,2018)计算得$^{206}Pb/^{238}U$ 谐和年龄为(256±4)Ma,加权平均年龄为(256±2)Ma,MSWD=1.42(图 6.8c),两次计算结果误差范围一致。其他年龄组有 298～278Ma、354～314Ma、455Ma 和 887～737Ma。

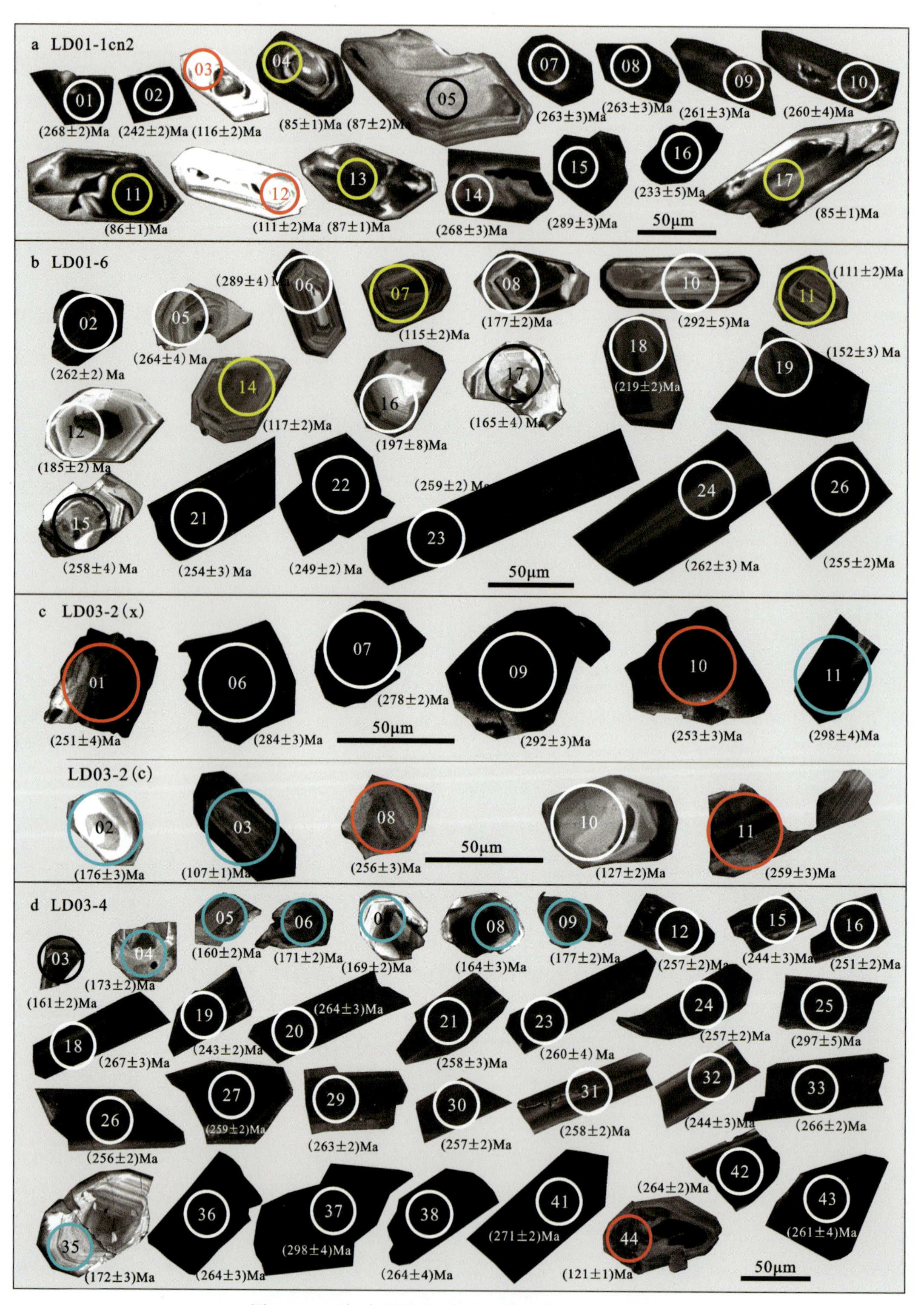

图 6.6 罗甸中酸性岩脉锆石阴极发光(CL)图像

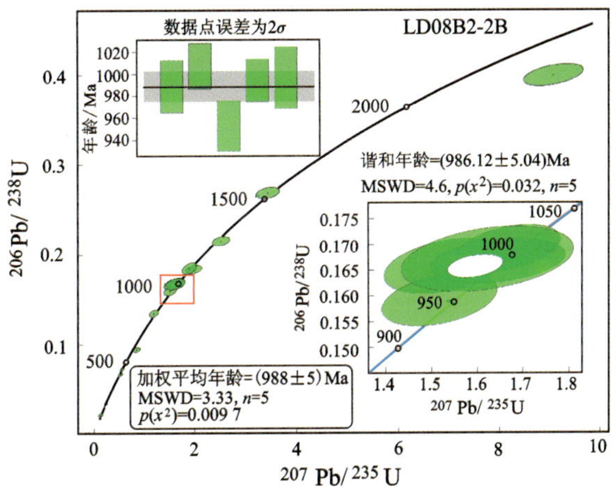

图 6.7　罗暮中性岩囊锆石 U-Pb 年龄图解

LD03-4 样品测定了 44 颗锆石 44 个点(表 6.2),也存在一系列的年龄组。其中最年轻的年龄组为 121Ma,但只有一个数据点。其次为 177～160Ma,由 8 个点构成,其中 5 个点的 $^{206}Pb/^{238}U$谐和年龄为(172±1)Ma,MSWD＝0.91(图 6.8d),在误差范围内与罗悃花岗岩脉年龄 164Ma 一致(Zhu et al,2019)。接着为 251～243Ma,共 5 个数据。最多的数据集中在 267～256Ma 之间,共 17 个数据。其余数据年龄分别为 298～297Ma、397Ma、431Ma、520Ma、764Ma、1098Ma、1029Ma、1943～1739Ma 和 2558Ma。

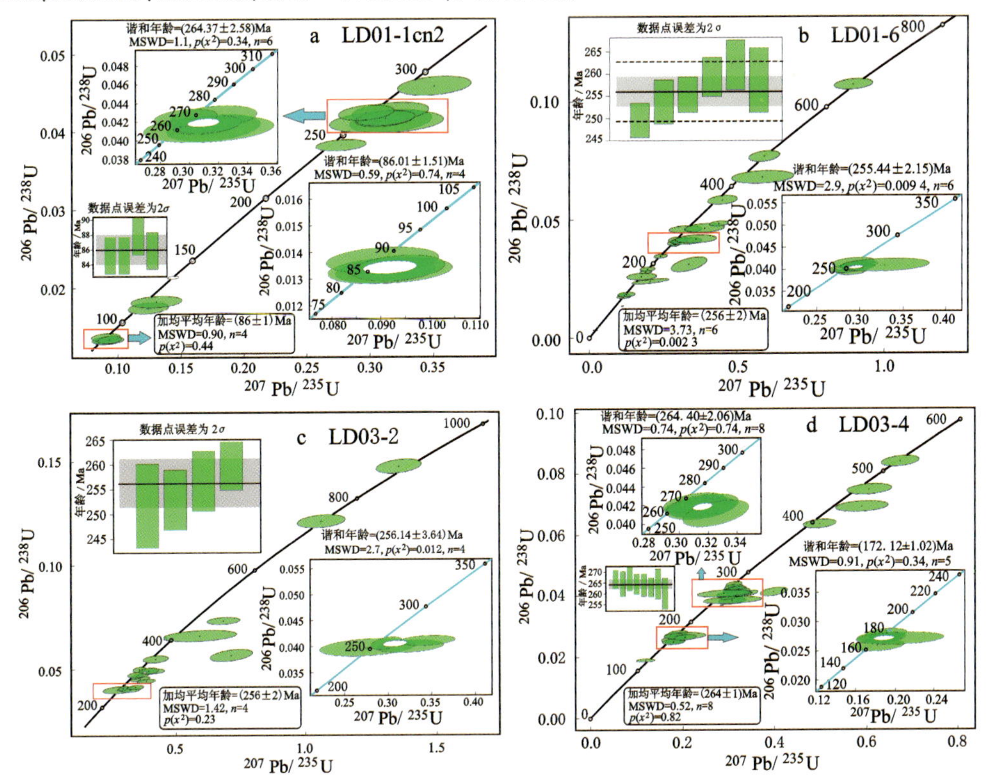

图 6.8　昂歪和罗暮剖面上的岩脉锆石年龄图解

表 6.1　罗甸中酸性岩囊 LA-ICP-MS 锆石 U-Pb 定年数据

样品号	测点号	Pb/ $\times10^{-6}$	Th/ $\times10^{-6}$	U/ $\times10^{-6}$	Th/U	同位素比值						Rho	表面年龄/Ma						谐和度/%
						$^{207}Pb/^{206}Pb$	1σ	$^{207}Pb/^{235}U$	1σ	$^{206}Pb/^{238}U$	1σ		$^{207}Pb/^{206}Pb$	1σ	$^{207}Pb/^{235}U$	1σ	$^{206}Pb/^{238}U$	1σ	
LD08B2-2A*	01	76	2298	1005	2.29	0.052 4	0.002 3	0.330 2	0.014 5	0.045 1	0.000 5	0.267 2	302	100	290	11	284	3	98
	02	10	352	628	0.56	0.049 6	0.003 3	0.093 6	0.005 6	0.013 9	0.000 3	0.314 9	176	154	91	5	89	2	97
	03	67	98	329	0.30	0.076 4	0.002 4	1.915 9	0.056 7	0.180 0	0.002 0	0.384 8	1106	63	1087	20	1067	11	98
	04	251	170	597	0.28	0.119 4	0.002 8	6.131 0	0.145 0	0.366 4	0.003 8	0.436 0	1947	43	1995	21	2012	18	99
	05	348	11	894	0.01	0.126 2	0.003 1	6.214 9	0.179 8	0.349 0	0.005 6	0.550 0	2046	49	2007	25	1930	27	96
	06	83	2455	1261	1.95	0.050 9	0.001 9	0.300 7	0.011 0	0.042 1	0.000 5	0.352 8	235	83	267	9	266	3	99
	07	225	166	416	0.40	0.148 9	0.003 7	9.373 1	0.236 8	0.448 5	0.005 0	0.441 8	2344	38	2375	23	2389	22	99
	08	52	192	527	0.36	0.106 8	0.003 8	1.444 5	0.085 7	0.092 8	0.003 3	0.605 8	1746	65	908	36	572	20	54
	09	21	288	168	1.71	0.057 9	0.003 2	0.660 0	0.037 5	0.081 9	0.001 4	0.292 1	524	122	515	23	507	8	98
	10	248	208	458	0.45	0.170 9	0.004 1	10.420 6	0.249 9	0.436 8	0.004 6	0.442 0	2566	40	2473	22	2336	21	94
	11	50	143	268	0.53	0.067 3	0.002 5	1.464 2	0.053 2	0.156 3	0.001 8	0.308 2	850	78	916	22	936	10	97
	12	25	250	178	1.41	0.053 2	0.002 7	0.720 1	0.035 1	0.098 1	0.001 4	0.294 0	339	117	551	21	603	8	90
	13	75	319	934	0.34	0.052 3	0.002 4	0.447 0	0.022 6	0.060 3	0.001 3	0.433 2	302	136	375	16	378	8	99
	14	67	158	151	1.05	0.112 3	0.003 7	5.115 4	0.161 9	0.328 7	0.003 9	0.378 1	1836	59	1839	27	1832	19	99
LD08B2-2B*	01	57	12	292	0.04	0.078 0	0.002 7	1.980 5	0.066 9	0.183 2	0.001 9	0.308 4	1147	68	1109	23	1084	10	97
	02	58	843	623	1.35	0.056 7	0.002 1	0.523 2	0.019 3	0.066 7	0.000 7	0.272 0	480	86	427	13	416	4	97
	03	78	215	288	0.75	0.084 6	0.002 4	2.520 8	0.070 9	0.214 8	0.002 1	0.355 1	1306	56	1278	20	1254	11	98
	04	176	62	370	0.17	0.163 1	0.003 9	9.076 1	0.240 8	0.399 2	0.005 0	0.473 8	2487	40	2346	24	2166	23	92
	05	9	404	306	1.32	0.049 0	0.004 6	0.133 3	0.010 8	0.020 3	0.000 4	0.221 7	146	207	127	10	130	2	97
	06	59	434	237	1.84	0.071 1	0.002 7	1.644 1	0.060 6	0.166 7	0.001 8	0.288 9	961	77	987	23	994	10	99

续表 6.1

样品号	测点号	Pb/ $\times10^{-6}$	Th/ $\times10^{-6}$	U/ $\times10^{-6}$	Th/U	同位素比值						*Rho*	表面年龄/Ma						谐和度/%
						$^{207}Pb/^{206}Pb$	1σ	$^{207}Pb/^{235}U$	1σ	$^{206}Pb/^{238}U$	1σ		$^{207}Pb/^{206}Pb$	1σ	$^{207}Pb/^{235}U$	1σ	$^{206}Pb/^{238}U$	1σ	
LD08B2-2B*	07	101	287	659	0.44	0.063 9	0.002 2	1.189 3	0.038 1	0.134 1	0.001 6	0.375 6	739	72	796	18	811	9	98
	08	157	783	1860	0.42	0.055 0	0.001 6	0.553 6	0.015 5	0.072 4	0.000 7	0.337 6	413	67	447	10	451	4	99
	09	2	104	73	1.43	0.051 0	0.010 0	0.129 0	0.017 7	0.021 1	0.000 8	0.277 8	243	396	123	16	135	5	91
	10	122	120	673	0.18	0.070 6	0.001 9	1.666 6	0.047 2	0.169 1	0.001 9	0.398 4	946	62	996	18	1007	11	98
	11	126	114	647	0.18	0.073 8	0.002 2	1.895 8	0.060 1	0.184 1	0.002 6	0.445 5	1036	60	1080	21	1089	14	99
	12	80	92	442	0.21	0.068 3	0.002 3	1.517 4	0.051 9	0.159 2	0.002 1	0.379 6	876	70	937	21	953	12	98
	13	56	127	289	0.44	0.066 3	0.002 4	1.528 8	0.054 5	0.165 7	0.002 2	0.366 7	817	81	942	22	988	12	95
	14	106	544	858	0.63	0.065 3	0.002 4	0.848 5	0.027 8	0.093 9	0.001 2	0.384 6	785	75	624	15	578	7	92
	15	56	177	486	0.36	0.071 9	0.002 3	1.067 7	0.045 5	0.105 1	0.002 9	0.641 4	983	67	738	22	644	17	86
	16	82	62	268	0.23	0.091 8	0.002 6	3.441 4	0.094 8	0.268 3	0.002 6	0.357 3	1463	54	1514	22	1532	13	98
	17	238	16	7403	0	0.048 6	0.001 3	0.213 0	0.005 6	0.031 3	0.000 3	0.352 3	128	63	196	5	199	2	98
	18	128	9	3662	0	0.048 2	0.001 5	0.227 7	0.006 8	0.033 7	0.000 4	0.398 1	109	77	208	6	214	3	97
	19	146	17	4203	0	0.052 4	0.001 7	0.245 8	0.008 0	0.033 4	0.000 4	0.330 3	302	72	223	7	212	2	94
	20	18	45	91	0.50	0.070 1	0.003 4	1.622 0	0.077 1	0.167 1	0.002 6	0.329 7	931	100	979	30	996	14	98

注：* 由项目 NSFC41672060 资助分析。

表 6.2 罗甸中酸性岩脉 LA-ICP-MS 锆石 U-Pb 定年数据

样品号	测点号	Pb/$\times10^{-6}$	Th/$\times10^{-6}$	U/$\times10^{-6}$	Th/U	同位素比值						*Rho*	表面年龄/Ma						谐和度/%
						$^{207}Pb/^{206}Pb$	1σ	$^{207}Pb/^{235}U$	1σ	$^{206}Pb/^{238}U$	1σ		$^{207}Pb/^{206}Pb$	1σ	$^{207}Pb/^{235}U$	1σ	$^{206}Pb/^{238}U$	1σ	
LD01-6	01	29	2015	1105	1.82	0.109 0	0.011 4	0.048 0	0.004 3	0.003 4	0.000 1	0.224 3	1783	187	48	4	22	0	26
	02	986	7531	4010	1.88	0.056 1	0.001 2	0.322 9	0.006 7	0.041 5	0.000 3	0.338 1	457	46	284	5	262	2	91
	03	88	237	195	1.22	0.060 7	0.001 9	0.897 8	0.027 1	0.107 0	0.000 9	0.289 6	628	67	651	14	656	5	99
	04	61	192	301	0.64	0.056 3	0.002 0	0.595 6	0.021 5	0.076 6	0.000 9	0.335 0	465	78	474	14	476	6	99
	05	24	152	135	1.13	0.062 9	0.005 0	0.361 1	0.028 3	0.041 7	0.000 7	0.212 1	706	168	313	21	264	4	82
	06	35	210	228	0.92	0.052 1	0.003 8	0.326 0	0.022 8	0.045 8	0.000 6	0.190 8	300	164	287	17	289	4	99
	07	45	659	696	0.95	0.048 0	0.003 4	0.118 3	0.008 2	0.017 9	0.000 2	0.194 6	102	156	114	7	115	2	99
	08	35	279	554	0.50	0.049 9	0.002 1	0.192 4	0.008 3	0.027 9	0.000 3	0.254 2	191	98	179	7	177	2	99
	09	112	122	255	0.48	0.106 8	0.002 1	3.007 8	0.062 4	0.202 9	0.001 6	0.384 2	1746	37	1410	16	1191	9	83
	10	22	96	217	0.44	0.061 6	0.004 3	0.390 2	0.027 2	0.046 4	0.000 8	0.238 5	661	152	335	20	292	5	86
	11	40	616	603	1.02	0.048 0	0.003 7	0.116 8	0.009 7	0.017 3	0.000 3	0.212 5	102	170	112	9	111	2	98
	12	51	455	594	0.77	0.049 8	0.002 8	0.198 8	0.010 7	0.029 1	0.000 4	0.230 0	187	136	184	9	185	2	99
	13	23	77	140	0.55	0.062 9	0.004 5	0.588 7	0.043 4	0.067 8	0.001 1	0.222 0	706	152	470	28	423	7	89
	14	45	707	405	1.74	0.052 1	0.005 3	0.126 6	0.012 1	0.018 2	0.000 4	0.221 7	300	231	121	11	117	2	96
	15	38	258	230	1.12	0.057 8	0.003 6	0.329 1	0.020 9	0.040 9	0.000 6	0.228 9	524	132	289	16	258	4	38
	16	9	76	182	0.42	0.078 3	0.005 1	0.337 5	0.024 5	0.031 0	0.001 3	0.571 1	1155	130	295	19	197	8	60
	17	16	163	177	0.92	0.051 8	0.006 5	0.177 9	0.020 8	0.025 9	0.000 6	0.189 7	276	263	166	18	165	4	99
	18	59	414	581	0.71	0.051 0	0.001 9	0.242 8	0.009 0	0.034 5	0.000 3	0.267 1	239	87	221	7	219	2	99

续表 6.2

样品号	测点号	Pb/ $\times10^{-6}$	Th/ $\times10^{-6}$	U/ $\times10^{-6}$	Th/U	同位素比值						*Rho*	表面年龄/Ma						谐和度/%
						$^{207}Pb/^{206}Pb$	1σ	$^{207}Pb/^{235}U$	1σ	$^{206}Pb/^{238}U$	1σ		$^{207}Pb/^{206}Pb$	1σ	$^{207}Pb/^{235}U$	1σ	$^{206}Pb/^{238}U$	1σ	
LD01-6	19	151	372	1006	0.37	0.192 7	0.006 3	0.729 3	0.018 7	0.028 3	0.000 5	0.698 5	2765	54	556	11	180	3	−3
	20	157	306	1844	0.17	0.065 5	0.001 9	0.439 1	0.013 3	0.048 2	0.000 5	0.309 3	791	61	370	9	304	3	80
	21	210	1521	1092	1.39	0.051 4	0.001 6	0.285 3	0.008 4	0.040 1	0.000 4	0.343 0	261	72	255	7	254	3	99
	22	1209	9076	4308	2.11	0.053 0	0.001 2	0.291 1	0.007 2	0.039 5	0.000 3	0.330 1	328	56	259	6	249	2	96
	23	332	2390	1586	1.51	0.052 7	0.001 4	0.300 6	0.008 1	0.041 0	0.000 4	0.321 0	317	59	267	6	259	2	97
	24	146	972	796	1.22	0.051 0	0.001 8	0.292 7	0.010 1	0.041 5	0.000 5	0.319 4	243	77	261	8	262	3	99
	25	31	150	140	1.07	0.057 4	0.002 8	0.451 2	0.020 9	0.058 2	0.000 8	0.287 1	506	107	378	15	365	5	96
	26	1400	10 498	5119	2.05	0.053 6	0.001 2	0.300 6	0.006 8	0.040 4	0.000 3	0.354 4	354	52	267	5	255	2	95
LD03-2(*c*)	01	96	4532	2636	1.72	0.051 6	0.004 1	0.026 3	0.002 0	0.003 8	0.000 1	0.204 7	333	181	26	2	24	0	91
	02	18	109	175	0.62	0.058 3	0.004 9	0.214 8	0.016 0	0.027 6	0.000 4	0.208 2	543	183	198	13	176	3	88
	03	115	793	1576	0.50	0.074 3	0.002 7	0.170 5	0.005 9	0.016 7	0.000 2	0.314 5	1050	72	160	5	107	1	60
	04	40	1375	671	2.05	0.161 3	0.012 6	0.097 8	0.007 3	0.004 5	0.000 1	0.339 5	2469	132	95	7	29	1	−6
	05	302	393	463	0.85	0.066 5	0.001 7	1.357 1	0.035 3	0.147 5	0.001 4	0.363 1	833	54	871	15	887	8	98
	06	100	155	178	0.87	0.063 3	0.002 2	1.060 8	0.037 8	0.121 1	0.001 3	0.306 6	718	74	734	19	737	8	99
	07	66	225	426	0.53	0.058 6	0.002 3	0.396 4	0.015 3	0.049 2	0.000 6	0.294 2	550	85	339	11	309	3	90
	08	1616	7590	4340	1.75	0.052 9	0.001 3	0.297 9	0.007 4	0.040 6	0.000 5	0.447 6	328	58	265	6	256	3	96
	09	142	347	429	0.81	0.067 7	0.002 6	0.684 1	0.026 1	0.073 1	0.000 7	0.248 5	857	112	529	16	455	4	84
	10	27	244	201	1.22	0.062 3	0.005 4	0.167 1	0.014 4	0.019 8	0.000 3	0.204 1	683	186	157	13	127	2	78
	11	131	536	520	1.03	0.060 4	0.002 3	0.344 7	0.013 3	0.041 1	0.000 4	0.266 8	618	49	301	10	259	3	85

续表 6.2

样品号	测点号	Pb/$\times10^{-6}$	Th/$\times10^{-6}$	U/$\times10^{-6}$	Th/U	同位素比值						*Rho*	表面年龄/Ma						谐和度/%
						$^{207}Pb/^{206}Pb$	1σ	$^{207}Pb/^{235}U$	1σ	$^{206}Pb/^{238}U$	1σ		$^{207}Pb/^{206}Pb$	1σ	$^{207}Pb/^{235}U$	1σ	$^{206}Pb/^{238}U$	1σ	
LD03-2(*x*)	01	4164	5829	69 314	0.08	0.061 5	0.003 1	0.345 7	0.020 7	0.040 4	0.000 7	0.306 2	654	109	302	16	255	5	83
	02	3401	4660	44 699	0.10	0.055 8	0.001 4	0.386 2	0.010 2	0.050 1	0.000 5	0.390 2	443	56	332	7	315	3	94
	03	3600	593	22 790	0.03	0.091 3	0.003 9	0.713 9	0.033 6	0.056 5	0.001 2	0.438 0	1454	81	547	20	354	7	57
	04	599	978	3785	0.26	0.055 9	0.002 5	0.423 0	0.020 1	0.054 8	0.000 7	0.271 8	456	102	358	14	344	4	95
	05	1303	2944	3461	0.85	0.080 5	0.003 9	0.741 4	0.035 5	0.067 1	0.001 0	0.315 7	1210	97	563	21	419	6	70
	06	485	813	3046	0.27	0.085 4	0.001 6	0.552 9	0.011 8	0.046 7	0.000 5	0.525 1	1324	37	447	8	294	3	58
	07	703	1294	7336	0.18	0.070 2	0.002 2	0.434 1	0.014 3	0.044 5	0.000 4	0.279 2	1000	64	366	10	281	3	73
	08	462	734	4007	0.18	0.060 8	0.002 6	0.412 8	0.017 9	0.049 0	0.000 5	0.222 0	632	60	351	13	309	3	87
	09	573	429	9891	0.04	0.058 2	0.001 4	0.376 0	0.009 6	0.046 6	0.000 5	0.395 7	600	54	324	7	294	3	90
	10	105	126	1767	0.07	0.064 1	0.003 0	0.354 2	0.016 0	0.040 3	0.000 5	0.274 4	744	99	308	12	255	3	81
	11	240	193	2641	0.07	0.068 3	0.002 7	0.446 6	0.016 5	0.048 1	0.000 7	0.365 6	880	86	375	12	303	4	78
LD03-4	01	951	4158	1472	2.82	0.050 0	0.001 1	0.301 2	0.006 7	0.043 5	0.000 4	0.369 2	195	56	267	5	274	2	97
	02	128	163	229	0.71	0.164 1	0.003 5	4.604 3	0.106 3	0.202 6	0.003 2	0.684 9	2498	69	1750	19	1189	17	61
	03	84	535	771	0.69	0.054 0	0.002 3	0.186 5	0.007 6	0.025 1	0.000 3	0.290 0	372	96	174	6	160	2	91
	04	18	82	273	0.30	0.053 9	0.003 3	0.190 2	0.010 5	0.026 0	0.000 4	0.257 6	365	132	177	9	165	2	93
	05	43	241	420	0.57	0.054 7	0.002 8	0.191 5	0.009 4	0.025 4	0.000 3	0.271 2	398	121	178	8	162	2	90
	06	83	477	767	0.62	0.050 9	0.001 7	0.193 7	0.006 5	0.027 5	0.000 3	0.338 7	239	78	180	6	175	2	97
	07	70	448	408	1.10	0.055 4	0.002 5	0.202 9	0.008 8	0.026 6	0.000 4	0.315 1	428	100	188	7	169	2	89
	08	61	372	460	0.81	0.053 1	0.002 9	0.188 9	0.009 9	0.025 9	0.000 3	0.249 4	332	119	176	8	165	2	93
	09	66	360	687	0.52	0.052 1	0.001 6	0.200 3	0.006 0	0.027 9	0.000 3	0.298 0	287	75	185	5	178	2	95

续表 6.2

样品号	测点号	Pb/×10⁻⁶	Th/×10⁻⁶	U/×10⁻⁶	Th/U	同位素比值						Rho	表面年龄/Ma						谐和度/%
						$^{207}Pb/^{206}Pb$	1σ	$^{207}Pb/^{235}U$	1σ	$^{206}Pb/^{238}U$	1σ		$^{207}Pb/^{206}Pb$	1σ	$^{207}Pb/^{235}U$	1σ	$^{206}Pb/^{238}U$	1σ	
LD03-4	10	75	89	101	0.89	0.119 9	0.006 3	2.514 4	0.124 2	0.154 5	0.004 0	0.527 6	1954	99	1276	36	926	22	68
	11	70	128	288	0.45	0.058 0	0.001 5	0.673 4	0.016 7	0.084 0	0.000 7	0.343 8	532	56	523	10	520	4	99
	12	600	2461	1540	1.60	0.056 0	0.001 3	0.316 1	0.007 2	0.040 7	0.000 3	0.372 9	454	18	279	6	257	2	91
	13	120	158	146	1.08	0.070 3	0.002 0	1.212 4	0.035 2	0.125 9	0.001 9	0.508 5	939	60	806	16	764	11	94
	14	247	163	169	0.96	0.119 0	0.002 4	4.544 1	0.098 6	0.275 6	0.002 9	0.489 0	1943	36	1739	18	1569	15	89
	15	270	1245	547	2.28	0.057 5	0.002 0	0.307 6	0.011 9	0.038 5	0.000 5	0.326 4	509	78	272	9	244	3	88
	16	444	1871	1360	1.38	0.054 9	0.001 3	0.301 1	0.007 2	0.039 6	0.000 3	0.362 9	409	54	267	6	251	2	93
	17	190	496	574	0.86	0.056 8	0.001 7	0.499 1	0.014 9	0.063 6	0.000 6	0.315 6	483	67	411	10	397	4	96
	18	476	1900	1578	1.20	0.053 4	0.001 6	0.311 1	0.008 9	0.042 2	0.000 5	0.380 7	346	70	275	7	267	3	96
	19	1740	7873	4360	1.81	0.060 8	0.001 2	0.323 7	0.006 8	0.038 5	0.000 3	0.350 3	632	44	285	5	243	2	84
	20	868	3714	2012	1.85	0.055 7	0.001 2	0.321 6	0.007 3	0.041 8	0.000 4	0.450 4	439	48	283	6	264	3	92
	21	447	1518	905	1.68	0.093 6	0.002 4	0.557 9	0.013 6	0.043 1	0.000 4	0.406 2	1502	48	450	9	272	3	50
	22	108	308	333	0.92	0.058 5	0.001 9	0.606 8	0.019 7	0.074 8	0.000 7	0.292 1	550	72	482	12	465	4	96
	23	1159	4803	4049	1.19	0.056 7	0.001 2	0.325 3	0.009 4	0.041 1	0.000 6	0.493 7	480	46	286	7	260	4	90
	24	1925	8058	4183	1.93	0.057 2	0.001 3	0.322 6	0.007 1	0.040 7	0.000 3	0.372 9	498	47	284	5	257	2	90
	25	469	1543	1022	1.51	0.114 0	0.003 9	0.765 5	0.033 2	0.047 2	0.000 7	0.365 2	1865	63	577	19	297	5	35
	26	194	825	1058	0.78	0.050 9	0.001 3	0.278 8	0.007 1	0.039 5	0.000 3	0.312 6	235	59	250	6	250	2	99
	27	1215	4967	4125	1.20	0.061 5	0.001 1	0.349 8	0.006 4	0.041 0	0.000 4	0.466 5	655	39	305	5	259	2	83
	28	250	124	132	0.94	0.191 8	0.003 3	11.422 0	0.200 3	0.429 6	0.004 6	0.610 7	2758	29	2558	16	2304	21	89
	29	223	929	1380	0.67	0.051 0	0.001 4	0.275 7	0.007 6	0.039 0	0.000 4	0.401 4	239	65	247	6	247	3	99

续表 6.2

样品号	测点号	Pb/ $\times10^{-6}$	Th/ $\times10^{-6}$	U/ $\times10^{-6}$	Th/U	同位素比值						*Rho*	表面年龄/Ma						谐和度/%
						$^{207}Pb/^{206}Pb$	1σ	$^{207}Pb/^{235}U$	1σ	$^{206}Pb/^{238}U$	1σ		$^{207}Pb/^{206}Pb$	1σ	$^{207}Pb/^{235}U$	1σ	$^{206}Pb/^{238}U$	1σ	
LD03-4	30	282	1261	792	1.59	0.051 6	0.002 0	0.276 7	0.010 9	0.038 6	0.000 4	0.232 7	265	87	248	9	244	2	98
	31	279	1317	388	3.39	0.057 9	0.002 0	0.325 7	0.011 1	0.040 8	0.000 4	0.277 4	524	71	286	9	258	2	89
	32	273	1198	523	2.29	0.065 7	0.001 9	0.354 6	0.009 9	0.039 0	0.000 4	0.367 8	796	55	308	7	247	2	77
	33	631	2612	1493	1.75	0.054 2	0.001 1	0.316 3	0.006 3	0.042 2	0.000 4	0.425 9	389	51	279	5	266	2	95
	34	286	261	556	0.47	0.081 6	0.001 4	1.948 9	0.032 5	0.172 4	0.001 5	0.505 8	1236	37	1098	11	1025	8	93
	35	14	75	123	0.61	0.057 1	0.005 4	0.215 7	0.020 3	0.027 8	0.000 6	0.216 7	494	183	198	17	177	4	88
	36	527	2191	1684	1.30	0.053 9	0.001 4	0.312 0	0.007 4	0.041 8	0.000 5	0.476 7	369	62	276	6	264	3	95
	37	324	874	745	1.17	0.103 9	0.002 9	0.679 2	0.019 2	0.047 3	0.000 6	0.444 6	1695	52	526	12	298	4	44
	38	473	2006	784	2.56	0.054 8	0.002 0	0.316 0	0.010 3	0.041 8	0.000 6	0.415 9	467	81	279	8	264	4	94
	39	487	203	547	0.37	0.117 7	0.001 9	5.775 7	0.112 5	0.354 1	0.004 6	0.661 4	1921	29	1943	17	1954	22	99
	40	97	227	189	1.20	0.061 7	0.002 4	0.590 7	0.023 2	0.069 2	0.000 7	0.265 2	665	79	471	15	431	4	91
	41	614	2551	1013	2.52	0.052 2	0.001 4	0.305 9	0.007 7	0.042 5	0.000 4	0.344 9	300	61	271	6	268	2	99
	42	716	3132	1196	2.62	0.053 3	0.001 3	0.308 6	0.007 7	0.041 8	0.000 4	0.375 2	343	56	273	6	264	2	96
	43	3148	16 311	2500	6.53	0.069 9	0.002 1	0.399 3	0.012 2	0.041 3	0.000 6	0.459 6	924	60	341	9	261	4	73
	44	58	343	473	0.72	0.078 8	0.003 7	0.217 0	0.011 0	0.019 8	0.000 2	0.234 7	1169	93	199	9	127	1	55
LD01-1cn2*	01	120	3861	1880	2.05	0.050 3	0.001 6	0.297 3	0.009 0	0.042 4	0.000 4	0.314 1	209	40	264	7	268	2	98
	02	260	10 070	4507	2.23	0.052 1	0.001 6	0.277 3	0.008 2	0.038 2	0.000 3	0.289 0	287	75	249	7	242	2	97
	03	18	1195	733	1.63	0.052 3	0.003 5	0.130 5	0.008 3	0.018 2	0.000 3	0.240 6	298	128	125	7	116	2	93
	04	25	1870	1467	1.27	0.050 6	0.002 8	0.092 6	0.004 9	0.013 3	0.000 2	0.267 2	220	130	90	5	85	1	94
	05	8	315	447	0.70	0.103 5	0.007 9	0.187 3	0.012 4	0.013 6	0.000 3	0.310 1	1687	142	174	11	87	2	33

续表 6.2

样品号	测点号	Pb/ $\times10^{-6}$	Th/ $\times10^{-6}$	U/ $\times10^{-6}$	Th/U	同位素比值						*Rho*	表面年龄/Ma						谐和度/%
						$^{207}Pb/^{206}Pb$	1σ	$^{207}Pb/^{235}U$	1σ	$^{206}Pb/^{238}U$	1σ		$^{207}Pb/^{206}Pb$	1σ	$^{207}Pb/^{235}U$	1σ	$^{206}Pb/^{238}U$	1σ	
LD01-1cn2*	06	31	382	316	1.21	0.132 6	0.007 0	1.268 7	0.071 8	0.068 7	0.001 3	0.322 5	2133	98	832	32	428	8	35
	07	165	6363	2351	2.71	0.053 6	0.001 7	0.311 8	0.009 5	0.041 6	0.000 4	0.332 1	367	75	276	7	263	3	95
	08	267	9159	3993	2.29	0.053 8	0.001 9	0.312 8	0.009 4	0.041 7	0.000 4	0.322 4	361	80	276	7	263	3	95
	09	91	3409	1342	2.54	0.054 8	0.002 3	0.316 6	0.013 2	0.041 3	0.000 6	0.326 0	406	93	279	10	261	3	93
	10	30	1049	439	2.39	0.054 9	0.003 5	0.313 2	0.018 4	0.041 2	0.000 6	0.251 7	406	143	277	14	260	4	93
	11	56	6209	2558	2.43	0.049 6	0.002 3	0.093 5	0.003 9	0.013 4	0.000 2	0.293 0	176	109	91	4	86	1	94
	12	20	1059	885	1.20	0.052 2	0.003 0	0.124 1	0.006 6	0.017 4	0.000 3	0.271 6	295	127	119	6	111	2	93
	13	49	4679	2430	1.93	0.048 0	0.002 6	0.090 3	0.004 7	0.013 7	0.000 2	0.249 1	98	122	88	4	87	1	99
	14	58	1333	998	1.34	0.053 5	0.002 1	0.316 4	0.012 3	0.042 5	0.000 5	0.321 6	354	89	279	10	268	3	95
	15	189	5494	2656	2.07	0.055 0	0.001 9	0.350 9	0.011 8	0.045 8	0.000 5	0.308 6	413	78	305	9	289	3	94
	16	14	148	327	0.45	0.088 1	0.005 7	0.455 4	0.030 9	0.036 8	0.000 8	0.308 7	1385	123	381	22	233	5	51
	17	30	2996	1478	2.03	0.048 6	0.002 4	0.090 1	0.004 5	0.013 3	0.000 2	0.262 0	128	119	88	4	85	1	97

注：* 由项目 NSFC41672060 资助分析。

第四节 岩石地球化学

一、主量元素

4件岩囊样品的主量元素组成见表6.3，其SiO_2含量介于54.2%～59.6%之间，处于中性岩的含量范围内[注：书中岩浆岩的氧化物描述含量为总量减去烧矢量(LOI)后换算成1的相对含量，对应表中为实测值]。在TAS图上，样品点分别落入闪长岩、二长闪长岩和二长岩区域(图6.9)。总体看，岩石具中等含量的铝(Al_2O_3=13.4%～16.0%)，中等含量的全碱(Na_2O+K_2O=6.0%～7.1%)，含量变化大的钾(K_2O=1.8%～6.4%)和K_2O/Na_2O值(0.41～8.49)，MgO=2.3%～3.8%、CaO=2.7%～5.3%，这表明岩石形成后有新的富K岩浆注入。在TAS图上，4件中性岩样品均属于亚碱性系列岩石(图6.9)，但其里特曼指数σ=2.13～3.39，显示高钾钙碱性-钾玄岩系列(图6.10a)和钙碱性-碱性系列中性岩，与TAS图解不一致，也表明个别样品存在新的富K岩浆的注入。在TAS图解判别为亚碱性系列基础上，再对亚碱性系列的岩石进一步采用AFM图鉴别钙碱性系列与拉斑系列(邓晋福等，2015)。在AFM图上，样品的投点未能显示明显的系列属性(图6.10b)。在A/CNK-A/NK图上，样品LD08B6因其存在较多的新的富K岩浆的注入而具有较高的铝饱和指数(A/CNK=1.23)，投点于过铝质岩区，其余3件样品的A/CNK=0.72～0.89，属于准铝质岩石(图6.10c)；在TFeO/MgO-10 000Ga/Al图上，4件样品均投在A型花岗岩区(图6.10d、e)，所有中性岩样品点均投在板内花岗岩区(图6.10f)。

表6.3 中性岩主量和微量元素组成

类型	LD08B2-2	LD08B3	LD08B6	KPM07-2B1
	角闪石英二长闪长岩	含辉石石英二长岩	石英闪长二长岩	辉石石英二长闪长岩
SiO_2	54.71	57.26	54.85	52.40
TiO_2	1.71	1.66	0.60	2.61
Al_2O_3	13.84	12.84	14.86	13.10
Fe_2O_3	3.56	2.46	1.64	2.90
FeO	5.45	8.08	9.73	9.61
MnO	0.15	0.16	0.10	0.24
MgO	3.44	3.47	2.17	3.71
CaO	4.53	3.67	2.49	5.10
Na_2O	4.05	2.81	0.70	4.23
K_2O	2.64	2.90	5.94	1.72
P_2O_5	0.79	0.74	0.25	1.06
LOI	3.83	2.43	4.52	1.77
合计	98.70	98.48	97.85	98.45
TFe_2O_3	9.62	11.44	12.45	13.58

续表 6.3

样品号	LD08B2-2	LD08B3	LD08B6	KPM07-2B1
	角闪石英二长闪长岩	含辉石石英二长岩	石英闪长二长岩	辉石石英二长闪长岩
A/CNK	0.78	0.89	1.23	0.72
A/NK	1.45	1.65	1.96	1.49
K_2O/Na_2O	0.65	1.03	8.49	0.41
$Mg^{\#}$	41.46	37.53	25.67	35.11
DI	60.49	57.33	57.92	51.67
SI	17.98	17.60	10.76	16.73
σ	3.39	2.13	3.21	3.38
Sc	13.7	13.0	6.0	17.0
V	97.7	46.0	42.0	96.0
Cr	1.32	8.00	11.00	4.00
Co	36.4	18.0	9.0	22.0
Ni	—	<1	1	<1
Ga	23.3	24.1	31.2	22.2
Rb	39.2	57.2	137.5	29.7
Sr	284	482	164	266
Y	45.3	60.5	49.3	49.9
Zr	349	491	447	300
Nb	39.8	47.0	37.9	43.6
Cs	1.87	3.91	24.20	2.91
Ba	868	1605	2420	688
La	54.5	75.9	64.2	58.5
Ce	129	165	138	130
Pr	15.30	18.70	14.75	16.50
Nd	64.4	74.4	57.3	67.4
Sm	12.2	14.7	11.2	14.1
Eu	3.76	4.51	3.86	4.37
Gd	11.30	14.15	9.90	12.80
Tb	1.65	2.02	1.49	1.87
Dy	8.78	11.20	8.48	10.20
Ho	1.70	2.37	1.79	2.02
Er	4.76	6.38	4.84	5.25
Tm	0.68	0.89	0.72	0.76

续表 6.3

样品号	LD08B2-2	LD08B3	LD08B6	KPM07-2B1
	角闪石英二长闪长岩	含辉石石英二长岩	石英闪长二长岩	辉石石英二长闪长岩
Yb	4.21	5.53	4.51	4.74
Lu	0.62	0.85	0.66	0.70
ΣREE	312.86	396.60	321.70	329.21
La_N/Yb_N	9.29	9.85	10.21	8.85
δEu	0.98	0.96	1.12	0.99
Hf	8.22	12.40	10.70	7.50
Ta	2.96	3.10	2.40	2.70
Th	7.27	10.55	9.11	5.99
U	1.75	2.39	2.08	1.42
Rb/Sr	0.14	0.12	0.84	0.11
Sr/Ba	0.33	0.30	0.07	0.39
Ga/Al	3.02	3.41	3.70	3.10
TA	7.05	5.94	7.11	6.15

注:氧化物(主量元素)单位为%,微量元素单位为$\times10^{-6}$。

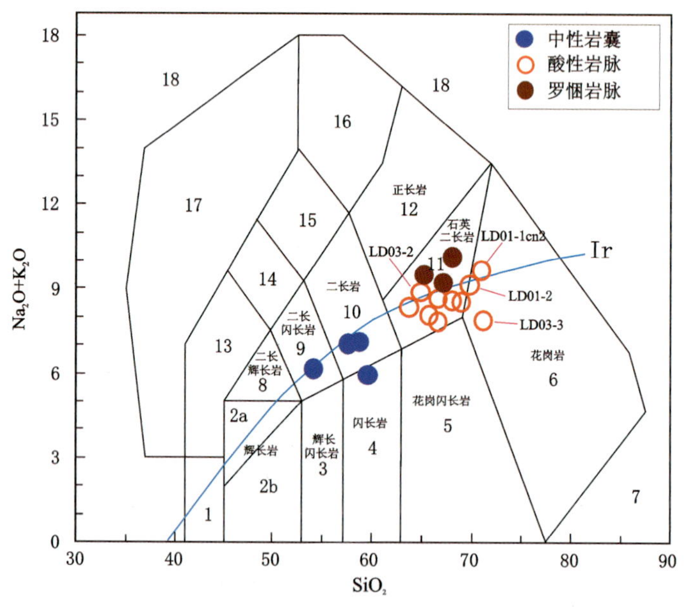

图 6.9 罗甸中酸性岩 TAS 图解

[底图引自 Middlemost,1994;罗悃岩脉数据引自郝家栩等,2014,以及 Zhu 等,2019]

1. 橄榄辉长岩;2a. 碱性辉长岩;2b. 亚碱性辉长岩;3. 辉长闪长岩;4. 闪长岩;5. 花岗闪长岩;6. 花岗岩;7. 硅英岩;8. 二长辉长岩;9. 二长闪长岩;10. 二长岩;11. 石英二长岩;12. 正长岩;13. 副长石辉长岩;14. 副长石二长闪长岩;15. 副长石二长正长岩;16. 副长石正长岩;17. 副长石深成岩;18. 霓方钠岩/磷霞岩/粗白榴岩;Ir. Irvine 分界线,上方为碱性,下方为亚碱性

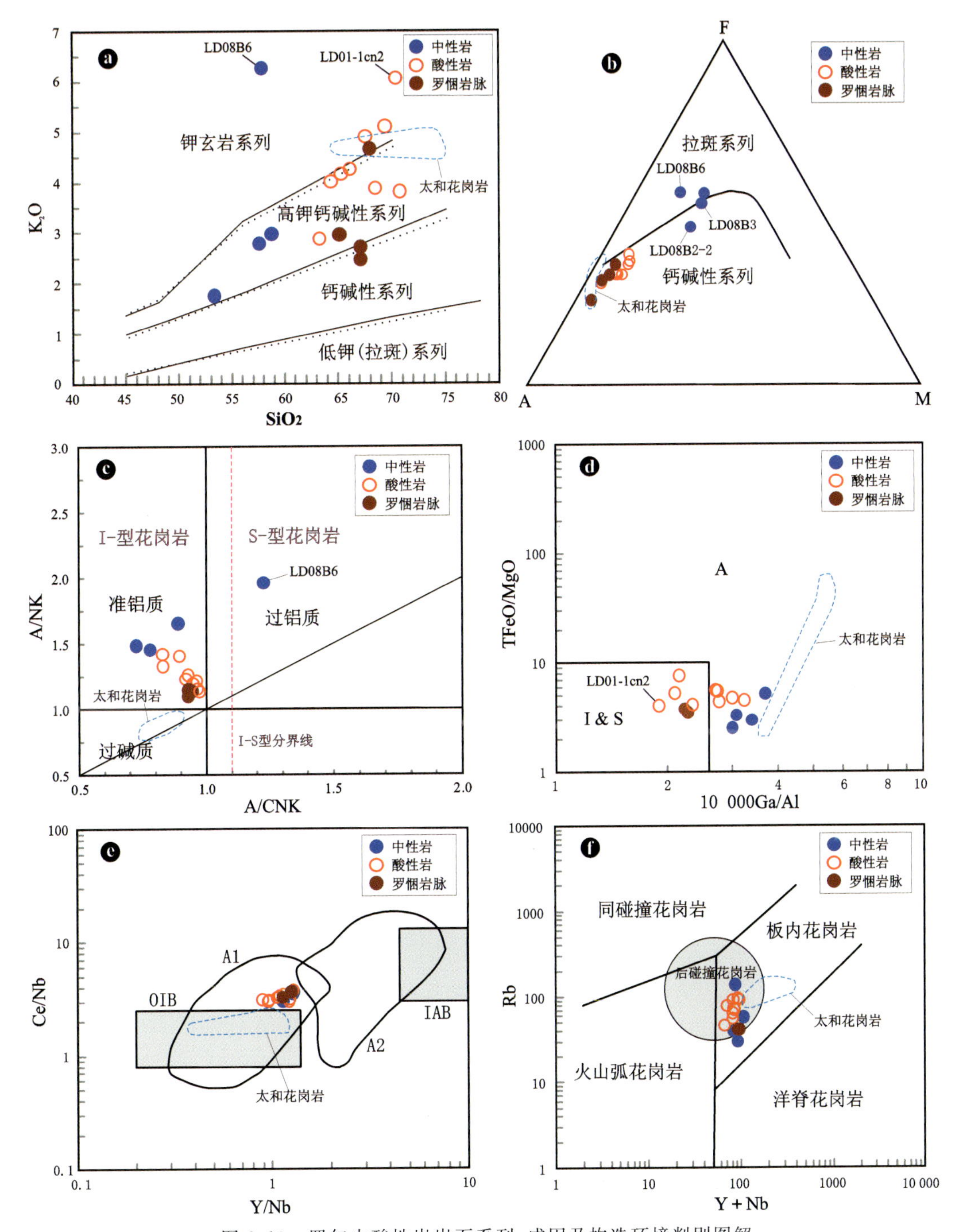

图 6.10　罗甸中酸性岩岩石系列、成因及构造环境判别图解

［罗櫃岩脉数据引自郝家栩等，2014，以及 Zhu 等，2019；峨眉山大火成岩省内带的太和 A 型花岗岩投影边界引自钟宏等，2009(10 个样品数据)］

a. K_2O-SiO_2 图(Peccerillo and Taylor，1976)；b. AFM 图(Irvine and Baragar，1971)；c. A/NK-A/CNK 图(Maniar and Piccoli，1989)；d. TFeO/MgO-10 000Ga/Al 图(Whalen et al，1987)；e. Ce/Nb-Y/Nb 图(Eby，1992)；f. Rb-Y+Nb 图(Pearce et al，1984；Pearce，1996)；A1. 板内裂谷、非造山环境中的花岗岩类；A2. 碰撞、后造山及非造山花岗岩类；OIB. 洋岛玄武岩；IAB. 岛弧玄武岩

9 件中酸性岩脉样品的主量元素组成见表 6.4，其中大多数在 TAS 图上投点在石英二长岩区内，少量投点在花岗岩区。除罗悃的 4 件酸性岩脉样品（表 6.5）和罗暮的 LD03-2 岩脉样品位于 Ir 分界线上方的碱性系列区域外，大多数酸性岩样品处于 Ir 分界线下方的亚碱性系列区域；中酸性岩石含中等的铝（Al_2O_3＝13.2%～16.1%）、高的全碱量（Na_2O+K_2O＝7.9%～10.2%）和高钾（K_2O＝2.5%～5.1%），K_2O/Na_2O 值变化大（0.37～1.35，其中罗暮和罗悃的 $K_2O/Na_2O<1$，昂歪的 $K_2O/Na_2O>1$）、CaO＝1.3%～4.3%、MgO＝0.5%～1.2%。里特曼指数 σ＝2.21～4.10，为钙碱性系列酸性岩—碱性系列酸性岩，其中 $\sigma<3.3$ 的钙碱性岩样品有 7 件，σ＝3.3～9 的碱性岩样品有 6 件，大致各占一半，这与 TAS 图解结果基本相符（图 6.9）。

将 TAS 图解中判别为亚碱性系列的样品在 AFM 图中投点，结果全部投在钙碱性系列区域（图 6.10b）。岩石的铝饱和指数 A/CNK＝0.83～0.97，属准铝质岩石（图 6.10c）。准铝质花岗岩既可以是 I 型花岗岩也可以是少量含黑云母的铝质 A 型花岗岩，且一般为钙碱性或高钾钙碱性岩。在 TFeO/MgO－10 000Ga/Al 图上，便有 5 件酸性岩样品投在 A 型花岗岩区，另 4 件酸性岩样品连同罗悃花岗岩脉的 2 件样品皆投在I & S型花岗岩区（图 6.10d），对于 I & S 型花岗岩在 A/NK-A/CNK 图上进一步区分，6 件样品全部属于I 型花岗岩（图6.10c），这 6 件 I 型花岗岩样品均来自昂歪 KPM22 剖面中部的 LD01 观察点岩脉群中。A 型花岗岩通常可进一步划分为 A1 型和 A2 型花岗岩，在 Y/Nb-Ce/Nb 分类图上，上述 5 件 A 型花岗岩样品落入 A1 型花岗岩区（图 6.10e）。在构造环境图解上，所有酸性岩脉样品均投在板内花岩区（图 6.10f）。

二、微量元素

罗甸中性岩囊的稀土元素总量较高（表 6.3），为 $\Sigma REE=313\times10^{-6}\sim397\times10^{-6}$，$\delta Eu$＝0.96～1.12，无或具有弱的 Eu 正异常，$(La/Yb)_N$＝8.85～10.2，轻重稀土强烈分馏，球粒陨石标准化模式表现为明显的富集轻稀土右倾型（图 6.11）。中酸性脉岩的 $\Sigma REE=233\times10^{-6}\sim350\times10^{-6}$，$\delta Eu$＝0.56～1.39，其中有 7 件高于 0.98（表 6.4、表 6.5），多数具弱的 Eu 正异常。稀土元素球粒陨石标准化模式表现为明显的富集轻稀土右倾型，$(La/Yb)_N$＝8.48～11.4。与中性岩囊相比，中酸性脉岩的稀土元素球粒陨石标准化配分模式，其重稀土配分曲线略平缓，平缓程度与太和 A 型花岗的重稀土配分曲线较为相似。

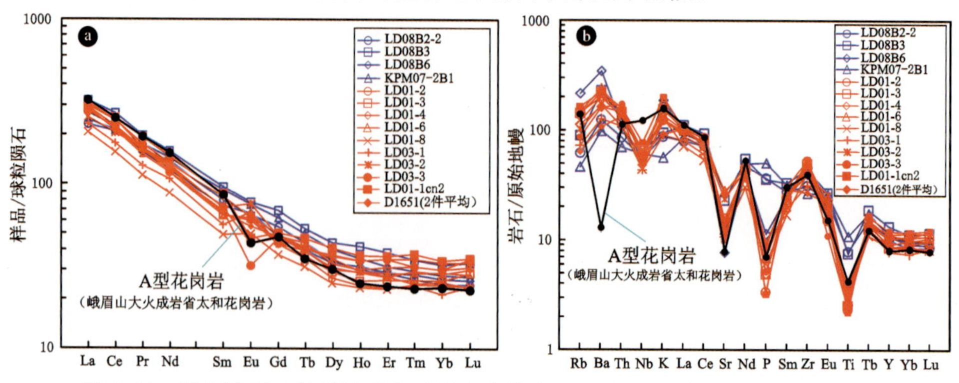

图 6.11　罗甸岩囊和脉岩的稀土元素配分模式(a)和微量元素标准化蛛网图(b)

[A 型花岗岩引自钟宏等，2009(THG-0510 样品数据)]

表 6.4　酸性岩主量和微量元素组成

类型	LD01-2	LD01-3	LD01-4	LD01-6	LD01-8	LD03-1	LD03-2	LD03-3	LD01-1cn2*
	二长花岗岩	二长花岗岩	二长花岗岩	二长花岗岩	二长花岗岩	石英二长岩	石英二长岩	二长花岗岩	角闪二长花岗岩
SiO_2	68.60	67.20	67.90	64.90	64.20	62.30	63.60	70.50	70.08
TiO_2	0.49	0.56	0.57	0.61	0.68	0.76	0.72	0.60	0.47
Al_2O_3	13.85	14.15	14.00	14.40	15.15	15.75	14.90	13.05	14.02
Fe_2O_3	3.31	2.60	3.17	3.93	3.47	2.82	3.78	2.81	1.74
FeO	1.05	2.25	1.68	1.42	1.14	2.56	2.63	1.65	1.03
MnO	0.04	0.06	0.05	0.06	0.05	0.08	0.09	0.04	0.04
MgO	0.53	1.12	0.86	1.10	0.78	1.16	1.08	0.88	0.64
CaO	1.31	2.22	1.71	3.22	4.18	3.93	2.26	1.57	1.13
Na_2O	3.95	3.61	4.57	3.47	3.80	5.34	4.75	4.02	3.57
K_2O	5.04	4.88	3.85	4.18	4.09	2.83	3.96	3.80	5.98
P_2O_5	0.08	0.11	0.11	0.15	0.14	0.19	0.20	0.12	0.07
LOI	0.96	0.78	1.06	1.65	1.70	0.19	1.06	0.12	1.07
合计	99.21	99.54	99.53	99.09	99.38	97.91	99.03	99.16	99.84
TFe_2O_3	4.48	5.10	5.04	5.51	4.74	5.67	6.70	4.64	2.88
A/CNK	0.97	0.93	0.95	0.90	0.83	0.83	0.92	0.96	0.97
A/NK	1.16	1.26	1.20	1.41	1.42	1.33	1.23	1.22	1.14
K_2O/Na_2O	1.28	1.35	0.84	1.20	1.08	0.53	0.83	0.95	1.68
$Mg^{\#}$	18.99	30.31	25.26	28.34	24.58	28.84	24.20	27.31	30.57
DI	87.2	81.34	84.09	76.32	75.65	74.98	79.37	84.86	89.72
SI	3.85	7.77	6.13	7.90	5.94	7.91	6.70	6.73	4.94
σ	3.12	2.95	2.82	2.61	2.87	3.37	3.61	2.21	3.34
Sc	5.00	6.00	6.00	5.00	6.00	6.00	7.00	5.00	5.58
V	18	45	20	73	80	35	18	24	14.5
Cr	6	5	6	5	3	10	2	4	2.59
Co	5	6	5	7	7	8	8	6	36.7
Ni	1	<1	<1	1	<1	3	<1	<1	—
Ga	16.1	17.8	15.8	25.4	22.6	23.7	21.9	21.0	14.3
Rb	92.1	91.2	72.5	95.1	77.7	46.4	64.2	55.5	104.6
Sr	272	330	289	594	247	309	502	240	213
Y	49.6	39.5	41.8	51.3	39.1	35.8	40.1	46.6	54.7
Zr	588	559	517	584	463	354	442	610	608

续表 6.4

类型	LD01-2	LD01-3	LD01-4	LD01-6	LD01-8	LD03-1	LD03-2	LD03-3	LD01-1cn2*
	二长花岗岩	二长花岗岩	二长花岗岩	二长花岗岩	二长花岗岩	石英二长岩	石英二长岩	二长花岗岩	角闪二长花岗岩
Nb	46.7	43.9	43.0	41.4	31.7	31.3	41.7	36.0	55.5
Cs	1.41	1.05	1.07	1.89	1.34	2.88	8.91	2.24	1.40
Ba	1435	1545	1150	1695	1415	897	1200	1145	1567
La	73.7	70.2	67.1	68.8	49.3	55.3	60.4	66.1	71.2
Ce	152.0	137.5	133.5	130.5	95.8	108.5	126.0	135.5	155.0
Pr	15.90	15.70	15.05	14.40	10.75	12.40	15.65	15.60	18.30
Nd	61.5	58.7	58.5	55.6	41.3	50.2	59.3	55.3	68.8
Sm	11.00	9.98	10.20	9.91	7.58	8.70	11.10	10.60	13.50
Eu	2.54	3.62	3.21	3.51	2.91	3.94	4.38	1.85	2.73
Gd	9.93	9.28	9.86	8.89	7.70	8.94	9.83	9.72	10.40
Tb	1.65	1.38	1.47	1.49	1.19	1.34	1.54	1.50	1.76
Dy	8.36	7.46	7.95	7.71	6.42	6.92	9.03	9.56	10.40
Ho	1.73	1.48	1.66	1.67	1.34	1.38	1.69	1.96	2.10
Er	5.19	4.34	4.55	4.79	3.84	3.93	4.61	5.82	6.06
Tm	0.81	0.67	0.76	0.74	0.63	0.62	0.64	0.81	0.96
Yb	5.18	4.43	4.88	4.95	4.17	3.69	4.32	5.17	5.88
Lu	0.80	0.73	0.77	0.72	0.61	0.61	0.60	0.89	0.90
ΣREE	350.29	325.47	319.46	313.68	233.54	266.47	309.09	320.38	367.99
La_N/Yb_N	10.21	11.37	9.86	9.97	8.48	10.75	10.03	9.17	8.69
δEu	0.74	1.15	0.98	1.14	1.16	1.37	1.28	0.56	0.71
Hf	13.6	13.8	13.6	12.3	10.8	9.4	10.5	16.2	15.1
Ta	3.60	3.60	3.90	3.00	2.50	2.70	2.60	3.10	3.84
Th	12.95	12.55	12.60	12.15	11.25	9.25	9.14	14.55	13.60
U	2.76	2.64	2.76	2.61	2.37	2.10	2.05	3.17	3.04
Rb/Sr	0.34	0.28	0.25	0.16	0.31	0.15	0.13	0.23	0.49
Sr/Ba	0.19	0.21	0.25	0.35	0.17	0.34	0.42	0.21	0.14
Ga/Al	2.16	2.35	2.10	3.25	2.75	2.78	2.72	3.01	1.90
TA	9.15	8.60	8.55	7.85	8.08	8.36	8.89	7.90	9.67

注：氧化物(主量元素)单位为%，微量元素单位为$\times10^{-6}$；

* 由项目 NSFC41672060 资助分析。

表 6.5　罗悃花岗岩脉主量和微量元素组成

类型	D1651B6*	D1651B7*	LK1**	LK2**
SiO_2	65.48	63.54	66.80	65.60
TiO_2	0.75	0.81	0.63	0.78
Al_2O_3	15.11	15.53	15.15	15.45
Fe_2O_3	2.08	2.49	1.66	1.90
FeO	2.37	2.78	1.69	2.16
MnO	0.12	0.15	0.09	0.10
MgO	0.68	0.74	0.52	0.50
CaO	1.49	1.64	1.38	1.73
Na_2O	6.35	6.40	5.38	6.60
K_2O	2.64	2.88	4.57	2.41
P_2O_5	0.18	0.19	0.10	0.20
LOI	1.97	2.22	0.99	1.27
合计	99.22	99.37	98.96	98.70
TFe_2O_3	4.71	5.58	3.54	4.30
A/CNK	0.94	0.93	0.93	0.93
A/NK	1.14	1.14	1.10	1.15
K_2O/Na_2O	0.42	0.45	0.85	0.37
$Mg^{\#}$	33.87	32.18	35.42	29.23
DI	85.98	84.26	89.06	86.22
SI	4.82	4.84	3.76	3.69
σ	3.51	4.07	4.10	3.51
Sc	8.1	7.5	—	—
V	40	37	—	—
Cr	1.0	1.0	—	—
Co	8.1	7.7	—	—
Ga	18.75	18.85	—	—
Rb	41.2	41.2	—	—
Sr	571	578	—	—
Y	50.1	53.7	—	—
Zr	303	305	—	—
Nb	44.0	42.6	—	—
Cs	0.70	0.75	—	—
Ba	780	730	—	—

续表 6.5

类型	D1651B6*	D1651B7*	LK1**	LK2**
La	69.2	73.5	—	—
Ce	144.0	155.5	—	—
Pr	16.2	17.1	—	—
Nd	60.6	64.8	—	—
Sm	12.4	13.3	—	—
Eu	3.5	3.8	—	—
Gd	9.8	10.6	—	—
Tb	1.5	1.6	—	—
Dy	9.0	9.7	—	—
Ho	1.9	2.0	—	—
Er	5.7	5.9	—	—
Tm	0.9	0.9	—	—
Yb	5.6	5.7	—	—
Lu	0.8	0.9	—	—
ΣREE	341.10	365.30	—	—
La_N/Yb_N	8.86	9.25	—	—
δEu	0.97	0.98	—	—
Hf	8.0	8.0	—	—
Ta	2.97	3.03	—	—
Th	11	12	—	—
U	2.5	2.7	—	—
Rb/Sr	0.07	0.07	—	—
Sr/Ba	0.73	0.79	—	—
Ga/Al	2.28	2.23	—	—
TA	9.24	9.55	10.16	9.25

注:氧化物(主量元素)单位为%,微量元素单位为$\times 10^{-6}$;*引自郝家栩等,2014;**引自 Zhu 等,2019;—为未分析项。

中性岩囊的 4 件样品中,除样品 LD08B6 以外,其他 3 件样品的不相容元素的原始地幔标准化蛛网图显示强烈的 Ba 正异常,Sr、Nb、Ti 呈强烈的负异常,P 和 Zr 无异常或正、负异常不明显,样品 LD08B6 的 P 则呈强烈的负异常,其他元素的配分情况相同(图 6.11b)。中酸性脉岩的 Ba、K、Nd 和 Zr 正异常,而 Nb、Sr、P、Ti 皆呈强烈的负异常。

中性岩囊岩石除 LD08B6 外其他不相容元素配分图式与辉绿岩床岩石的配分图式相同,呈现高含量的 P 和 Ti,表明它们与基性岩床同源同成因,但或多或少发生了新的富 K 质岩浆的注入混杂,因而发生了不同程度的弱负异常。样品 LD08B6 的配分图式与中酸性岩的相似，其原因就是含注入新的富 K 岩浆。露头和镜下观察都表明样品 LD08B6 比其他 3 件样品含有更多的石英和文象交生体，但磷灰石含量明显减少，这与一些特征元素如 K、P 的含量和配分情况相一致。

中酸性岩石比中性岩囊岩石 P、Ti 和 Sr 的负异常特征更加明显，与中酸性岩石少含或不含磷灰石、钛铁矿和斜长石相一致。而中酸性岩石 K 和 Zr 的显著正异常，前者与大量文象交生体和钾长石的形成有关，而后者除自身的少许锆石外，有大量混入的不同时代的捕虏晶锆石相一致。

罗甸中性岩囊岩岩石的微量元素原始地幔标准化蛛网图与太和 A 型花岗差异较大，中酸性脉岩的微量元素原始地幔标准化蛛网图与太和 A 型花岗大致相似，但以强烈的 Ba 正异常和 Nb 负异常区别于后者出现的强烈的 Ba 负异常和弱 Nb 负异常(图 6.11b)。

第五节　讨　论

一、罗甸中性岩浆岩的年龄和岩浆作用期次

已有研究成果表明罗甸花岗岩脉侵入活动在约 260Ma(黄勇等，2018)和 170～160Ma (Zhu et al，2019)的两个作用期。本研究除对中性岩囊进行了锆石定年外，同时补充了若干中酸性脉岩的锆石定年，以确定是否存在更多的中酸性岩浆作用期次。

花岗岩锆石的成因一般都较复杂，除自身结晶的锆石外，可能还存在数量不等的多个年龄组的继承性捕虏晶锆石。因此，在野外采样时，要注意样品所在的岩体与区内年龄明确的花岗岩或其他侵入岩(如辉绿岩床)的接触关系。如果是涌动关系，两者应属同期的，年龄应相同或相近；如果是超动关系，则应明显老于被超动侵入的岩体。如果存在多个年龄组，依照常理，最年轻的年龄组可能代表该花岗脉的侵入年龄。然而对于侵入年龄本来就较老的岩体，还要观察它是否存在年轻岩浆物质的加入证据。如果存在，则该最年轻的锆石年龄可能属于新侵入的岩浆成分的。有时，由于量小的浅成中酸性岩脉冷却较快，结晶的锆石量未必很多，在锆石分选中因数量少而未能拿到，这时最年轻的锆石年龄不是该岩脉的侵入年龄，而是多组继承性锆石中最年轻的那一组的年龄值。因此，有必要将同种类型的花岗岩脉综合起来，放在一起讨论。罗甸玉矿区的中性岩囊和中酸性岩脉体的体量都小，有的岩脉可能只存在若干个年龄组的继承锆石，自身侵入时并没有结晶锆石或虽有结晶锆石但因含量过少而没有分选到，这在基于锆石年龄分析其侵入时间时需要注意的。

1. 岩囊和注入的富 K 岩浆岩的结晶年龄

锆石定年结果表明存在老至太古宙的锆石，而样品最年轻的 3 个年龄值范围有 135～130Ma、214～199Ma 和 451～416Ma。由于岩囊与辉绿岩床的边界模糊，只存在粒度差别，未见明显的切割关系，更无冷凝边或烘烤边，因此属于涌动侵入关系。地球化学上，岩囊与辉绿岩床岩石的不相容元素特征几乎一致(图 6.11b)，因此应是同源岩浆不同演化阶段的产物。这些岩囊和辉绿岩床都被晚期的富 K 岩浆不同程度地注入，在局部结晶为以钾长石和石英交生为特征的浸染状或填隙状文象花岗岩。基于此，接触关系判断岩囊的形成年龄为 255Ma，稍晚于辉绿岩床的结晶年龄 260Ma。本研究并未能分离出代表岩囊形成的锆石和注入的花

岗质岩浆相应的锆石。年轻的和老于255Ma的数组年龄分别为新注入岩浆岩捕虏的继承锆石结晶年龄及新注入岩浆、岩囊自身捕获的继承性锆石年龄。

2. 中酸性脉岩的结晶年龄

前已述及，罗甸玉矿区已识别出256Ma（黄勇等，2018）和170Ma（Zhu et al，2019）两期中酸性脉岩。列入本书的样品LD03-2即为来自256Ma的脉岩。

昂歪LD01-1cn2样品的年龄最年轻的前4组$^{206}Pb/^{238}U$年龄依次为87～85Ma、116～111Ma、242Ma和263～260Ma；LD01-6样品最小的年龄为22Ma，其次为117～111Ma、197～165Ma、219Ma、264～249Ma等。由于这两个样品来自同套脉岩系统，因此综合一起进行考虑和分析。由于整个研究区尚无22Ma的岩浆侵入报道，该年龄值的地质意义暂存疑，不予采纳。余下的最小年龄组（87～85Ma）由4颗锆石的4个年龄值构成，被认为是富K花岗岩的形成年龄。其他更老年龄值的锆石属于86Ma富K花岗岩浆上升过程的捕虏晶锆石，这些围岩包括了辉绿岩床及256Ma和170Ma的花岗岩脉。

与形成年龄为255Ma样品LD03-2一样，样品LD03-4也来自罗暮矿点。这2个样品所在的岩脉早期被视为同一岩浆成分在一共轭断裂体系两个方位断裂充填的岩石。样品LD03-2的岩脉产状陡立，但较小且窄（图6.2b）；样品LD03-4的岩脉产状较平缓，但较宽（图6.2c）。因此在发表样品LD03-2的年龄时为方便读者阅读使用了出露较宽的但属于样品LD03-4采集岩脉的照片。本次测试样品LD03-4中44个锆石颗粒上测得44个数据，其年龄组相当复杂，发现其年龄结构与样LD03-2明显有异。在较年轻的年龄组中，最年轻的年龄组121Ma只有一个数据，因此存疑，不予采纳。次年轻的年龄组177～160Ma由8个点构成，251～243Ma的数据共5个，267～256Ma的数据最多（共17个）。具267～256Ma锆石的CL图显示为好的长柱状晶体，CL图为全黑无环带，此特征与辉绿岩床岩石中260Ma锆石的特征相同，应为来自岩床的继承性锆石。5个251～243Ma的锆石年龄组与260Ma的锆石年龄组接近。177～160Ma锆石的CL图像具明显的振荡环带，为岩浆成因锆石，因此认为其属于该岩脉侵入结晶时的锆石。样品LD03-2具有明显振荡环带的锆石年龄为255Ma，与LD03-4同年龄范围的锆石皆为无环带，且缺少177～160Ma的锆石组形成鲜明对比。从主量元素地球化学特征看，170～160Ma与锆石年龄约170Ma一致或相近的罗悃花岗岩脉同样以富Na为特征。因此，可以认为与该岩脉同为一个岩浆作用期的产物。

综合本研究和已有研究的成果，罗甸地区中酸性岩浆的侵入期次可划分为约256Ma的海西晚期、约170Ma的燕山早期和约90Ma的喜马拉雅早期共3期。

二、中性岩囊和中酸性脉岩的成因

自20世纪30年代至20世纪80年代期间，出现了不同的花岗岩成因类型和分类依据，国内外学者便提出了20种成因分类方案，至今大部分方案已不被采纳和应用（吴福元等，2007）。花岗岩按其成岩物质来源划分为S型和I型两种成因类型。随着研究的深入，人们发现花岗岩的成岩物质来源与构造背景有着密切的关系，成因分类得以进一步完善。目前国际上流行的分类方案是S、I、M、A型花岗岩分类方案。不同的成因类型其岩石组合、矿物组成、化学成分、构造环境等方面存在一定的差异(陈建林等,2004)。I型花岗岩是由地壳中的火成岩部分熔融而成,岩石组合为闪长岩-二长花岗岩,主要为英云闪长岩,有时与辉长岩共生;矿物组成有普通角闪石、镁质黑云母、磁铁矿、榍石、褐帘石、黄铁矿,隙间可有他形角闪石;化学参数 A/CNK<1.1,$Fe_2O_3/FeO>0.4$,SiO_2 含量范围较宽;构造环境为大陆型边缘弧。S型花岗岩是由地壳中的沉积岩部分熔融而成,岩石组合为淡色二长花岗岩或含黑云母花岗岩;矿物组成有白云母、铁质白云母、钛铁矿、独居石、石榴子石、堇青石、石墨、磁铁矿巨晶和自交代钾长石;化学参数 A/CNK>1.1,$Fe_2O_3/FeO<0.4$,SiO_2 含量范围较窄;构造环境为大陆型碰撞带和克拉通上的韧性剪切带。M型花岗岩是地幔与地壳的混合类型,岩石组合以辉长岩为主,次为斜长花岗岩或玻镁安山质侵入岩;矿物组成有普通角闪石、辉石,缺高钾矿物,有时在隙间出现显微文象结构的钾长石;化学成分 $K_2O<0.4\%$;构造环境为大洋型岛弧。A型花岗岩是幔源玄武岩浆演化或玄武岩浆上升过程中遭受地壳不同程度混染或亏损地壳熔融而成,岩石组合为与碱性花岗岩和正长岩演化系列有关的黑云母花岗岩;矿物组成有铁黑云母、碱性角闪石、碱性辉石、条纹长石;化学特征表现为过碱性、相对富 F、Nb、Ga、Y,贫 Al、Mg、Ca,Ga/Al 比值高;构造环境为造山期后或非造山以及板内裂谷带。然而,由于花岗岩的地球化学成分主要与原岩的成分密切相关,因此,在分析中酸性岩浆岩的成因类型和构造环境时,不可以不考虑宏观的露头地质关系。

罗甸中性岩囊和中酸性脉岩基本分布在基性岩床中,出露体量不大。同位素年代学和地球化学研究表明,岩囊和部分富 Na 酸性脉岩形成于海西晚期(约 255Ma),富 Na 的酸性岩形成于印支晚期(177～160Ma),多数富 K 的中酸性脉岩形成在喜马拉雅早期(约 86Ma)。此处只讨论海西晚期和喜马拉雅早期中酸性岩的成因。

1.海西晚期中性岩囊和脉岩

中性岩囊的岩石与辉长岩的接触边界具过渡特征(图 6.1b、g),比辉长岩床的侵位年龄(约 260Ma)稍晚,约 255Ma。中性岩囊的岩石样品在源岩判别图解上投点在变质玄武岩或变质英云闪长岩部分熔融起源的岩浆区内或附近(图 6.12)。这一投影结果与露头上罗暮中性岩囊的岩浆直接来自辉绿岩床岩浆结晶分异后的长英质成分相对增加的岩浆结晶产物相一致。

中性岩囊的形成过程有其独特的过程。构成罗甸辉绿岩床位于 ELIP 的最外带,其玄武质岩浆和上涌通道可能远离本区。从源区沿通道上涌至四大寨组第一组与第二组的界面处,开始在近水平方向沿层面(局部可存在小角度斜交)流动和侵位。不同于沿深大断裂上升的镁铁质岩墙,沿地层界面流动的岩浆需克服较大的阻力开辟通道前行,同时与低温围岩接触发生热交换而冷却,发生快速结晶,在直接与围岩接触的上部边缘形成气孔状辉绿玢岩。

前锋岩浆因结晶分异作用而转变为演化岩浆,Mg-Fe 成分相对减少,Si、Al、Na 等成分相对增多,挥发分也相对有所积累,岩浆密度相对降低,但黏度升高,流速降低,并可与围岩发生物质转移,在气孔中充填了绿泥石、方解石和少量绿帘石。下一幕上升和水平流动侵位的玄武质岩浆比前一幕演化了的岩浆因其具有更高 MgO 含量、温度和密度,但黏度更低。当其穿过因黏度较高流速更低的演化岩浆时,继续向前推进侵入,可刮擦先期岩浆在上边缘结晶的杏仁状辉绿玢岩脱落到炽热的玄武质岩浆中。处于高温、高密度、低黏度的新玄武质岩浆流下伏的演化岩浆因密度较低而密度倒置，发生失稳，上浮穿入其中呈倒立水滴状底辟上升并结晶，形成现今以椭球状为主、大小悬殊的漂浮状态（图 6.1b）的浅色辉长或辉绿岩质岩囊或岩栓（Snyder and Tait，1995）。罗暮约 256Ma 的二长花岗岩脉可能是辉绿岩床最终结晶分异的产物。

2. 喜马拉雅早期酸性脉岩

喜马拉雅早期花岗岩脉形成于晚白垩世（约 86Ma），岩性有二长花岗岩、角闪石二长花岗岩，与寄主岩石辉长岩之间为突变（超动）接触关系，界面清楚。岩石呈浅灰白色、肉红色微带淡绿色，主要由浅色矿物组成，有斜长石、钾长石、石英、角闪石和极少量副矿物，结晶粒度比辉长岩细得多。A/CNK＝0.83～0.97，Fe_2O_3/FeO＝1.16～3.72，在 TFeO/MgO－10 000Ga/Al 图上，2 件样品投在 A 型花岗岩区，10 000Ga/Al＝2.75～3.25（大于 2.6）。另有 4 件样品投在 I & S型花岗岩区，利用 A/NK-A/CNK 图解判别属于 I 型花岗岩，10 000Ga/Al＝1.80～2.35（小于 2.6）。在源区图上，该期酸性脉岩的源区岩为变质玄武岩或变质花岗闪长岩，但可能受到泥质变质岩（即陆壳岩石）的污染（图 6.12），这与其存在多个年龄组的捕虏晶锆石相吻合（表 5.1）。岩石极为发育文象结构，标志岩体定位较浅（钟玉婷和徐义刚，2009），有的在脉岩结束边上发育石英晶洞（图 6.1f）。花岗细晶岩岩脉规模一般较小，大多与具成因联系的侵入岩共生，产在相应的侵入岩中或其外围，因此推测该期脉群深部可能有隐伏的花岗岩体存在。昂歪岩脉群可分成不规则状和规则状两组，前者被后者轻微切割（图 5.1a），不规则状岩脉普遍含角闪石，属于 I 型花岗岩，而规则状岩脉少见含水矿物，属于 A 型花岗岩，推测深部有隐伏的 I 型花岗岩体，它由地壳岩石部分熔融形成后，其残留岩石再次部分熔融即可形成 A 型花岗岩（Collins et al，1982）。

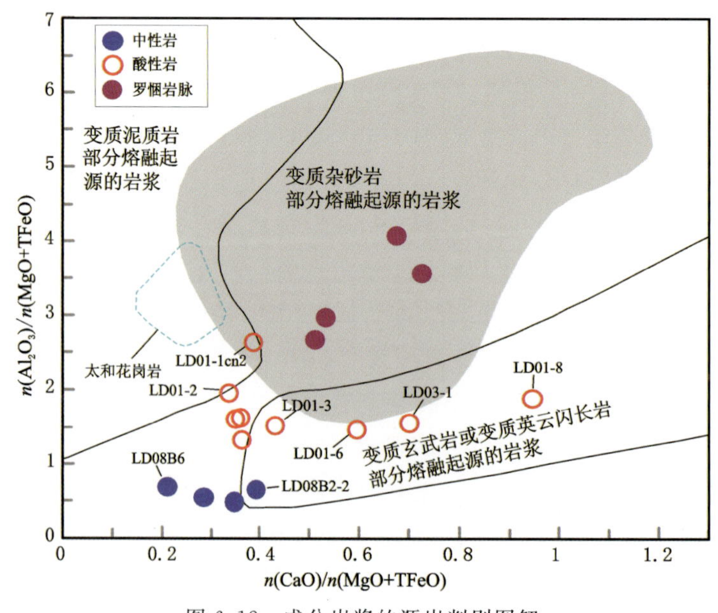

图 6.12 成分岩浆的源岩判别图解

在岩浆演化过程中，K_2O、Na_2O 与 SiO_2 逐步富集，TFe_2O_3、MgO、CaO、TiO_2 组分含量逐步降低。在 Harker 图解上，K_2O、Na_2O 与 SiO_2 呈正相关，TFe_2O_3、MgO、CaO、TiO_2 与 SiO_2 呈负相关的变异关系(徐芹芹等，2008)。与辉绿岩床岩石有演化成因关系的中性岩囊岩石，除样品 LD08B6 因存在较多的新注入的富 K 花岗质成分而明显偏离之外，其余 3 件样品在 Harker 图解上具有明显一致的演化趋势，说明二者具有成因联系，其中，TFe_2O_3、MgO、CaO、TiO_2 与 SiO_2 呈负相关(图 6.13)。除个别样品(LD03-2)外，其余酸性岩形成于燕山早期和喜马拉雅早期两个时期，年龄上与辉绿岩床相差甚远，不可能由镁铁质岩浆的直接演化而成。在 Harker 图解上，中酸性岩石与辉绿岩床岩石虽具有相似的演化趋势，但它们的演化线斜率明显不同，也支持其不属于直接岩浆演化的成因关系。由于它们分别形成于两个时期，它们在 Harker 图解的变异关系并不适于用来探讨其岩浆演化关系。

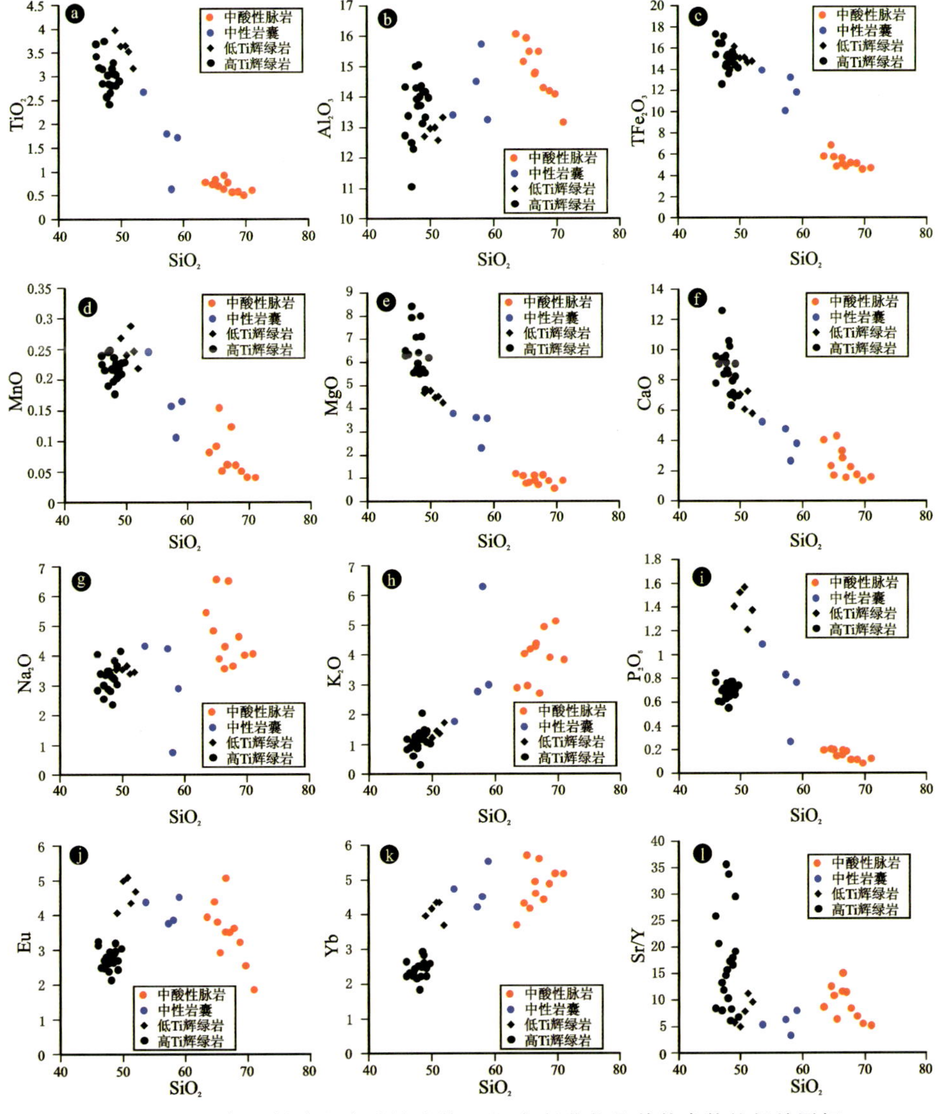

图 6.13　罗甸基性岩和中酸性岩的 SiO_2 与氧化物及其他参数的相关图解

第六节 小 结

罗甸玉矿区新发现一期中性岩囊和三期中酸性岩脉，共同构成海西晚期以来的三期中酸性岩浆作用。

第一期形成中性岩囊和酸性岩脉作用发生在255Ma左右，属于海西晚期，是与辉长或辉绿岩床和区域上ELIP玄武岩同期但稍晚的演化产物。其中中性岩囊的形成是辉绿岩床岩浆原地或半原地分异结晶产生的演化岩浆因密度倒置而底辟到新侵位的高密度、高温度基性岩浆中结晶而成的囊状体。酸性岩脉可能是最后一幕基性岩床的岩浆最终定位后结晶分异岩浆原地或半原侵位的产物。酸性花岗岩具有A型花岗岩的地球化学特征，但与峨眉山大火成岩省内带异地分异的A型花岗岩截然不同。

第二期酸性岩脉侵入作用发生在170～160Ma，处于中侏罗世早期—晚期，是燕山早期岩浆作用的记录。该类花岗岩具有I-A混合型花岗岩的地球化学特征，可能来自新生玄武岩地壳的部分熔融形成，经历了地壳污染和较强的分异结晶作用。

第三期酸性岩脉侵入作用发生在86Ma左右，处于晚白垩世，按照贵州构造演化旋回归属于喜马拉雅早期。该类花岗岩地球化学上具有I-A混合型花岗岩，可能形成于新一轮(喜马拉雅早期)的岩石圈伸展作用背景。

第七章　接触热变质作用和气液变质作用

罗甸基性岩床的围岩下—中二叠统四大寨组的碳酸盐岩地层发生了接触热变质和接触交代变质作用，基性岩床和中性岩囊和中酸性脉岩发生了青磐岩化作用。本章介绍的地层围岩的接触热变质岩和岩浆岩的蚀变岩，以及青磐岩的特征和形成机制，为罗甸玉矿的成因和成矿机制的分析提供了依据。

第一节　接触热变质作用

接触热变质作用发生在辉绿岩床下伏和上覆的四大寨组第二段燧石灰岩及第一段细碎屑岩。接触热变质作用导致岩床上覆和下伏地层发育接触变质带。

一、接触变质带特征

接触变质带上覆地层宽于下伏地层，走向上呈带状断续出露，厚度变化大，但其宽度总体与基性岩床的厚度成正比，一般小于98m(图7.1、图7.2)。不同地段接触热变质作用的最高级别不完全相同，但总体上与基性岩床的厚度成正比。

(1)上接触变质带：发育在辉绿岩床上部边缘外侧的四大寨组第二段。主要岩石有大理岩和石英岩，局部发育条带状或团块状透辉石岩、硅灰石岩、符山石岩和石榴子石岩。大理岩和石英岩两者呈条带状相间产出(图4.3d)，发育透辉石、硅灰石、石榴子石、符山石和透闪石。局部见条带状石英岩和薄板状大理岩岩层发生强烈的卷曲揉皱(图4.2c)，使结核状石英岩呈塑性撕扯状和不规则状。

近接触界面的大理岩发育硅灰石、透辉石岩、石榴子石和符山石等高温变质矿物，较远处则主要发育透闪石，显示接触变质作用的分带性(图7.1、图7.2)。

(2)下接触变质带：位于岩体底板围岩的碳酸盐岩、粉砂岩和粉砂质黏土岩，岩性以大理岩或大理岩化灰岩和绢云母石英岩为主。特征变质矿物有透闪石和绢云母。该带的变质作用强度和规模远不及上接触变质带，其宽度一般为2～5m(图7.1、图7.2)。

二、岩石类型及岩相学特征

接触热变质岩主要有大理岩类和石英岩类两种类型。

硅灰石英岩：具细—显微柱粒状变晶结构(图7.3a)，矿物主要成分为石英(55%)、硅灰石(42%)，含少量方解石(3%)。石英呈细—显微粒状，粒径小于1.00mm(0.20mm左右居多)，

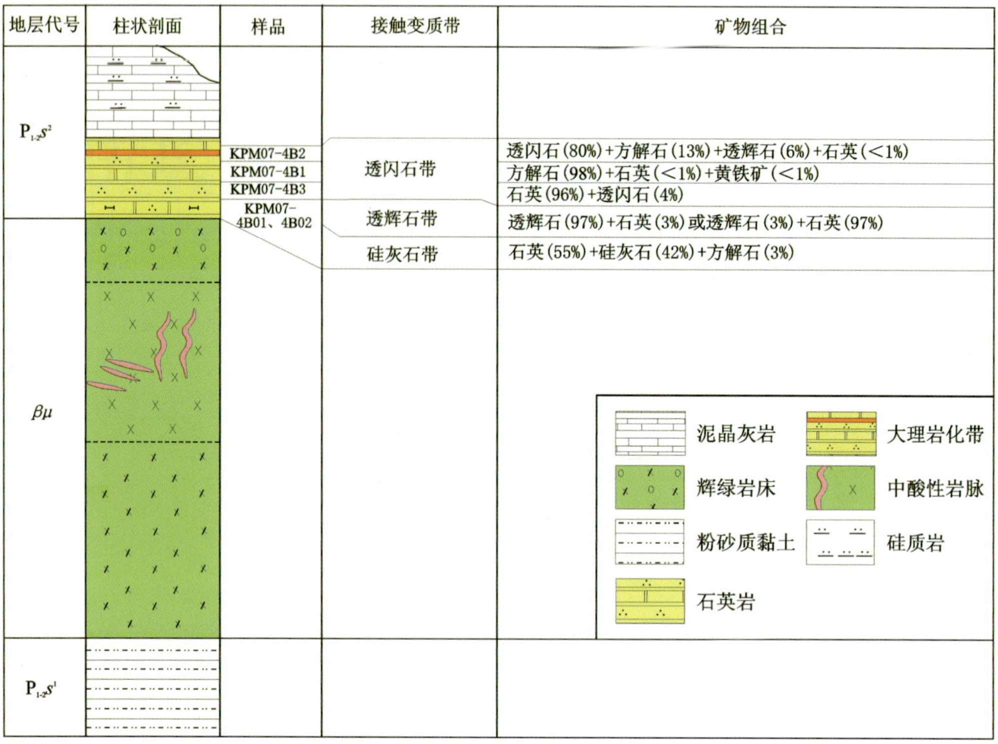

地层代号	柱状剖面	样品	接触变质带	矿物组合
$P_{1-2}s^2$		KPM07-4B2	透闪石带	透闪石(80%)+方解石(13%)+透辉石(6%)+石英(<1%)
		KPM07-4B1		方解石(98%)+石英(<1%)+黄铁矿(<1%)
		KPM07-4B3		石英(96%)+透闪石(4%)
		KPM07-4B01、4B02	透辉石带	透辉石(97%)+石英(3%)或透辉石(3%)+石英(97%)
$\beta\mu$			硅灰石带	石英(55%)+硅灰石(42%)+方解石(3%)
$P_{1-2}s^1$				

泥晶灰岩　大理岩化带　辉绿岩床　中酸性岩脉　粉砂质黏土　硅质岩　石英岩

图 7.1　罗甸罗暮接触变质相划分(据 KPM07 剖面)

分布不甚均匀,局部偏集呈团块状;硅灰石呈显微长柱状、纤维状,粒径小于 0.10mm,集合体呈放射状;方解石呈显微粒状,粒径小于 0.10mm。

透闪石化方解硅灰石英岩:具粒状(图 7.3a)、纤维状变晶结构,矿物成分主要为石英(60%),含硅灰石(20%~25%)、方解石(5%~10%)和少量透闪石(5%~7%)。石英呈他形粒状,粒径小于 0.05mm,混杂硅灰石分布;硅灰石呈针柱状、纤维状,粒径 0.01~0.6mm,混杂石英分布,部分粒度粗大者集合体呈放射状、扇状、束状分布;透闪石为纤维状、条片状,粒径(长径)0.01~0.1mm,多星散分布或聚集为大小不等的团块分布;方解石呈他形—半自形粒状,呈星散分布,粒径 0.05~0.1mm。另见方解石聚集成脉状,脉宽 0.1~0.5mm。

透辉石岩(KPM07-4B02):具显微柱状变晶结构,矿物成分主要为透辉石(97%),含微量石英(3%)。透辉石呈显微柱状,构成放射状集合体,石英呈半自形—他形粒状,粒径小于 0.10mm。

透闪石化含透辉大理岩(ETC05-1B1):具粒状、纤维状变晶结构,矿物成分主要为方解石(85%),含少量透闪石(5%~10%)和透辉石(5%~7%)。方解石呈显微粒状,粒径 0.03~0.03mm;透闪石呈纤维状,粒径 0.01~0.1mm,聚集为条带状分布;透辉石呈针柱状,粒径 0.02~0.1mm,聚集为条带状分布。

透闪石化含透辉石方解石英岩(ETC04-2B2):具粒状变晶结构,主要矿物成分是石英(90%),含透闪石(5%~10%)、方解石(5%)和少量透辉石(2%~3%)。石英多呈他形粒状,粒径 0.04~0.2mm,石英粒间混杂较多的透闪石;方解石呈他形粒状,粒径 0.02~0.3mm,星

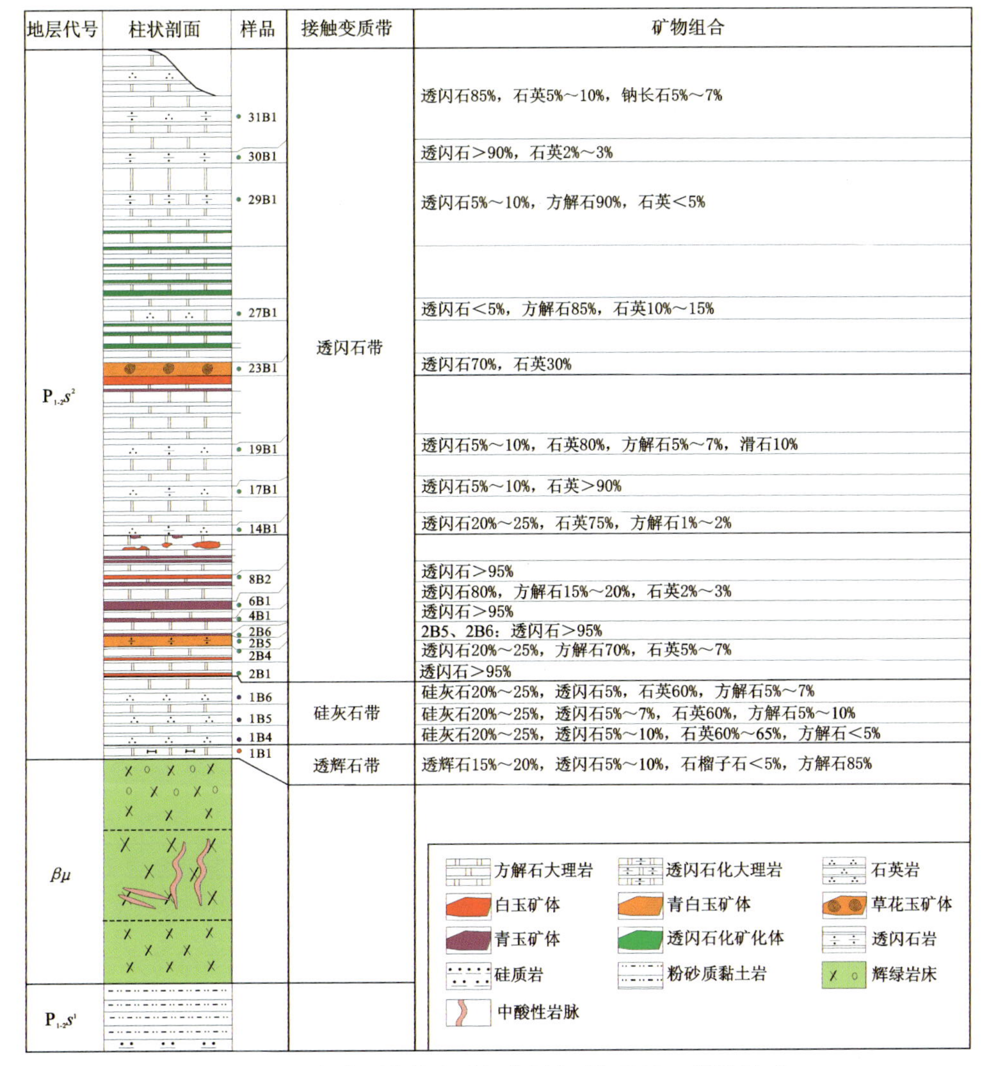

图 7.2　罗甸官固接触变质相带划分（据 ETC05 探槽剖面）

（为了使图面清晰，样品号前均省略了“ETC05 -”）

散分布于石英粒间。另见呈他形—半自形粒状聚集为脉状分布，脉宽约 0.03mm；透闪石为纤维状、条片状，粒径（长径）0.02～0.2mm，混杂石英分布或分布在透辉石边缘（图 7.3b）；透辉石呈粒柱状，粒径 0.01～0.05mm，富集分布。

方解石大理岩（KPM02-6B、KPM06-4B、KPM07-4B1）：具细—显微粒状变晶结构（图 7.3c），矿物成分主要为方解石（98%～99%）。方解石为半自形—他形粒状变晶，双晶纹较为发育，结晶粒度以显微级为主（＜0.10mm），次为细粒级（0.10～1.00mm）。含微量石英（＜1%）、黄铁矿（＜1%）、铁质（＜1%）。

含透辉石石英岩（KPM07-4B01、KPM07-4B3）：具显微粒状变晶结构，矿物成分主要为石英（96%～97%），含微量透辉石（3%）或透闪石（4%）。石英呈半自形—他形粒状；透辉石呈显微粒状、短柱状；透闪石为显微鳞片状变晶，矿物粒径小于 0.10mm。

图 7.3　主要接触热变质岩石的显微照片

a. 硅灰石英岩的细—显微粒状变晶结构(正交偏光);b. 石英边缘处的透辉石、透闪石呈薄层状分布[透射光(一)];c. 方解石大理岩的细—显微粒状变晶结构(正交偏光);d. 方解石英岩的显微粒状变晶结构(正交偏光)

方解石英岩(KPM02-8B1):具显微粒状变晶结构(图 7.3d),主要矿物为石英(65%),次要矿物为方解石(35%)。石英和方解石呈显微粒状,粒径均小于 0.10mm。

绢云石英岩(D158B1):具显微粒状变晶结构,主要矿物为石英(70%),次要矿物为绢云母(30%)。石英为半自形—他形粒状变晶,粒径小于 0.01mm;绢云母为显微鳞片状变晶,粒径小于 0.10mm。原岩为辉绿岩床下接触变质带中的四大寨组第一段黏土质粉砂质岩。

三、特征变质矿物结构关系

为查明与基性岩床接触的四大寨组碳酸盐岩地层的变质作用类型和多种变质作用的叠加过程,对罗暮剖面的大理岩化段开展了进一步观察与样品采集,切制了电子探针薄片并进行了详细观察。之后在中国地质大学(武汉)地质过程与矿产资源国家重点实验室(GPMR)应用能谱仪(EDS)对典型样品中的硅灰石、符山石、石榴子石、透辉石、透闪石等特征变质矿物进行了成分鉴别和显微结构关系观察(图 7.4)。所用仪器为 Phenom 飞纳台式扫描电镜,该扫描电镜采用亮度 10 倍于钨灯丝的 CeB6 灯丝,不仅提高了分辨率,而且使表面元素鉴定更加准确。该扫描电镜还利用半导体快速制冷,无需额外冷却,因而具有智能、高效的特点。此外,该扫描电镜的系统放大倍数可达 35 000 倍,测试使用的加速电压为 15kV。

(1)石榴子石。石榴子石产在直接与杏仁状辉绿玢岩接触的变质碳酸盐岩层中,与方解石和透辉石一道呈条带状集合体产出。石榴子石呈自形—半自形变斑晶,粒径最大可达0.5mm,内部包裹条带状碳酸盐矿物,但边界平直,为构造后变晶(图7.4a)。

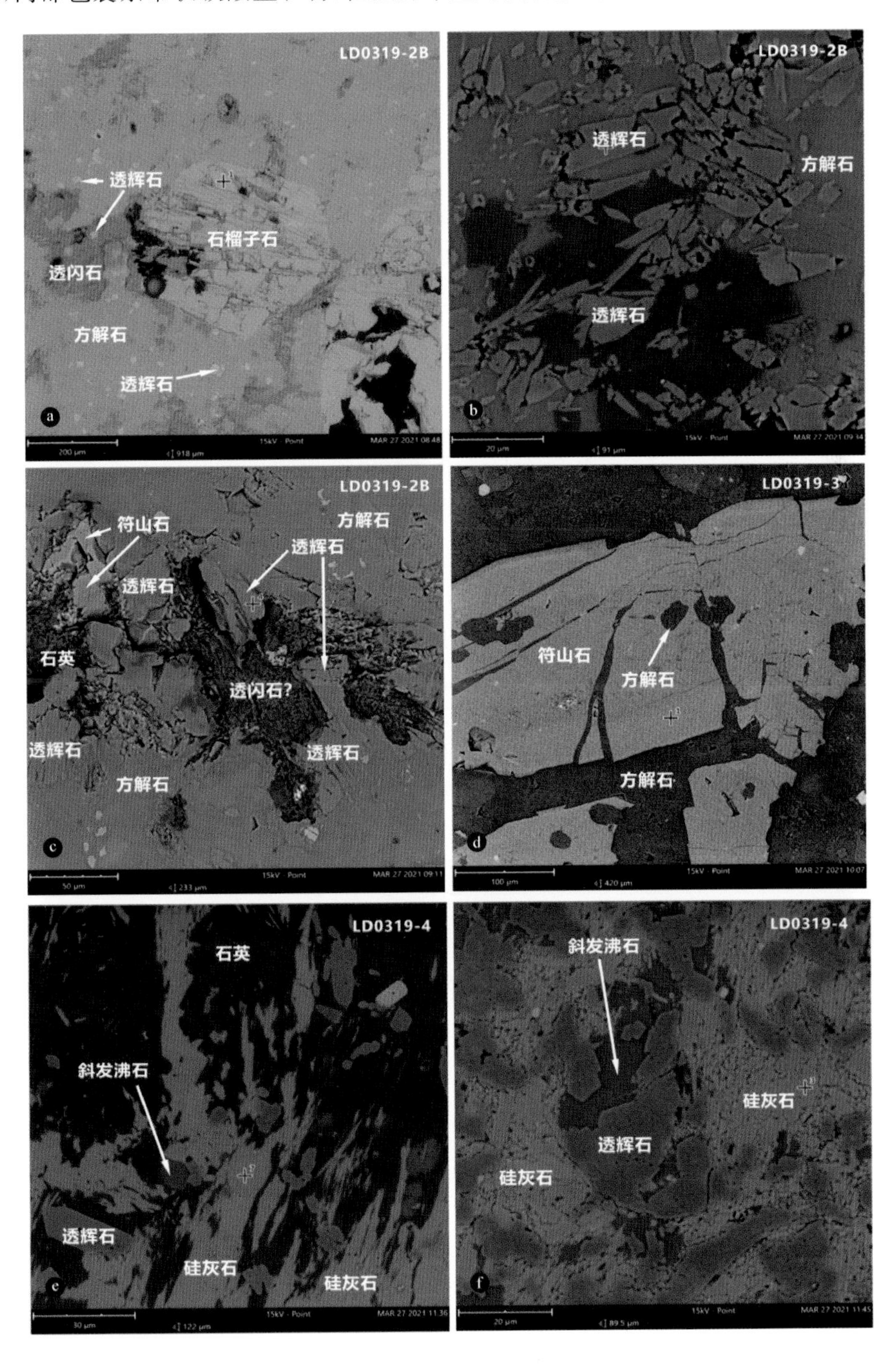

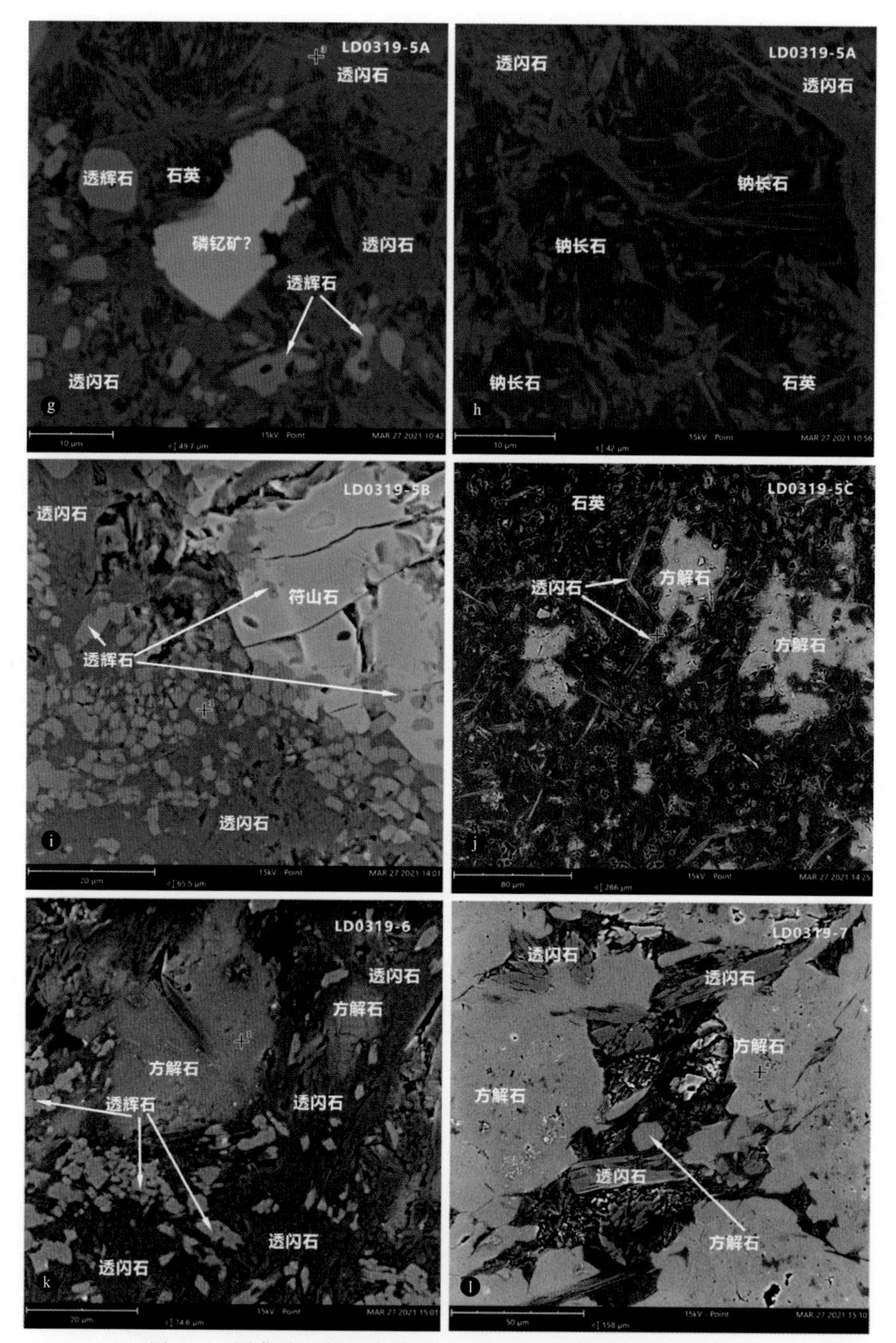

图 7.4　罗暮矿区剖面大理岩化岩段特征变质矿物 BSE 图像

a. 石榴子石大理岩中自形石榴子石和微粒状透辉石产在方解石基质中，他形的透闪石呈脉状产出；b. 透辉石大理岩，透辉石呈微粒半自形柱状或棒状变晶；c. 符山透辉大理岩，透辉石呈半自形单晶或薄的反应边产在透闪石边缘上；d. 符山石大理岩，符山石变斑晶具环带构造，包裹规则的方解石；e、f. 分别显示硅灰石大理岩中的纤柱状硅灰石集合体的纵切面和横切面，注意还有极低温矿物斜发沸石；g. 透辉大理岩，透辉石呈短柱状和粒状，局部呈港湾状边缘，柱状透闪石呈放射状集合体；h. 透闪石大理岩，纤状叶片状透闪石分布在近似矩形的他形钠长石边缘上；i. 符山透辉大理岩，变斑晶符山石包裹微粒透辉石，透闪石集合体内的透辉石粒度略小；j. 方解石英岩中的针状透闪石呈放射状；k. 透辉大理岩中具港湾状边缘的透辉石残留在透闪石集合体中；l. 自形的和取代方解石的透闪石

(2)透辉石。透辉石与石榴子石和符山石一道产在与杏仁状辉绿玢岩接触的变质碳酸盐岩地层中(图7.4a、c、i),有的与硅灰石一起产出(图7.4e、f),有的则单独呈微粒柱状晶体产出(图7.4b),有的呈包裹体产在符山石变斑晶内(图7.4i)。透辉石的粒度都很小,一般不足20μm。与硅灰石一道产出的透辉石呈他形晶,且有切割针柱状硅灰石之迹象(图7.4e、f)。产在透闪石柱状集合体中的透辉石显示比无透闪石区域的透辉石粒度略细(图7.4i),且有的粒度具明显的港湾状边缘或显示呈钩状(图7.4g、k),有的呈反应边产在柱状透闪石的边缘(图7.4c),而有的则被透闪石交代,呈残余粒状产在透闪石集合体内(图7.4a、i)。

(3)符山石。符山石也与石榴子石和透辉石一道产在与杏仁状辉绿玢岩接触的变质碳酸盐岩地层中,与方解石呈薄的纹带状分布,它是除石榴子石之外的另一个呈变斑晶产出的特征矿物,有的还发育环带构造(图7.4d)。符山石为粒状或柱状半自形—他形晶。符山石或单独生长并与透辉石共存(图7.4i),或呈包含变嵌晶包裹微粒方解石(图7.4d)和透辉石(图7.4i),有的晶体局部被绿帘石取代。

(4)透闪石。透闪石产在整个大理岩化带内,有3种产状:一是呈不规则状颗粒组成脉状集合体(图7.4a、c),有的则被透辉石反应边取代(图7.4c);二是以半自形柱状或针状集合体产出,前者可以为纯的透闪石或与方解石共生(图7.4g、i、k),并以取代短柱状透辉石、呈放射状集合体、单晶大小约10μm为特征;三是在大理岩中构成片理,为构造前变晶,且单晶粒度明显偏粗,大小为40～50μm(图7.4l)。

(5)钠长石和斜发沸石。钠长石呈半自形的矩形切面,夹杂透闪石微晶。斜发沸石呈近椭圆切面(图7.4e、f)。由于粒度太小,不易用普通偏光显微镜观察和鉴别,其确切的产状仍有待进一步研究。

四、特征变质矿物的EDS能谱图

本研究测定了主要特征变质矿物石榴子石、硅灰石、透辉石、符山石、透闪石、钠长石和斜发沸石。对比发现,不论所测定的矿物在理论上是否含Mn,如石英和长石,其测定结果总是显示存在Mn成分谱峰,该谱峰与O的谱峰重叠。因此,除非所测定的矿物在理论上可以存在Mn成分,否则不将该谱峰的存在作为该矿物存在Mn成分的依据。典型特征变质矿物的成分谱峰图见图7.5和图7.6。

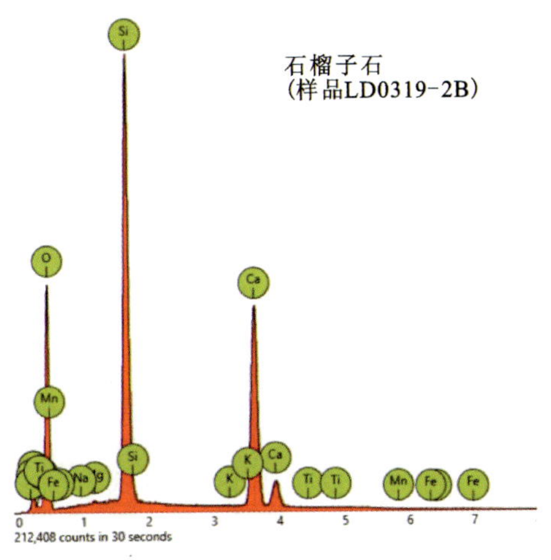

图7.5　石榴子石的元素EDS能谱图

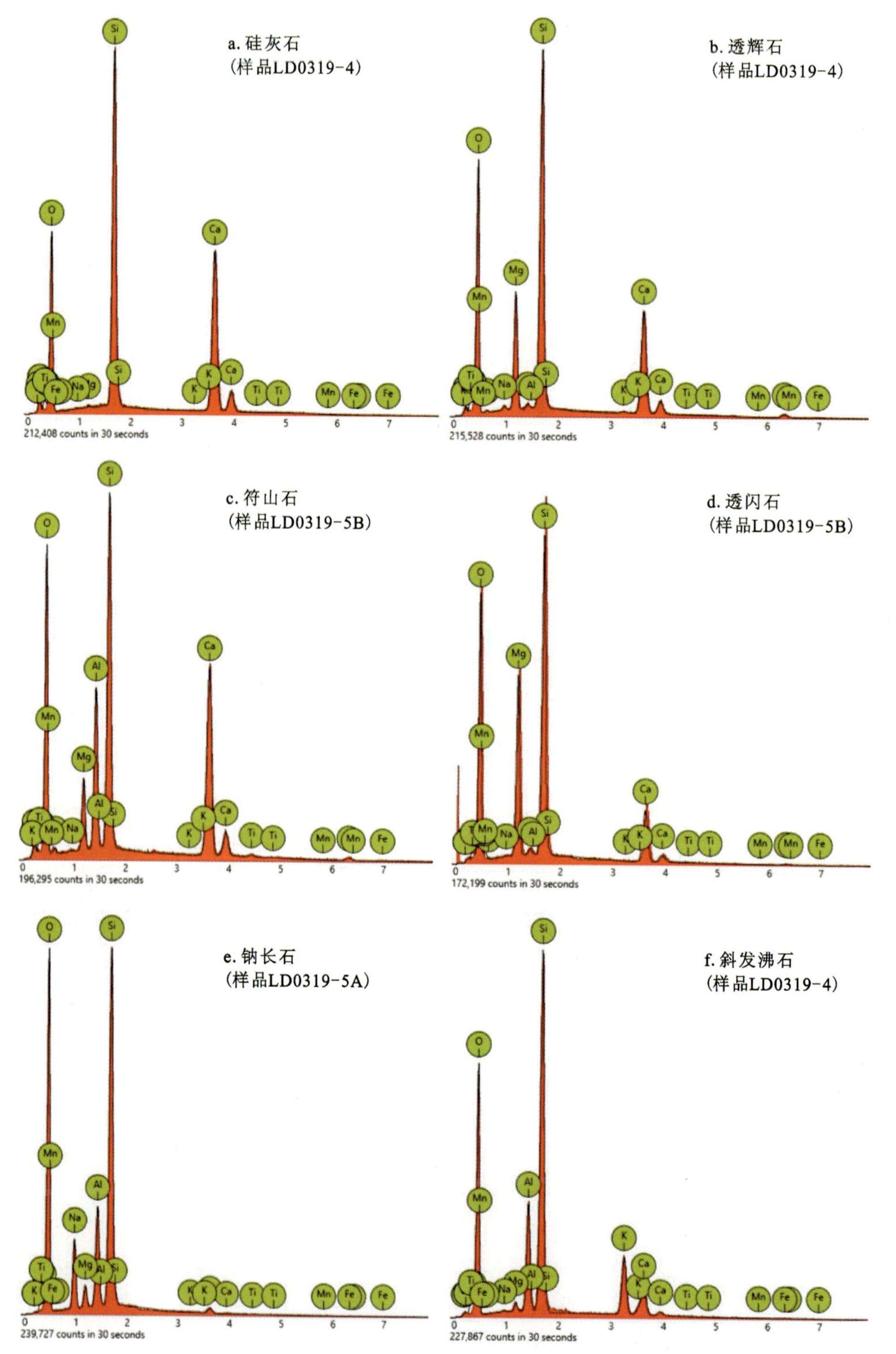

图 7.6　罗暮剖面大理岩化带若干特征变质矿物的元素 EDS 能谱图

(1)石榴子石。石榴子石分钙系和铝系两个系列，铝系石榴子石有镁铝榴石、铁铝榴石和锰铝榴石3个端员组分，钙系石榴子石有钙铝榴石、钙铁榴石、钙铬榴石等，各个系列中的3个石榴子石端员分别构成固溶体。罗暮剖面上的石榴子石其成分谱峰显示，除了O、Si、Al以外，其他成分主要有Ca和微量的Mg(图7.5)，表明其组分端员主体为钙铝榴石，含有微量的镁铝榴石组分，但不排除也存在微量锰铝榴石组分的可能性。

(2)硅灰石。硅灰石显示了除O和Si以外的成分谱峰只有Ca(图7.6a)，这与该矿物的理论成分$CaSiO_3$分别由1个CaO和1个SiO_2的组成相对应，其杂质含量可以忽略不计。

(3)透辉石。透辉石显示了除O和Si以外，强的成分谱峰主要有Ca、Mg,Na和Al,Mn峰为弱显示(图7.6b)。透辉石的理论成分为$CaMgSi_2O_6$，氧化物组成为1CaO∶1MgO∶$2SiO_2$。本透辉石的组成可能为1CaO∶1(Mn, Mg)O∶$2SiO_2$。很弱的Na和Al峰存在，表明可能发生了$Na^{1+}+Al^{3+}$与Si^{4+}替换。

(4)符山石。符山石显示了除O和Si以外，强的成分谱峰主要有Ca、Mg和Al峰，弱峰有Mn和Ti(图7.6c)。扣除挥发分后，其基本组成为10CaO∶2MgO∶$2Al_2O_3$∶$9SiO_2$，其Ca和Si的峰最强，Al和Mg的峰较弱。测试的峰高定性上与此相符，为符山石无疑。值得注意的是，该符山石的Fe峰不明显，表明其Fe的含量可以忽略不计，倒是可能存在Mn和Ti分别替换了Mg和Si。

(5)透闪石。透闪石除O和Si极强以外，强的成分谱峰主要有Ca和Mg(图7.6d)，这与透辉石极相似。但透辉石的Ca与Mg的峰高近于相等(图7.6b)，显示其Ca与Mg的比值接近于1。透闪石Ca∶Mg＝2∶5，前后两者的峰高比也与此比值相接近，表明其确实为透闪石矿物。

(6)钠长石。钠长石除O和Si极强以外，强的成分谱峰还有Al和Na和弱的Mg峰(图7.6e)。考虑到Mg峰虽弱但较明显，不排除为钠云母的可能性，需进一步研究。这里先定作钠长石。

(7)斜发沸石。沸石类矿物种属近50个，常见的有15个，除Ca以外还同时含有碱金属元素Na和K的沸石类矿物有丝光沸石、斜发沸石和钙十字沸石。丝光沸石的成分中通常Na＋K＞Ca，而碱金属元素中K的含量很少，以Na为主，三者的相对含量为Na＞Ca＞K，可含微量的Mg和Fe。斜发沸石的K＞Na＞Ca，可含微量的Mg和Fe。钙十字沸石的成分含量趋势为Na＞K＞Ca，可有微量的Mg和Ba。

罗暮剖面的沸石成分谱显示其强峰元素为Si、O和Al，碱和碱土金属的峰高也相当明显，其峰高递减序列为K＞Ca＞Na(图7.6f)。样品LD0319-4中沸石的半定量成分显示，K、Ca、Na、Mg的原子百分数依次为4.76%、2.76%、0.10%和0.63%，与据峰高判断的相对碱和碱土金属元素的含量一致。这一变化趋势与丝光沸石、斜发沸石和钙十字沸石任一种矿物的变化趋势均不完全吻合。按最大元素在前原则，暂将其确定为斜发沸石种属。确切种属的最终确定仍需要进一步研究。

五、岩石化学特征

为定性了解变质作用对四大寨组大理岩段成分的影响，对该段的典型岩石开展了主量元素(氧化物)分析，结果见表7.1。与未变质或弱变质的含矿的KPM07剖面和无矿的LD16剖面上非大理岩化地层段的灰岩相比发现，四大寨组大理岩成分如其矿物成分所指示的那样，发生了明显变化。如即便是变质程度最低的方解石大理岩（KPM06-4B，KPM07-4B1），在变质后其 CaO 含量明显下降，但 MgO 含量增加了近 4 倍，Al_2O_3则增加了 5 倍多。石英岩与无矿的 LD16 剖面上非大理岩化地层段的燧石岩相比，SiO_2含量相当，但 MgO 含量增加了近 7 倍，CaO 含量也略有增加。

表 7.1 罗暮剖面接触变质带部分岩石的氧化物含量 单位：%

氧化物	KPM07-4B1	KPM06-4B	KPM07-4B3	KPM07-4B01	LD0319-2A*	LD0319-2B*	LD0319-3*	LD0319-4*	LD0319-5A*	LD0319-7*
SiO_2	10.20	5.69	92.83	76.97	6.26	5.72	11.88	75.72	62.47	16.20
TiO_2	0.03	0.01	0.02	0.03	0	0.02	0.06	0.03	0.05	0
Al_2O_3	0.74	0.21	0.61	0.71	0.01	0.65	2.16	0.97	1.68	0.74
TFe_2O_3	0.20	0.13	0.81	0.56	0	0.09	0.29	0.07	0.09	0.16
FeO	—	—	—	—	0.04	0.08	0.24	0.37	0.55	0.04
MnO	0.02	0.01	0.03	0.02	0.04	0.05	0.02	0.06	0.04	0.02
MgO	2.41	2.67	2.32	3.27	1.68	1.54	2.69	2.39	19.80	8.87
CaO	49.50	51.30	3.47	17.05	52.00	52.20	49.50	18.25	11.70	40.80
Na_2O	0.38	0.03	0.16	0.31	0	0	0	0.03	0.89	0
K_2O	0.03	0.06	0.25	0.10	0	0.01	0.01	0.72	0.10	0.04
P_2O_5	0.03	0.02	0.01	0.02	0.04	0.03	0.04	0.02	0.01	0.01
CO_2	—	—	—	—	36.70	37.20	30.20	1.50	0.50	29.20
LOI	36.87	40.10	0.07	0.80	3.28	2.03	2.10	0.59	2.16	3.47
合计	100.41	100.23	100.58	99.84	100.05	99.62	99.19	100.72	100.04	99.55

注：* 由项目 NSFC41672060 资助分析。岩性：KPM07-4B1 方解大理岩；KPM06-4B 方解大理岩；KPM07-4B3 石英岩；KPM07-4B01 方解石英岩；LD0319-2A 含透辉大理岩；LD0319-2B 石榴子石大理岩；LD0319-3 透辉符山石大理岩；LD0319-4 透辉硅灰石英岩；LD0319-5A 含钠长石透闪岩；LD0319-7 透闪石大理岩。

杏仁状辉绿玢岩接触的大理岩附近含石榴子石、透辉石、硅灰石、符山石和透闪石的岩石，MgO 的含量均高于 1.5%，有的可接近 20%（如 LD0319-5A），从而接近于软玉的全岩 MgO 含量，而 Al_2O_3的含量更是高于 2.2%（如 LD0319-3）。

第二节 气液变质作用

气液变质作用的表现一是在辉绿岩床中发生了广泛的绿泥石化，二是在岩床局部、中性岩囊和中酸性岩脉分别形成基性、中性和酸性青磐岩。

一、气液变质岩的产状

前已述及，区域性的自变质作用使岩床发生了绿泥石化，同时伴随绿泥帘化和碳酸盐化，其岩石产状继承了原岩的岩床产状，发育在岩石的各个部位，包括岩床内部的辉长辉绿岩和边缘的气孔状辉绿玢岩，且形成之后受了韧脆性构造变形。热液作用形成的滑石岩、透闪石岩和青磐岩中，滑石岩呈条带状或透镜体状，青磐岩沿袭了原岩的岩囊（岩栓）（图 6.1b）和岩脉等产状，局部还见基性与中性青磐岩呈过渡关系，含透闪石的大理岩和石英岩沿袭原岩的层状而呈条带（图 4.2c）。

二、岩石类型和岩相学特征

部分透闪石岩或含量不等的透闪石大理岩和石英岩已在接触变质岩部分介绍，本节只简要展示滑石岩和绿泥石化辉绿岩床的蚀变岩，重点介绍绿帘石化相关的基性、中性和酸性青磐岩及其岩相学特征。

滑石岩：具显微鳞片变晶结构，主要矿物为滑石（94%），含少量石英（4%）和方解石（2%）。滑石呈显微鳞片状、纤维状，石英和方解石呈显微粒状，矿物粒径小于 0.10mm。

绿泥石化辉长辉绿岩和辉绿玢岩：绿泥石化辉长辉绿岩中发生绿泥石化的矿物为单斜辉石，部分蚀变或全部蚀变，少量是退变的角闪石再次退变的产物。普遍发现该绿泥石化同时伴随着细粒磷灰石的形成（图 7.7a～c），有的岩石局部还与文象结构的钾长石和石英共存（图 5.3g、h），表明该绿泥石化可能是多次事件作用的产物。辉绿玢岩的绿泥石化导致其气孔被绿泥石和方解石充填（图 5.3e、f），且绿泥石形成在先，生长在孔壁上，方解石形成后，充填在中心部位，有的杏仁体的中心部分还存在绿帘石，与方解石共生。同时，微粒的斜长石斑晶转变为钠长石，基质中同时生长出帘石、阳起石和绿泥石等。罗暮矿点的杏仁体受到后期变形事件的影响（图 7.7d）。

青磐岩化辉长岩：岩石灰绿色，变余辉长结构（图 7.8a、b），块状构造，矿物组成有单斜辉石、角闪石、绿帘石、石英和钾长石及钛磁铁矿等。单斜辉石为长柱状晶体，部分颗粒从边缘开始退变为棕绿色的、绿色的和淡绿色的角闪石，有的单斜辉石边缘退变为角闪石，但其核部为单斜辉石，残余的单斜辉石与棕色角闪石边界处发育一圈钛磁铁矿；斜长石长板状，均完全转变绿帘石。绿帘石为微粒晶体，其集合体显示斜长石假象。因此，整个岩石结构为变余辉长结构。岩石局部发育石英与钾长石集合体，其中钾长石具文象结构，而构成文象结构的钾长石呈枝晶状生长（图 7.8b）。

基性青磐岩：可称辉长质青磐岩。岩石具变余辉长结构，矿物成分主要为绿帘石，少量绿泥石和相当部分的石英、钾长石。绿帘石为微粒集合体，呈斜长石自形—半自形板状晶体假象（图 7.7b），含量 79%。单斜辉石已完全分解，部分成分可能形成了零星疙瘩状绿泥石。钾长石呈板状半自形晶，黏土化，边部与石英构成文象交生体。石英单晶多呈棱角状的填隙晶体。

中性绿帘青磐岩：可称石英闪长质青磐岩。岩石黄绿色，细粒结构，块状构造，镜下呈变余闪长结构，暗色矿物有棕绿色普通角闪石，蚀变矿物有绿帘石和绿色普通角闪石及阳起石，不透明矿物有磁铁矿，岩浆成因矿物有石英和钾长石。棕色普通角闪石短柱状，具多色性，Ng-棕绿色，Np-绿色，沿边部被绿色普通角闪石交代，有的绿色普通角闪石进一步退变为无色或浅绿色的阳起石。绿帘石为交代斜长石而来，呈细粒或微粒集合体呈斜长石的短板状半

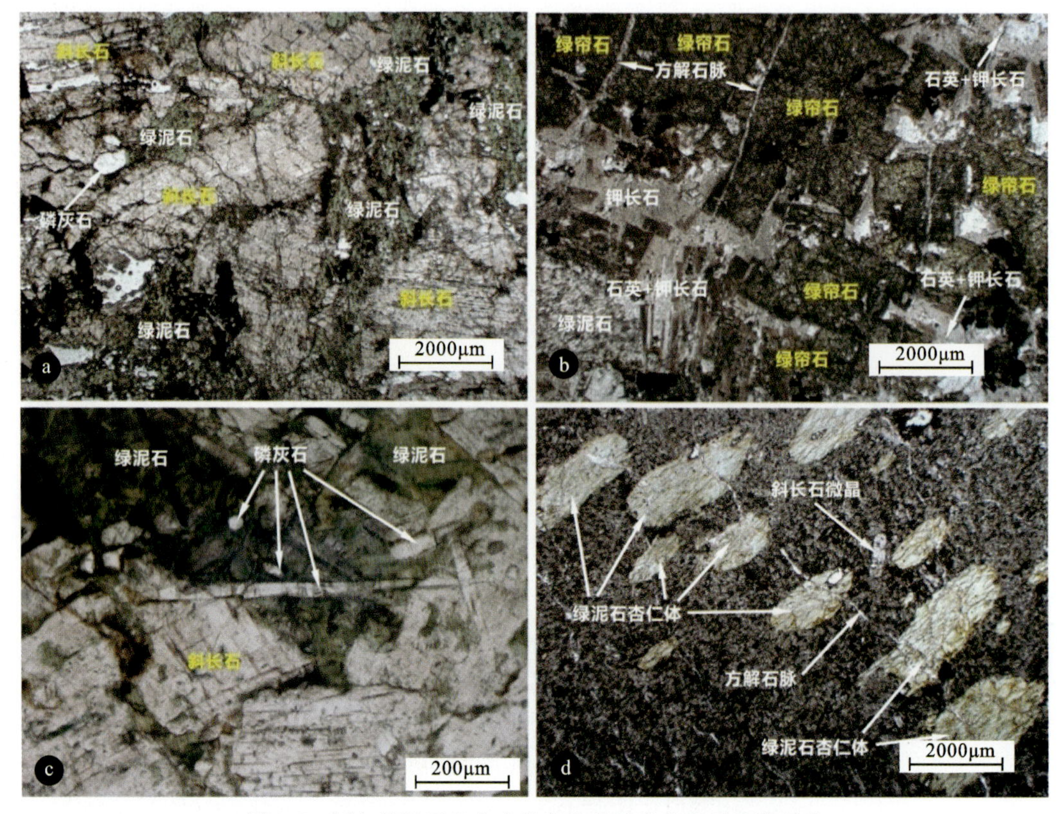

图 7.7　罗甸绿泥石化和青磐岩化基性岩床岩石显微照片

a. 绿泥石化辉长岩：斜长石粗粒自形板状变晶，单斜辉石皆转为绿泥石＋钛磁铁矿，局部夹细粒磷灰石（罗暮 LD08 剖面，样品 LD08B6-1，单偏光）；b. 辉长质绿帘青磐岩：斜长石全部转变为绿帘石，多处发育贯入的石英＋钾长石交生体（罗暮 LD08 剖面，样品 LD08B2-1，单偏光）；c. 绿泥石化辉长岩：蚀变的绿泥石集合体中发育不定向分布的磷灰石（罗悃，样品 LK1651-2A，单偏光）；d. 绿泥石化辉绿玢岩：绿泥石杏仁体和基质，杏仁体被压扁，并被不规则的方解石脉穿插，基质为钠长石微晶＋绿泥石＋阳起石＋帘石和不透明矿物（罗暮 KPM07 剖面，样品 LD0219.2A，单偏光）

自形晶假象（图 7.8c），含量 75％～80％。石英含量可达 10％～15％，呈不规则填隙状。钾长石常呈薄边状环绕斜长石（帘石集合体）边缘。原始组合应为棕色普通角闪石＋斜长石＋石英＋微量钾长石。

酸性青磐岩：可称二长花岗质青磐岩。岩石黄绿色，块状构造，中—细粒结构，镜下呈变余花岗结构，矿物组成与中性青磐岩大体相同，如暗色矿物有棕绿色普通角闪石，蚀变矿物有绿帘石和绿色普通角闪石以及阳起石，不透明矿物有磁铁矿，岩浆成因矿物有钾长石和石英。棕色普通角闪石短柱状，具多色性，Ng -棕绿色，Np -绿色，沿边部被绿色普通角闪石交代，有的绿色普通角闪石进一步退变为无色或浅绿色的阳起石。斜长石完全转变成了绿帘石集合体，呈其半自形长板状假象，含量 40％～45％。钾长石大多环绕绿帘石化的斜长石边缘呈带状结晶，以其明显的黏土化而易于识别（图 7.8d），含量 20％～30％。石英呈他形粒状晶体，含量 20％～25％。

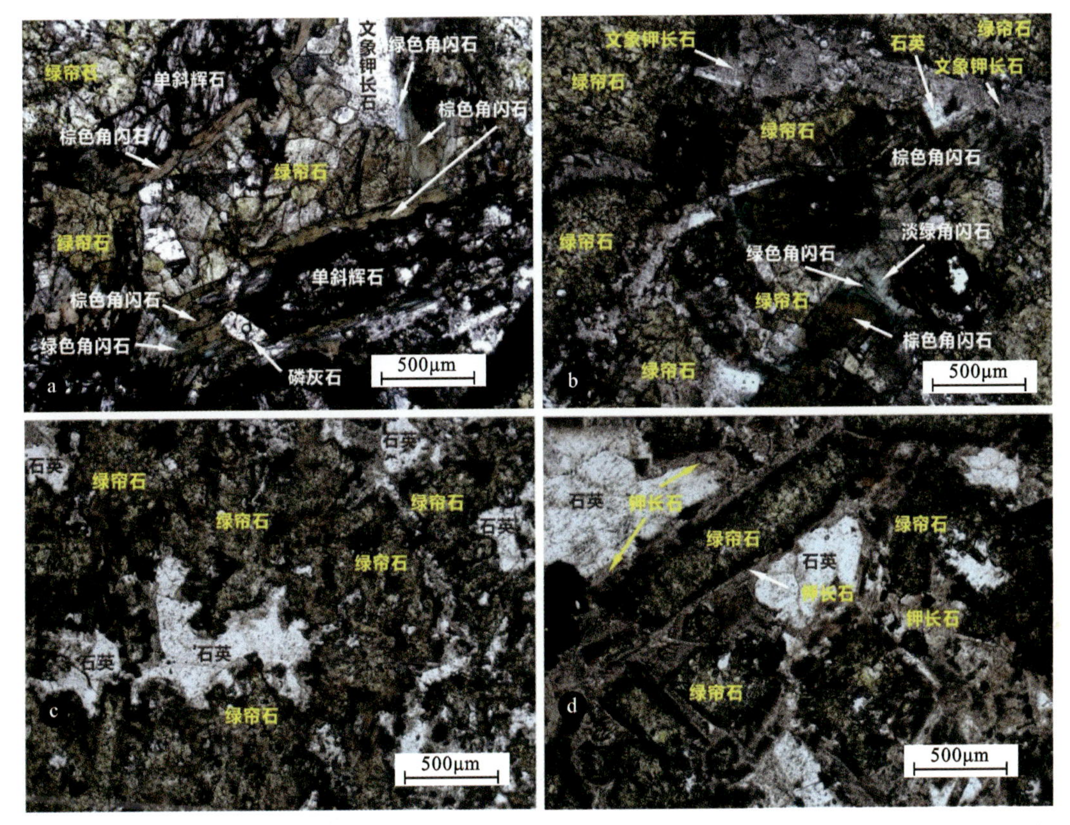

图 7.8 罗甸部分青磐岩显微照片

a. 青磐岩化辉长岩：粗粒自形板状皆转变为绿帘石，单斜辉石从边缘处依次转变为钛磁铁矿＋棕色普通角闪石和绿色普通角闪石（昂歪剖面，样品 LD01-7，单偏光）；b. 青磐岩化辉长岩：薄片中多处皆见石英＋钾长石交生体，单斜辉石完全被自形角闪石取代，角闪石从核到边部依次棕色普通角闪石、绿色普通角闪石和浅绿色阳起石（昂歪剖面，LD01-7，单偏光）；c. 中性绿帘青磐岩：细粒半自形斜长石全部转变为绿帘石，岩石其他暗色矿物为棕色、绿色普通角闪石和一些不透明矿物磁铁矿，微量钾长石环绕绿帘石化的斜长石，无磷灰石（昂歪，样品 LD01-1cn1A，单偏光）；d. 酸性青磐岩：半自形长板状等斜长石全部转变为绿帘石，岩石含少量棕色和绿色普通角闪石，有较多的钾长石与石英文象交生体环绕绿帘石化的斜长石边缘结晶，无磷灰石（昂歪，样品 LD01-1cn1B，单偏光）

三、变质矿物化学成分特征

选择辉长辉绿岩中的绿帘石或绿泥石及辉绿玢岩中的斜长石进行了电子探针分析，结果列于表 7.2。从氧化物含量层面的初步对比发现，绿泥石的 Al_2O_3变化较大，从 12.64％变化到 17.76％。空间分布上，位于边缘上气孔状辉绿岩的绿泥石贫 MgO（5.72％）富 TFeO（36.20％），而位于内部相的绿泥石则富 MgO（10.97％～11.68％）而低 TFeO（30.04％～31.76％）绿帘石为含 H_2O 含 Fe 的钙铝硅酸盐矿物，其 TFeO、CaO 和 Al_2O_3变化不大。

表 7.2 一些蚀变矿物电子探针成分 单位:%

氧化物	LD08B1	LD08B4	LD08B7	LD08B9	LD08B9	LD08B9
	绿泥石	绿泥石	绿泥石	绿帘石	绿帘石	钠长石
SiO_2	24.97	28.66	29.86	40.09	39.02	71.37
TiO_2	0.05	0.21	0.22	0	0	0
Al_2O_3	17.76	16.52	12.64	18.80	20.03	19.49
TFeO	36.20	31.76	30.04	13.12	15.09	0.09
MnO	0.20	0.20	0.19	0	0.14	0
MgO	5.72	10.97	11.68	0.04	0	0.04
CaO	0.02	0.10	0.04	22.08	23.10	0.05
Na_2O	0.01	0.03	0.02	0.06	0	8.57
K_2O	0	0.01	0	0.07	0	0.07
P_2O_5	0	0.02	0.01	0.02	0.06	0
合计	84.93	88.48	84.70	94.28	97.44	99.68

四、岩石化学特征

2 件基性、3 件中性和 3 件酸性青磐岩的全岩氧化物成分见表 7.3。为对比起见,表中同时给出了 1 件近于基性的绿泥石化辉长岩(样品 LD08B6-1)的分析数据。

从表 7.3 中可见,绿泥石化辉长岩的主量元素含量几乎可以完美地与弱蚀变的辉长岩中辉绿岩的主量元素含量对比,如含量较高的 TiO_2、TFeO 和 MgO,高的 Na_2O/K_2O 值等。辉长质青磐岩的 TFeO 基本不发生明显的变化,但 MgO 和 Na_2O 明显降低,CaO 和 K_2O 显著增高。这表明,抛开因贯入酸性岩浆而加大的 K_2O 含量不计,辉长岩在青磐岩化过程中其全岩成分中的 CaO 活动性强,FeO 转变为和 Fe_2O_3,在交代作用中 CaO 除就地与 Fe_2O_3 和 Al_2O_3 组成了绿帘石外,还从体系外获取了更多的 CaO,而 MgO 和 Na_2O 则严重逃离岩石系统。然而,单纯的绿泥石化对于全岩的 MgO 的含量变化可能影响不大,而且 FeO 的含量仍比 Fe_2O_3 高得多。

中性青磐岩的全岩成分中 SiO_2=58%~60%,其 CaO 的含量可达 10.6%~12.9%,接近辉长质青磐岩的 13.4%,表明其强的活动性;全铁含量略低于辉长质青磐岩,这与薄片中存在大量绿帘石基本事实相吻合,但 Fe_2O_3=7.7%~9.1%,而 FeO=0.9%~1.3%,占据极明显的含量优势。另外,中性青磐岩的 K_2O/Na_2O 值普遍大于 1.0,也与其发育较多的钾长石相一致。

3 件花岗质或二长花岗青磐岩类似于中性青磐岩,如 K_2O/Na_2O 值普遍大于 1。其 K_2O 含量显著地高,可高达 6.2%。其 CaO 的含量变化极大,从 9.3%到 2.8%(表 7.3)。Fe_2O_3的含量从 3.8%~6.3%,FeO = 0.6%~1.0%,同样是 Fe_2O_3 含量占绝对优势。但总 Fe 的含量小于中性岩,这与薄片中含更多的钾长石但很少的绿帘石是一致的。此外,酸性青磐岩的 K_2O/Na_2O 值也普遍大于 1.0,也与其发育较多的钾长石相一致。

表 7.3　绿泥石化辉长岩和青磐岩的全岩氧化物成分　　单位：%

氧化物	LD08B6-1*	LD08B6-2*	LD01-7	LD01-1	LD01-1B5b*	LD01-1cn1A*	LD01-1B5c*	LD01-1cn1B*	LD01-1B5a*
	绿泥石化辉长岩	辉长质青磐岩	辉长质青磐岩	石英二长闪长质青磐岩	石英二长闪长质青磐岩	石英二长岩青磐岩	花岗岩质青磐岩	花岗岩质青磐岩	二长花岗质青磐岩
SiO_2	48.37	50.16	53.10	57.90	58.82	60.21	65.23	66.43	68.42
TiO_2	2.79	1.10	1.87	0.65	0.81	1.43	0.90	0.66	0.39
Al_2O_3	11.94	15.06	12.75	13.65	14.01	11.68	14.49	11.61	12.38
Fe_2O_3	2.48	8.31	10.17	9.12	7.72	8.23	3.84	6.28	4.09
FeO	8.13	1.86	1.89	0.93	0.91	1.33	1.03	0.68	0.59
MnO	0.22	0.12	0.20	0.12	0.11	0.14	0.06	0.09	0.06
MgO	3.74	0.64	1.14	0.39	0.54	0.75	0.87	0.32	0.36
CaO	6.64	13.35	14.85	12.85	10.60	11.80	2.76	9.25	5.51
Na_2O	3.46	0.07	0.15	0.13	1.13	0.21	4.21	0.35	0.18
K_2O	1.36	3.47	0.86	1.70	2.51	1.23	4.28	2.44	6.15
P_2O_5	1.34	0.34	0.82	0.13	0.15	0.46	0.19	0.12	0.05
LOI	8.53	4.71	1.38	1.26	1.72	1.66	1.57	1.32	1.19
合计	99.00	99.19	99.18	98.83	99.03	99.13	99.43	99.55	99.37

注：* 由项目 NSFC41672060 资助分析。

总之，绿泥石化和青磐岩化都降低了岩石的 MgO 含量，但青磐岩化比绿泥石对 MgO 含降低效果更大。青磐岩化提高了辉绿岩床岩石的 K_2O 含量，这与注入的花岗质岩浆的量成正比，中酸性青磐岩普遍高的 K_2O 则可能与原岩浆的固有成分有关，因为未蚀变的此类岩石的 K_2O 含量本来就高。但青磐岩化明显地提高了岩石的 CaO 含量，且使原来占优势的 FeO 含量变为了 Fe_2O_3 占优势，表明青磐岩化是在高氧化环境中进行的。

第三节　气液变质岩锆石测年

露头上与青磐岩化花岗岩同期的中酸性脉的锆石定年揭示该组岩脉形成于约 86Ma，但对强绿泥石化和青磐岩化作用的年龄仍不得而知。为确定青磐岩化的年龄和时代，本次采集了 1 件辉长质青磐岩（样品 LD01-7）和 1 件强绿泥石化辉长岩（样品 LD08B6-1）、1 件岩囊青磐岩（样品 LD08B6-2）和 1 件石英二长闪长质青磐岩（样品 LD01-1）共 4 件样品，分选出锆石，期望通过测定不同成因锆石的 U-Pb 年龄来了解岩石的青磐岩化年龄和其他地质年龄信息。

一、样品采集与加工处理

将采集的 5～10kg 全岩样送廊坊市诚信地质服务有限公司加工挑选锆石精样。锆石样品靶和阴极发光（CL）成像在武汉上普分析科技有限责任公司完成。其中，LD01-7 样品在中国地质大学（武汉）地质过程与矿产资源国家重点实验室完成 LA-ICP-MS 锆石 U-Pb 定年及锆石稀土、微量元素分析，激光束斑直径为 32μm；LD08B6-1，LD08B6-2、LD01-1 样品在武汉上谱分析科技有限责任公司完成 LA-ICP-MS 锆石 U-Pb 定年及锆石稀土、微量元素分析，32μm。单个数据点的误差为 1σ，$^{206}Pb/^{238}U$ 加权平均年龄误差为 2σ。实验分析方法见附录。

二、分析结果

1. 锆石 CL 图像的一般特征

4 件锆石样品中，青磐岩化辉长岩（LD01-7）多数锆石与罗甸玉矿区辉长辉绿岩床中锆石的 CL 图像一致，以长柱状，深灰色、黑色无环带或极宽的弱环带为特征（图 7.9a），少数短柱状具环带结构。石英二长闪长质青磐岩（LD01-1）大部分锆石也具有此类 CL 图像（图 7.9b），其余为短柱或柱状具振荡环带晶体。

岩囊青磐岩（LD08B6-2）也有 3 颗相似于 260Ma 辉绿岩床的锆石，余下分别有柱状灰色不均匀云团状环带、深灰无环带和自形柱状振荡环带发育锆石（图 7.9c）。强绿泥石化辉长岩（LD08B6-1）多为不规则状颗粒，有自形晶发育环带的，他形灰色，有 2 颗锆石发育类似热液锆石的盘绕状环带（图 7.9d）。

2. 年龄结果

青磐岩化辉长岩（LD01-7）测定了 22 颗锆石共 22 测点（表 7.4）。其 $^{206}Pb/^{238}U$ 表面年龄分布在谐和线附近。最小的年龄组由 9 个数据点组成，其 $^{206}Pb/^{238}U$ 年龄在 269～240Ma 之间，加权平均年龄为（260±3）Ma（Huang et al，2019），如考虑离散度更低的 6 个数据点时，其 $^{206}Pb/^{238}U$ 年龄集中在 265～256Ma 之间，谐和年龄为（260.16±1.10）Ma，MSWD＝0.1（图 7.10a），统计年龄相同，只是统计误差略为减小。该年龄与峨眉山玄武岩的主喷发期 260Ma 一致（Zhou et al，2008），也与前人取得的罗悃辉绿岩年龄 261Ma 一致（祝明金等，2018），锆石未受到后期热液蚀变的影响，保存了辉长岩的形成年龄信息。

强绿泥石化辉长岩（LD08B6-1）测定了 13 颗锆石点（表 7.4）。除 2 个老年龄点远离谐和线外，其余位于谐和线上，但分布较为零散，其 $^{206}Pb/^{238}U$ 年龄介于 1920～89Ma 之间。2 颗具盘绕环带的热液蚀变锆石测点 LD08B6-1-05 和 LD08B6-1-13 的 $^{206}Pb/^{238}U$ 谐和年龄分别为 91Ma 和 89Ma，记录了最小的年龄值，其平均值为 90Ma，与区内中酸性岩脉的 86Ma 的侵入年龄在误差范围内一致，可认为受此期岩浆侵入引发的热液交代作用的年龄。浅灰色具振荡环带柱状近自形或半自形的 6 个锆石数据点比较集中，$^{206}Pb/^{238}U$ 谐和年龄为（128.28±2.02）Ma，MSWD＝0.56；加权平均年龄为（128±1）Ma，MSWD＝0.82（图 7.10b），指示锆石的结晶年龄，参照中酸性岩脉的最小侵入年龄为 86Ma，认为此 128Ma 的锆石为继承性成因。此外，有 1 颗锆石点（LD08B6-1-8）的 $^{206}Pb/^{238}U$ 年龄为 255Ma，锆石特征及其年龄均与 LD01-7 样品一致（图 7.9a），应为来自辉长辉绿岩中的捕虏晶锆石的年龄。属于继承性锆石年龄值的还有 452Ma、786Ma、1626Ma 和 2002Ma 等。

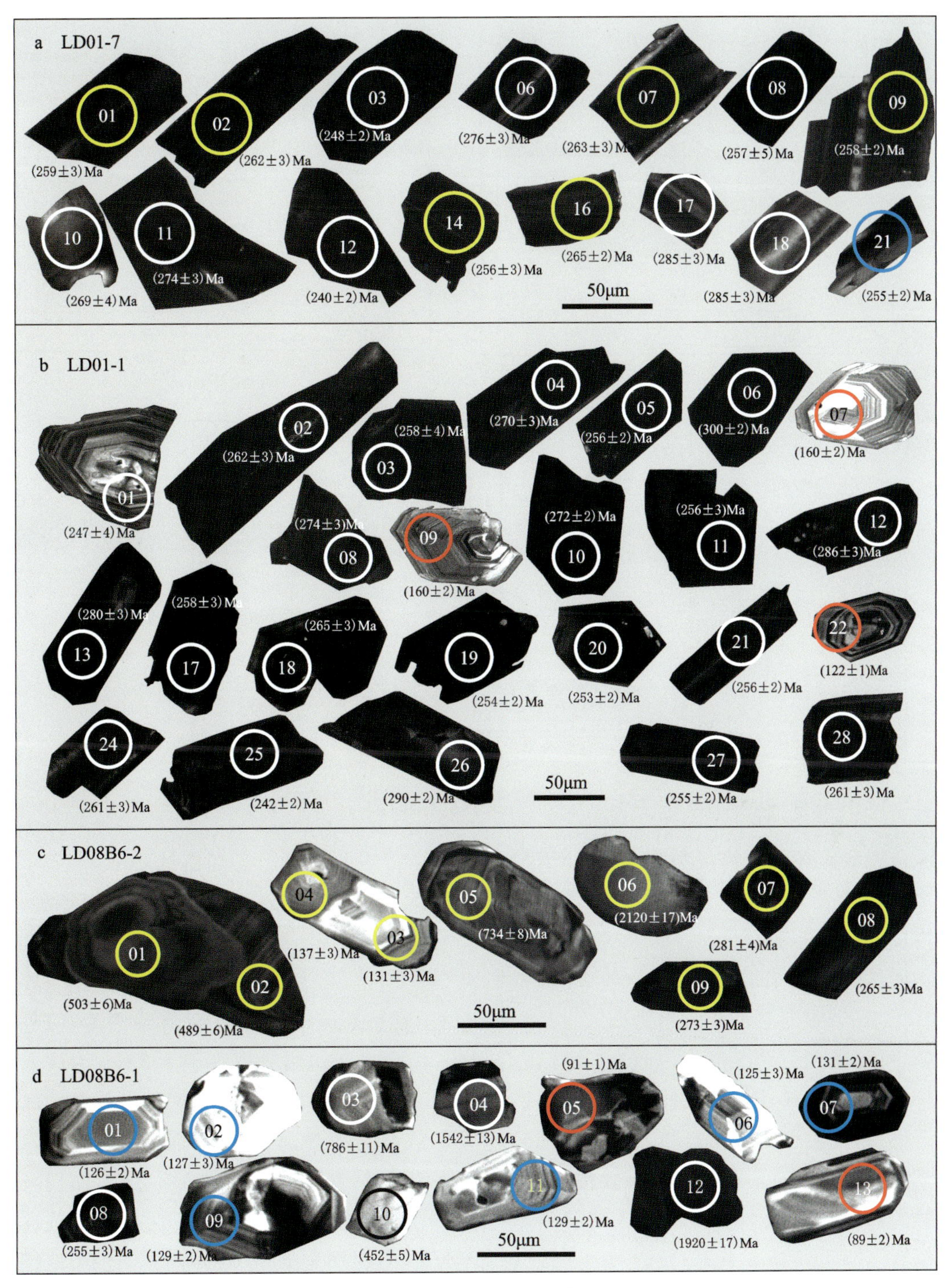

图 7.9 锆石 CL 图像

岩囊青磐岩(LD08B6-2)文象结构发育,锆石较少,仅测定了 7 个颗粒共 9 个数据。最小的年龄组为 137～131Ma,其锆石呈柱状自形振荡环带清楚(图 7.9c)。余下有 281～265Ma,

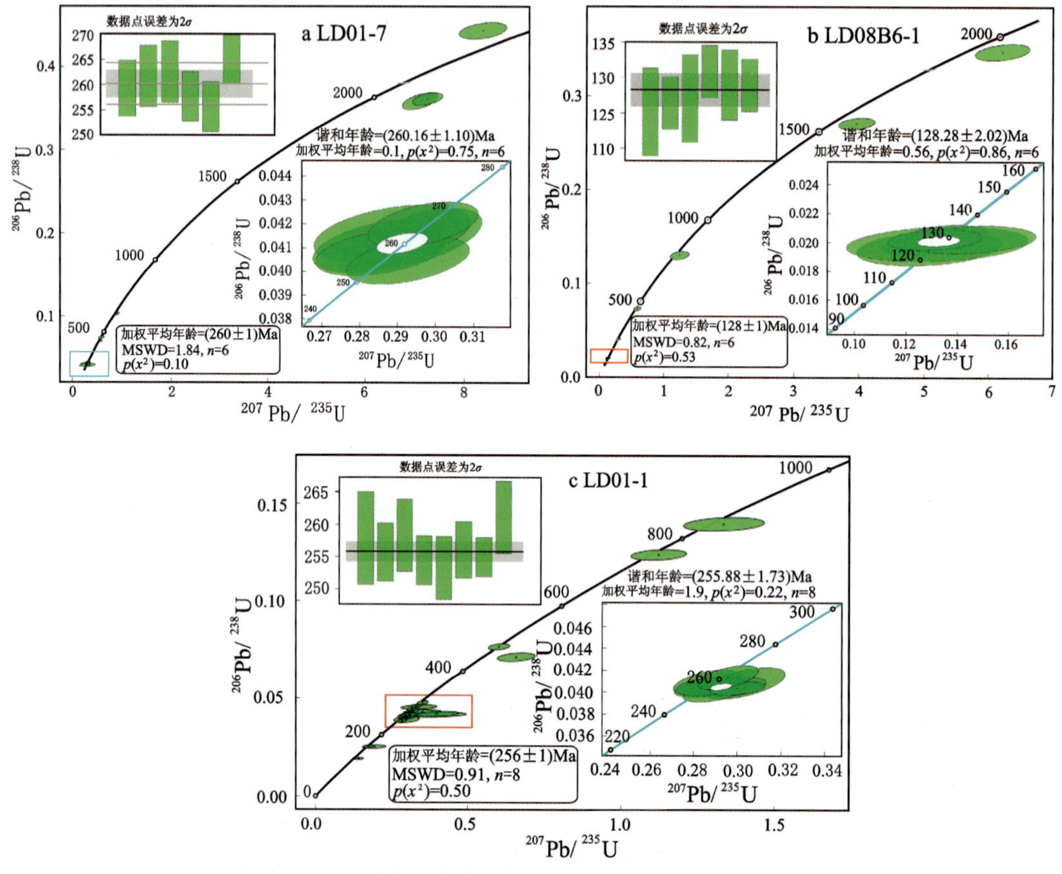

图 7.10 罗甸青磐岩化辉长岩和青磐岩锆石 U-Pb 谐和图

其深色柱状无环带的特征类似于 260Ma 的辉长辉绿岩中的锆石。另还有约 500Ma、734Ma 和 2285Ma(表 7.4)。显然,本次测定年龄的锆石均高于注入其中的富 K 花岗岩浆的年龄,因此均属于继承性锆石。

酸性青磐岩(LD01-1)测定了 30 颗锆石点(表 7.4),可划分出 3 个较年轻的年龄组(图 7.10c)。最年轻的年龄组为(122±1)Ma,仅由 1 颗锆石构成,锆石振荡环带清楚,但色泽暗淡,可能受到后期热液作用改造,属于混合年龄,揭示热液作用时间晚于 122Ma,为注入的 90～86Ma的富 K 花岗岩浆捕获的继承性锆石。第二组年龄值为(160±2)Ma,由分散的两颗锆石呈现,具典型的振荡环带,可能为 160Ma 岩浆锆石的捕虏晶,但受热液改造程度不高。第三组由 8 个相对集中的锆石年龄构成,其$^{206}Pb/^{238}U$ 年龄介于 265～247Ma 之间,加权平均年龄为(256±1)Ma,MSWD=0.91(图 7.10c),该年龄值在误差范围内与罗悃一带的基性岩床年龄[(255±1)Ma 、(261±3)Ma]一致(韩伟等,2009;祝明金等,2018),其锆石的 CL 特征与早期基性岩中的锆石相似,属于罗甸基性岩的捕虏锆石。

表 7.4　罗甸青磐岩化辉长岩和青磐岩 LA-ICP-MS 锆石 U-Pb 定年数据

样品号	测点号	Pb/ $\times10^{-6}$	Th/ $\times10^{-6}$	U/ $\times10^{-6}$	Th/U	同位素比值						*Rho*	表面年龄/Ma						谐和度/%
						$^{207}Pb/^{206}Pb$	1σ	$^{207}Pb/^{235}U$	1σ	$^{206}Pb/^{238}U$	1σ		$^{207}Pb/^{206}Pb$	1σ	$^{207}Pb/^{235}U$	1σ	$^{206}Pb/^{238}U$	1σ	
LD01-7	01	651	1729	1807	0.96	0.050 1	0.001 2	0.285 2	0.007 2	0.041 0	0.000 5	0.445 1	211	57	255	6	259	3	98
	02	1021	2827	3147	0.90	0.051 5	0.001 1	0.295 9	0.006 6	0.041 4	0.000 5	0.539 2	261	48	263	5	262	3	99
	03	4158	125 56	5198	2.42	0.050 5	0.001 0	0.274 9	0.005 3	0.039 2	0.000 3	0.416 6	217	44	247	4	248	2	99
	04	620	1455	1218	1.19	0.052 6	0.001 4	0.352 9	0.009 3	0.048 4	0.000 4	0.346 7	309	59	307	7	304	3	99
	05	521	152	176	0.86	0.135 8	0.003 2	8.361 9	0.195 6	0.443 9	0.004 1	0.393 3	2176	42	2271	21	2368	18	95
	06	438	1097	1289	0.85	0.050 5	0.001 5	0.306 4	0.009 4	0.043 8	0.000 5	0.400 4	217	72	271	7	276	3	98
	07	442	1220	1043	1.17	0.050 1	0.001 5	0.288 5	0.008 4	0.041 6	0.000 5	0.412 3	211	67	257	7	263	3	97
	08	3099	5720	5090	1.12	0.054 2	0.011 9	0.303 7	0.066 2	0.040 7	0.000 8	0.272 2	2144	102	269	52	257	5	21
	09	927	2596	1523	1.70	0.050 5	0.001 2	0.285 4	0.007 0	0.040 8	0.000 4	0.400 2	217	56	255	6	258	2	98
	10	765	1663	646	2.57	0.046 5	0.006 8	0.273 2	0.040 1	0.042 7	0.000 6	0.226 6	1780	123	245	32	269	4	38
	11	1514	4000	1813	2.21	0.052 5	0.004 2	0.313 9	0.025 0	0.043 4	0.000 5	0.370 8	594	50	277	19	274	3	87
	12	1868	7452	4512	1.65	0.051 3	0.001 2	0.269 6	0.006 4	0.038 0	0.000 3	0.347 8	254	54	242	5	240	2	99
	13	183	211	1036	0.20	0.059 3	0.001 5	0.574 0	0.014 3	0.070 0	0.000 6	0.316 3	589	54	461	9	436	3	94
	14	590	1607	1599	1.00	0.052 5	0.001 2	0.292 7	0.006 6	0.040 5	0.000 4	0.454 3	306	56	261	5	256	3	98
	15	590	693	662	1.05	0.063 9	0.001 4	0.906 3	0.018 7	0.102 7	0.000 8	0.389 4	739	44	655	10	630	5	96
	16	893	2438	1831	1.33	0.051 2	0.001 0	0.296 7	0.005 9	0.042 0	0.000 4	0.465 2	250	44	264	5	265	2	99
	17	507	1371	1316	1.04	0.052 0	0.001 2	0.323 9	0.007 8	0.045 2	0.000 5	0.479 4	283	54	285	6	285	3	99
	18	275	793	722	1.10	0.052 3	0.001 6	0.325 9	0.010 3	0.045 2	0.000 6	0.383 7	298	66	286	8	285	3	99
	19	1030	335	942	0.36	0.142 6	0.002 4	7.107 6	0.146 2	0.359 2	0.004 1	0.559 5	2258	29	2125	18	1978	20	92
	20	1046	400	852	0.47	0.144 8	0.002 3	7.261 8	0.125 7	0.361 8	0.003 1	0.489 9	2287	32	2144	15	1991	15	92
	21	579	1715	803	2.13	0.063 1	0.001 6	0.351 8	0.008 6	0.040 3	0.000 4	0.378 8	722	52	306	6	255	2	81
	22	160	229	394	0.58	0.057 5	0.002 5	0.586 9	0.025 1	0.074 1	0.000 8	0.368 1	643	59	469	16	461	5	93

续表 7.4

样品号	测点号	Pb/ $\times 10^{-6}$	Th/ $\times 10^{-6}$	U/ $\times 10^{-6}$	Th/U	同位素比值						*Rho*	表面年龄/Ma						谐和度/%
						$^{207}Pb/^{206}Pb$	1σ	$^{207}Pb/^{235}U$	1σ	$^{206}Pb/^{238}U$	1σ		$^{207}Pb/^{206}Pb$	1σ	$^{207}Pb/^{235}U$	1σ	$^{206}Pb/^{238}U$	1σ	
LD08B 6-1	01	19	434	815	0.53	0.046 8	0.002 9	0.127 1	0.006 7	0.019 8	0.000 3	0.288 5	43	141	122	6	126	2	96
	02	5	180	190	0.95	0.049 5	0.005 9	0.132 4	0.014 5	0.019 9	0.000 5	0.224 8	172	259	126	13	127	3	99
	03	24	138	141	0.98	0.069 5	0.003 5	1.241 8	0.060 1	0.129 7	0.001 9	0.294 9	915	104	820	27	786	11	95
	04	114	215	344	0.62	0.105 4	0.003 2	3.961 8	0.114 0	0.270 2	0.002 5	0.325 4	1721	55	1626	23	1542	13	94
	05	23	1226	1201	1.02	0.050 6	0.003 1	0.098 3	0.005 7	0.014 2	0.000 2	0.271 9	220	147	95	5	91	1	95
	06	6	340	217	1.57	0.049 0	0.005 2	0.129 1	0.011 6	0.019 6	0.000 5	0.269 5	146	243	123	10	125	3	98
	07	37	1010	1447	0.70	0.047 6	0.002 5	0.135 9	0.006 4	0.020 5	0.000 3	0.262 1	80	131	129	6	131	2	98
	08	45	1187	771	1.54	0.053 5	0.002 6	0.299 0	0.014 3	0.040 4	0.000 5	0.263 8	346	113	266	11	255	3	96
	09	16	413	692	0.60	0.052 5	0.004 0	0.145 0	0.010 6	0.020 2	0.000 4	0.245 9	309	174	137	9	129	2	93
	10	49	470	528	0.89	0.058 1	0.002 2	0.589 6	0.022 9	0.072 6	0.000 9	0.304 1	600	83	471	15	452	5	95
	11	11	306	422	0.72	0.046 5	0.003 0	0.131 2	0.007 5	0.020 2	0.000 3	0.260 0	33	139	125	7	129	2	97
	12	62	58	150	0.38	0.128 6	0.003 7	6.216 6	0.174 1	0.347 0	0.003 6	0.367 8	2080	50	2007	25	1920	17	95
	13	6	373	273	1.37	0.049 1	0.006 2	0.092 2	0.009 6	0.013 9	0.000 3	0.213 4	154	280	90	9	89	2	99
LD08B 6-2	01	41	463	356	1.30	0.061 6	0.002 5	0.694 3	0.027 1	0.081 1	0.001 0	0.327 6	661	87	535	16	503	6	93
	02	31	457	257	1.78	0.060 6	0.003 2	0.662 5	0.032 5	0.078 8	0.001 0	0.265 8	633	119	516	20	489	6	94
	03	6	150	224	0.67	0.052 1	0.004 9	0.143 7	0.011 2	0.020 6	0.000 4	0.264 8	300	217	136	10	131	3	96
	04	5	94	195	0.48	0.053 2	0.006 0	0.147 4	0.013 7	0.021 6	0.000 5	0.257 5	345	257	140	12	137	3	98
	05	31	194	191	1.02	0.065 4	0.002 9	1.093 1	0.045 3	0.120 6	0.001 4	0.277 3	787	93	750	22	734	8	97
	06	98	102	199	0.51	0.156 7	0.004 3	8.495 6	0.221 8	0.389 5	0.003 7	0.367 4	2421	52	2285	24	2120	17	92
	07	104	1380	1759	0.78	0.050 6	0.002 2	0.313 9	0.013 2	0.044 6	0.000 7	0.347 9	220	102	277	10	281	4	98
	08	184	4531	3029	1.50	0.050 6	0.001 5	0.295 4	0.008 6	0.041 9	0.000 4	0.348 3	233	75	263	7	265	3	99
	09	110	2859	1642	1.74	0.050 7	0.001 7	0.304 8	0.010 1	0.043 2	0.000 5	0.353 9	233	78	270	8	273	3	99

续表 7.4

样品号	测点号	Pb/ $\times10^{-6}$	Th/ $\times10^{-6}$	U/ $\times10^{-6}$	Th/U	同位素比值						*Rho*	表面年龄/Ma						谐和度/%
						$^{207}Pb/^{206}Pb$	1σ	$^{207}Pb/^{235}U$	1σ	$^{206}Pb/^{238}U$	1σ		$^{207}Pb/^{206}Pb$	1σ	$^{207}Pb/^{235}U$	1σ	$^{206}Pb/^{238}U$	1σ	
LD01-1	01	82	242	388	0.63	0.055 6	0.003 2	0.300 6	0.017 3	0.039 1	0.000 6	0.276 5	435	130	267	14	247	4	92
	02	912	1643	1214	1.35	0.142 1	0.004 1	0.906 4	0.026 5	0.045 9	0.000 4	0.323 5	2254	50	655	14	290	3	22
	03	1147	3352	4004	0.84	0.053 4	0.001 1	0.303 0	0.007 8	0.040 8	0.000 6	0.561 4	346	46	269	6	258	4	95
	04	1072	2777	2790	1.00	0.078 7	0.002 7	0.484 4	0.018 3	0.044 0	0.000 4	0.269 3	1165	69	401	13	277	3	63
	05	1341	4101	3747	1.09	0.053 4	0.001 0	0.299 3	0.005 8	0.040 5	0.000 4	0.471 3	346	43	266	5	256	2	96
	06	1013	2362	3836	0.62	0.053 6	0.001 1	0.353 9	0.007 4	0.047 7	0.000 4	0.397 5	354	79	308	6	300	2	97
	07	50	240	281	0.85	0.056 1	0.004 1	0.196 3	0.014 5	0.025 2	0.000 4	0.188 6	457	163	182	12	160	2	87
	08	2171	6162	3323	1.85	0.053 8	0.001 2	0.322 8	0.007 5	0.043 4	0.000 5	0.449 1	365	47	284	6	274	3	96
	09	66	317	705	0.45	0.050 2	0.002 2	0.174 8	0.007 8	0.025 2	0.000 3	0.255 4	206	104	164	7	160	2	98
	10	2772	7795	9127	0.85	0.051 7	0.000 8	0.308 0	0.004 8	0.043 1	0.000 3	0.418 1	272	37	273	4	272	2	99
	11	1204	3853	3174	1.21	0.055 6	0.001 1	0.312 5	0.007 7	0.040 5	0.000 5	0.505 6	439	44	276	6	256	3	92
	12	1181	3255	2092	1.56	0.060 7	0.001 6	0.386 3	0.010 6	0.045 8	0.000 4	0.328 4	628	56	332	8	289	3	86
	13	2166	6033	6294	0.96	0.051 6	0.001 0	0.317 8	0.006 4	0.044 4	0.000 4	0.477 1	333	44	280	5	280	3	99
	14	221	359	482	0.74	0.056 9	0.001 4	0.599 5	0.014 3	0.076 4	0.000 7	0.359 3	487	54	477	9	475	4	99
	15	379	143	168	0.85	0.120 3	0.002 1	5.911 4	0.104 1	0.355 5	0.002 9	0.466 3	1961	31	1963	15	1961	14	99
	16	557	153	154	0.99	0.172 9	0.003 0	11.709 7	0.202 7	0.490 3	0.003 7	0.438 8	2587	28	2581	16	2572	16	99
	17	771	2426	2791	0.87	0.050 7	0.001 0	0.286 5	0.006 4	0.040 9	0.000 5	0.504 3	233	72	256	5	258	3	99
	18	756	2151	1311	1.64	0.078 7	0.002 2	0.459 3	0.013 1	0.042 4	0.000 4	0.366 6	1165	54	384	9	268	3	64
	19	2111	6736	7572	0.89	0.051 4	0.001 0	0.285 6	0.005 9	0.040 3	0.000 3	0.376 9	257	44	255	5	254	2	99
	20	1405	4196	4116	1.02	0.052 4	0.001 1	0.289 6	0.005 9	0.040 1	0.000 4	0.485 7	306	46	258	5	253	2	98

续表 7.4

样品号	测点号	Pb/ $\times 10^{-6}$	Th/ $\times 10^{-6}$	U/ $\times 10^{-6}$	Th/U	同位素比值						Rho	表面年龄/Ma						谐和度/%
						$^{207}Pb/^{206}Pb$	1σ	$^{207}Pb/^{235}U$	1σ	$^{206}Pb/^{238}U$	1σ		$^{207}Pb/^{206}Pb$	1σ	$^{207}Pb/^{235}U$	1σ	$^{206}Pb/^{238}U$	1σ	
LD01-1	21	609	2045	1300	1.57	0.051 4	0.001 1	0.287 4	0.006 4	0.040 5	0.000 4	0.400 4	261	48	257	5	256	2	99
	22	147	872	1095	0.80	0.055 4	0.002 3	0.144 8	0.006 0	0.019 0	0.000 2	0.275 6	428	94	137	5	122	1	87
	23	86	81	126	0.64	0.066 1	0.002 2	1.122 8	0.037 2	0.123 7	0.001 1	0.270 4	809	70	764	18	752	6	98
	24	718	2375	1284	1.85	0.054 9	0.001 4	0.313 0	0.008 6	0.041 4	0.000 4	0.365 8	409	57	277	7	261	3	94
	25	880	2679	4387	0.61	0.053 9	0.001 1	0.285 2	0.006 2	0.038 3	0.000 4	0.457 2	365	44	255	5	242	2	95
	26	411	1038	1711	0.61	0.052 5	0.001 1	0.332 7	0.007 1	0.045 9	0.000 3	0.333 4	309	55	292	5	290	2	99
	27	2324	7367	6422	1.15	0.053 8	0.000 9	0.300 3	0.005 2	0.040 3	0.000 3	0.364 1	361	71	267	4	255	2	95
	28	877	2644	4063	0.65	0.051 7	0.000 9	0.295 9	0.005 7	0.041 3	0.000 5	0.567 2	272	44	263	5	261	3	99
	29	119	211	330	0.64	0.066 2	0.002 3	0.656 5	0.025 4	0.071 1	0.000 9	0.319 8	813	72	512	16	443	5	85
	30	120	106	102	1.03	0.069 1	0.002 8	1.335 9	0.053 9	0.139 6	0.001 4	0.252 8	902	83	861	23	842	8	97

第四节　讨　论

一、接触热变质作用和接触交代变质作用鉴别

不言而喻，罗甸矿区发生的变质作用类型不止一个，最明显的类型是辉绿岩床侵入所致的接触热变质作用和自身发生的自变质作用及罗甸玉成矿相关的气液变质作用。前已述及自变质作用和气液变质作用，这里主要讨论接触热变质作用和与之相关的接触交代变质作用。

接触热变质作用是岩体侵入于温差较大的围岩，在冷却过程中释放的热作用于围岩使其发生的变质作用，它以温度为主要变质因素，形成细粒变晶结构、块状构造和低压矿物组合及紧密围绕岩体边缘的接触热变质岩（这些岩石常构成封闭的变质晕）（桑隆康等，2012）。接触热变质作用的强度（温度条件和变质带宽度）与围岩的成分、结构、构造、孔隙度和产状，以及侵入岩浆的成分、温度、体积、作用时间长短有关。围岩地层由富含黏土矿物的泥页岩或富含SiO_2和碳酸盐矿物，尤其是硅质白云—灰质白云岩地层，颗粒微细，层理发育，特别是孔隙度高的岩石更易于发育宽的接触变质带，其变质作用强度也相对要高。另外，若地层中富含流体则可助力热对流进行，从而更加有效地促进变质作用的进行，发育变质强度更高和更宽的接触变质带。

接触交代变质作用指侵入岩体的围岩在接触热变质基础上受岩浆冷凝释放的热液作用而发生的交代变质作用。在诸多的围岩中，以在碳酸盐岩围岩中发育的接触交代变质岩——夕卡岩的形成最为突出，少数硅酸盐岩地层如火山凝灰岩层的夕卡岩也较为常见。产在围岩中的夕卡岩称“外夕卡岩”，产在岩体内的夕卡岩称“内夕卡岩”。中酸性岩体富含流体组分，因此比基性侵入体更能产生夕卡岩。夕卡岩据其他成分可分与灰岩相关的钙夕卡岩和与白云岩相关的镁夕卡岩，两者共同的代表性矿物为钙铝-钙铁榴石和透辉-钙铁辉石。夕卡岩常发育交代变质带，但这些分带通常都是厘米级别的。交代作用的机理是双交代，即围岩与岩体中元素因浓度存在巨大差别而存在浓度梯度，这些元素会从浓度高的一方向浓度低的一方迁移，不同的元素会向相反方向运动。例如，相互接触的闪长岩体侵入灰岩成分的围岩时，闪长岩中Si、Al、Fe、Mg、Na的浓度高于碳酸盐岩同种元素的含量而向其迁移，而碳酸盐岩中的高浓度的Ca则向花岗岩迁移，结果在内夕卡岩中形成“斜长石＋单斜辉石”，向接触带灰岩围岩一侧向内依次生成外夕卡岩组合“石榴子石＋单斜辉石”“单斜辉石”岩性带。接触热变质也可像接触交代变质那样形成钙铝榴石-钙铁榴石石榴子石和透辉石-钙铁辉石单斜辉石，但接触交代变质需要互补元素在岩体与围岩之间进行交换。因此，外夕卡岩与内夕卡岩是密切接触的，而接触热变质成因的石榴子石和单斜辉石受原岩全岩化学成分制约，其矿物组合无须一定与岩体界面密切接触。

罗暮剖面上四大寨组的碳酸盐岩围岩普遍含条带状硅质岩（石英岩）。直接与杏仁状辉绿玢岩接触的大理岩（样品LD0319-2A）为发育少许透辉石的方解石大理岩。从该岩石向外，依次发育的无水特征变质矿物或矿物组合有钙铝榴石＋透辉石、硅灰石＋透辉石和透辉石，

含水特征矿物为透闪石。在靠近岩体接触面附近发育高温含水矿物符山石。石榴子石在正交偏光下无光性环带，其成分谱图显示无 Fe 峰(图 7.5)，为含 Mg 的钙铝榴石。透辉石成分图谱的 Ca 和 Mg 峰突出，很弱的 Na 和 Al 峰，也无 Fe 峰(图 7.6b)，为富 Mg 的透辉石端员。符山石的成分图谱显示强的 Ca、Mg 和 Al 峰，弱峰有 Mn 和 Ti，但也无 Fe 峰(图 7.6c)，因而为含 Mg 和少许 Mn 的钙铝硅酸盐矿物。从结构上看，石榴子石和符山石呈变斑晶产出，但透辉石绝大多数颗粒为不足 10μm 的微粒变晶集合体，有的甚至非常密集，而硅灰石则呈纤维状放射状集合体，纤体横截面的大小均约 5μm(图 7.4)。

根据晶体成核与生长理论，如此密集而细小的晶体生长和纤维状晶体的生长条件：一是有充足的物源，二是高的生长速率。例如，岩浆岩中密集微晶岩石都是发育在浅成—超浅成相和火山岩相岩石中，或者发育在海底喷发的火山熔岩(如科马提岩)中。在这些岩石中，高的生长速率是通常显著过冷度(overcooling)的存在来实现的。与在熔体冷却过程结晶的岩浆矿物不同，变质矿物生长是加热过程中在固态下进行的，高的生长速率是通过显著过热度(overheating)的存在来实现的，而能发生显著过热度的变质作用只有在接触热变质中才能达到。通过岩体的快速侵位将一个高达 800～1200℃或者更高温度的热源突然置于正常地温的围岩中，从而在短时间内对围岩进行加热，这种巨大的温差导致巨大的过热度的存在，从而发育由微细晶体但含量很大的矿物组成的坚硬致密的角岩，或呈放射状生长的红柱石集合体——菊花石。罗甸玉矿区呈放射状集合体的硅灰石和密集显微变晶的透辉石等特征变质矿物是在辉绿岩床侵入过程因显著过热度而发生的接触热变质作用的产物。

符山石变斑晶包裹透辉石和方解石。透辉石包裹体的大小与基质透辉石的粒度相当，不足 10μm，但不包裹大小相当的透闪石(图 7.4i)；方解石包裹体的粒度略大，在 40～50μm 之间(图 7.4d)。这表明符山石的生长发生在它包裹的特征变质矿物透辉石之后。因符山石含 H_2O，故生长发生在峰期后的退变质阶段。

然而，由本书第三章可知，罗甸玉矿区内上覆于辉绿岩床的四大寨组第二段地层岩石原来是由几乎纯的灰岩、硅质灰岩和方解石硅质岩组成的，没有泥页岩或粉砂岩等碎屑岩夹层，贫 Mg、Al、K 和 Na 等全岩成分。接触热变质峰期出现含 Mg 的钙铝榴石、富 Mg 的透闪石、透辉石，以及退变质中出现富 Al 和富 Mg 的符山石和含 K 的富水 Ca 的铝硅酸盐矿物斜发沸石，表明在峰期变质前地层岩石中局部就已存在含量可观的 Mg 和 Al 及少量的 K 等造岩组分。这意味着，在最终的接触热变质峰期达到之前就发生过气液交代变质作用，在地层中发生了成分交换。辉绿岩床边缘相最边缘处的气孔状辉绿玢岩或玄武玢岩的气孔中被绿泥石、方解石和绿帘石充填，而近接触边缘的全晶质的细粒辉绿玢岩中发育脱落的绿泥石杏仁球体，表明在玄武质岩浆的幕式传输过程中发生过明显的物质迁移。由于四大寨组形成仅略早于 ELIP 的爆发期，因此该交代作用只能与 ELIP 的发生有关。而 ELIP 的酸性侵入岩又发生在辉绿岩床定型之后，亦即接触热变质的峰期后，因此该交代作用只能与基性岩浆侵入期间有关，应属于与辉绿岩床侵入相关的接触交代变质作用。该接触交代变质作用发生在四大寨组碳酸盐岩地层变质的大理岩中，因而属于典型的夕卡岩化作用。

二、单向对流夕卡岩化作用

交代作用发生过程中组分迁移机制有扩散和渗透两种。扩散机制中，组分从浓度高、化学位高的一端向浓度低且化学位低的一端运动，呈主动迁移，化学位是扩散的驱动力。扩散可在固体的晶内晶格和晶间边界进行，晶间可以是干的或湿的固体边界，也可以发生在静止的流体中。组分通过晶格扩散的速率极低，100Ma 才能扩散 1cm 的距离，但在流体中一年便可扩散若干米。在渗透机制中，组分溶解在流动的流体中，被流体携带输运，流体流动驱动力为外部的压力差，流体总是从压力高的一端沿岩石中的连通微裂隙向压力低的一端运动。连通的微裂隙在浅部地壳中发育，在中深地壳中闭合。因此，渗透机制只发生在浅层次的地壳中。

组分扩散通常是双向的，即所谓的双交代。两个并置的 A 和 B 地质体之间，一些组分的化学位在 A 地质体中高于 B 地质体，另一些组分的化学位在 B 地质体中高于 A 地质体，高化学位的组分在两个地质体之间相互交换。例如两个并置的岩石 A 和 B，MgO 在岩石 A 中的化学位高于岩石 B 而向岩石 B 扩散，而 SiO_2 的化学位在岩石 B 中高于岩石 A 而向后者扩散，从而产生著名的 Thompson 交代序列：方镁石（MgO）| 方镁石＋镁橄榄石 | 镁橄榄石 | 镁橄榄石＋顽火辉石 | 顽火辉石 | 顽火辉石＋石英 | 石英（SiO_2）。侵入到灰岩地层中的中酸性岩体，如闪长岩体，其中的 Si、Al、Fe、Mg 的浓度和化学位也明显高于灰岩中同种组分的浓度和化学位，因此向灰岩中迁移；灰岩中的 Ca 的浓度和化学位远高于岩体中的 Ca 的浓度和化学位，因而向岩体中迁移。双向迁移的结果是在两者之间形成宽度只有数厘米的交代夕卡岩带，如 Kerrick（1977）建立的夕卡岩带：闪长岩（普通角闪石＋斜长石）| 内夕卡岩（单斜辉石＋斜长石）| 辉石（单斜辉石）| 石榴子石（石榴子石＋单斜辉石）| 大理岩（方解石）。显然，扩散通常以相对于并置地质体边界发育分带对称但组成不对称的交代岩带为特征（如 Kerrick，1977）。

扩散机制与渗透机制存在若干区别：①扩散作用只发育厘米级别的交代带，而渗透作用可产生数米甚至几十米宽的交代带；②扩散作用可使扩散组分与岩石中的组分发生反应，但不会沿某一个方位直接沉淀某个矿物，渗透机制却可以；③扩散交代带内的矿物成分存在规律变异，但渗透交代带内的固溶体矿物却不存在成分变异；④渗透作用中所有组分都向相同的方向迁移，扩散作用中组分可向相反的方向迁移（如 Thompson 双交代序列），双交代扩散可导致新矿物的生成。

罗甸辉绿岩床主体为玄武质成分，即便发生了结晶分异作用而使其成分更具演化性，也主要为 Fe、Mg、Al、Ca、Na 和中等的 Si 和少量 K。与之接触的四大寨组第二段纯灰岩和硅质岩中的 Ca 和 Si 虽然很丰富，但并不是辉绿岩床中缺乏的，相反缺少 Fe、Mg、Al 及 Na 和 K。四大寨组第二段接触热变质岩出现的含 Mg 钙铝榴石、透闪石、透辉石和退变质中出现富 Al 和 Mg 符山石和含 K 的斜发沸石，表明发生了含量可观的 Mg、Al 及少量 K 和 Na 的带入，发生了接触交代变质作用的夕卡岩化作用。同时，这种带入基本上由辉绿岩床岩石带出，但有的元素如 Fe 似乎又没有带出，因此以有选择性的带出为特征。此外，接触热变质岩所显示的矿物分布表明，原交代带宽度可达 30m 或更宽，且富 Mg 的透辉石和透闪石和富 Al 的符山石的分布也不均匀，为渗透机制驱动，具有对流特征。综合起来，接触热变质作用峰期前发生的幕间气液交代变质作用具有单向对流渗透特点的夕卡岩化作用。

三、接触递增变质带特征和温度条件估计

如前所述，远离岩床接触界面 20～30m 处的大理岩发育约 40μm 的透闪石，这些透闪石构成片理，属构造前变晶，粒度粗于离接触界面 10m 内与透辉石共存的约 10μm 的放射状透闪石(图 7.4l)，而后者与软玉透闪石大小相当。因此，可以将定向排列构成面理的约 40μm 的透闪石视为接触热变质作用的产物。

罗暮剖面辉绿岩床上接触变质带离岩床从远及近的峰期特征变质矿物依次为透闪石、透辉石和硅灰石，构成一个透闪石带、透辉石带和硅灰石带的前进接触变质带。该变质带与 Melson(1966)在美国蒙大拿州一个花岗岩体与硅质白云岩之间由低一高划分的透闪石带(透闪石＋方解石)、透辉石带(透辉石＋方解石＋石英)和硅灰石带(硅灰石＋方解石)相一致，但罗暮变质带的硅灰石带中还有钙铝榴石和透辉石，比它要复杂些。

罗甸玉矿区的辉绿岩床其玄武质岩浆的温度可高达 1200℃，与之接触的四大寨组硅质碳酸盐岩围岩界面的硅灰石大理岩的最高变质温度可用以下经验公式(Turner，1981)估算：

$$T_c = T_0 + 2 \times (T_m - T_0)/3 \tag{7.1}$$

式中，T_c是直接接触围岩边缘可能达到的变质温度(℃)；T_0是当时地层岩石接触边缘的温度(℃)；T_m是岩浆的温度(℃)。

前面对岩床侵位深度估算值约 700m(很浅)，压力条件不足 0.03GPa，故设其地层当时的温度条件 T_0为 30℃，代入公式计算得其最高变质温度 T_c＝816℃。然而，上覆地层厚度仅 700m 左右，属超浅成侵入体，因此与上覆地层的温差很大，岩浆冷却快，加之岩浆面积大，厚度不超过 200m，体积小，体量不大，因而其峰期温度对围岩的作用时间不长。因此，接触变质带仅明显发育在上覆围岩地层中，宽度最大仅 98m，如官固矿区，一般 30m 左右，如罗暮矿点，因此其 T_c值不会超过 800℃。

罗暮矿点剖面可识别的最低温变质带为透闪石带。大理岩中含较多的石英条带，岩石的硅是过剩的。由于四大寨组第一组为泥页质和泥砂质岩等沉积碎屑岩层，因此，可以推断流体中除 CO_2外，还有一定量的 H_2O，且以 CO_2和 H_2O 为流体的绝对组成，故可假设其 X_{CO_2}＝0.8。由于离地表约 700m，可用总负荷压力约 0.1GPa 的体系进行模拟。考虑到处于脆性断裂极为发育的表生带地层，变质反应产生的挥发分极易逃逸，因此认为反应体系为外缓冲(external buffing)体系，而非内缓冲体系。外缓冲反应体系的流体组成始终受环境的流体组成制约，其流体组成值(X_{CO_2})始终保持不变，如本例，始终恒定为假设的 0.8。由图 7.11 可见，在 X_{CO_2}＝0.7～1.0 范围内，在低温条件下不发育滑石。当温度 T 达到 435℃时，石英与白云石反应生成透闪石和方解石：

$$5Do + 3Q + H_2O = Tr + 2Cc + 7CO_2 \tag{7.2}$$

当白云石消耗完毕，生成透闪石＋方解石＋石英的共生组合。然后，体系温度继续上升直到约 490℃时，透闪石与方解石和石英发生反应，生成透辉石：

$$Tr + 3Cc + 2Q = 5Di + 3CO_2 + H_2O \tag{7.3}$$

当透闪石消耗完毕，生成共生矿物透辉石＋方解石＋石英，体系的温度继续上升，因岩石

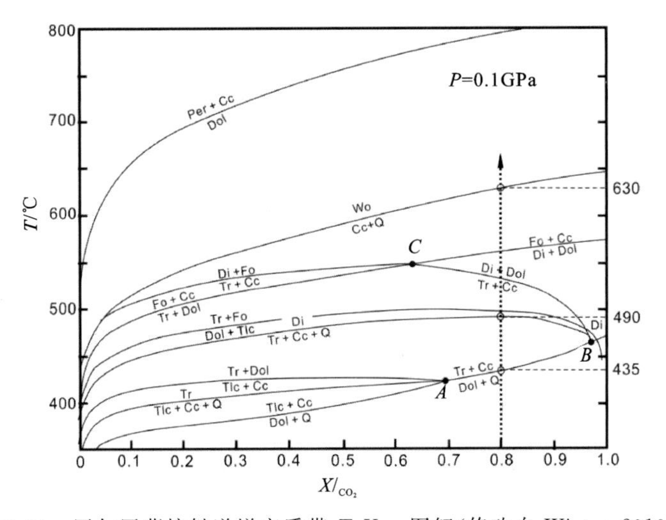

图 7.11　罗甸罗暮接触递增变质带 $T\text{-}X_{CO_2}$ 图解(修改自 Winter,2010)

(虚线箭头示递增变质带温度序列;空心圈示估计的递增变质带的最低温度条件)

Per. 方镁石;Cc. 方解石;Dol. 白云石;Wo. 硅灰石;Q. 石英;Di. 透辉石;Fo. 镁橄榄石;Tr. 透闪石;Tlc. 滑石

石英过剩,不发生生成橄榄石的变质反应。当温度升到约 630℃时,方解石与石英发生变质反应生成硅灰石:

$$Cc+Q=Wo+CO_2 \tag{7.4}$$

最终的矿物视局部石英与方解石含量的比例,或 Wo+Cc,或 Wo+Q,共生的矿物还有未参与反应的透辉石(图 7.4e、f)。可见,形成硅灰石的最低变质温度约 630℃,与基于 Turner (1981)经验公式估算的结果 816℃相差较大。

石榴子石产在硅灰石带中,其成分为含 Mg 的钙铝榴石,形成除涉及 SiO_2 和 CaO 以外,还需要 MgO 和 Al_2O_3。这些组分均在接触热变质峰期前的辉绿岩床玄武质岩浆的幕间输送过程发生的单向对流渗透夕卡岩化作用中提供。带入方解石大理岩中的 Al_2O_3 可与 CaO 和 SiO_2 组成珍珠云母,珍珠云母再与方解石结合,形成钙铝榴石:

$$CaAl_2[Si_2Al_2O_{10}](OH)_2+CaCO_3 \longrightarrow Ca_3Al_2Si_3O_{12}+CO_2 \tag{7.5}$$

符山石的分子式为 $Ca_{10}(Mg,Fe)_2Al_4[Si_2O_7]_2[SiO_4]_5(OH,F)_4$,其包裹的透辉石呈港湾状(图 7.4i),显示为变质反应的残余。因此,可以由透辉石+珍珠云母+方解石反应而成:

$$CaAl_2[Si_2Al_2O_{10}](OH)_2+CaMgSi_2O_6+CaCO_3 \longrightarrow Mg\text{-}Ca_3Al_2Si_3O_{12}+CO_2 \tag{7.6}$$

四、绿泥石化和青磐岩化引起的成分改变

绿泥石化和青磐岩化作用所致的岩石全岩成分改变可通过蚀变岩成分与成分基本未变化辉长岩的对比来体现。如图 7.12 所示,与基本未变化的辉长岩(样品 LD08B1)相比,已强绿泥石化的辉长岩(LD08B6-1)未发生明显改变的氧化物有 SiO_2、Al_2O_3、TiO_2、MnO、CaO、Na_2O、K_2O、P_2O_5,FeO 略有降低,MgO 和 Fe_2O_3 明显减少。辉长质青磐岩与基本未蚀变的辉长岩相比,基本未变化的氧化物只有 MnO 和 P_2O_5,轻度变化的有 SiO_2,明显升高的氧化物有

Fe_2O_3、CaO、K_2O 和 Al_2O_3，明显减少的有 FeO、MgO、Na_2O、TiO_2，其中 Fe_2O_3 升高到所谓的正常值是通过大量消耗 FeO 而转变而成的。这些氧化的变化，尤其是 CaO、Fe_2O_3 和 Al_2O_3 的升高与发育大量的绿帘石相对应，K_2O 的明显增高与花岗岩浆的贯入有关。大量的 FeO 转变为 Fe_2O_3 对应于氧化度的提高，也与绿帘石以 Fe^{3+} 存在相吻合。MgO 的明显流失可能进入了围岩。由于强绿泥石化的辉长岩(LD08B6-1)和辉长质青磐岩(LD08B6-1)仍具完好的变余辉长结构，因此具有较好的对比基础，此成分的改变关系是可靠的。

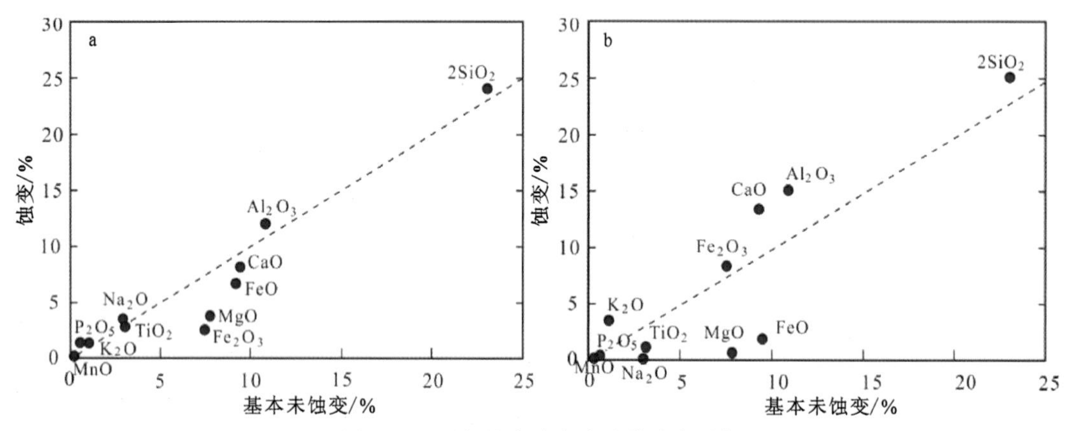

图 7.12 罗甸蚀变岩全岩成分改变图解

[横坐标轴为基本未蚀变辉长岩(LD08B2)成分，纵坐标为蚀变岩成分；虚线为等成分线，落在该线上或附近的成分示该成分未改变或明显改变]

a. 强绿泥石化辉长岩(LD08B6-1)；b. 辉长质青磐岩(LD08B6-2)

五、绿泥石化和青磐岩化作用年龄

(1)强绿泥石化辉长岩中 90～89Ma 的锆石年龄与中酸性岩脉约 86Ma 的年龄在误差内一致，与该岩石发育注入的富 K 花岗岩浆相吻合。但据未发表的与退变绿泥石共生的磷灰石的 U-Pb 年龄为 260Ma，表明绿泥石化作用可能发生在 260Ma，与罗甸玉矿区辉绿岩床侵位作用同期。

(2)辉长质青磐岩包含了两种岩石产状：第一种是由基性岩床主岩经青磐岩化作用形成的岩石(样品 LD01-7)，其中的锆石几乎全为基性岩浆结晶锆石，基本未受后期热液蚀变的影响，锆石谐和年龄为 260Ma，在误差范围内与峨眉山玄武岩的主喷发期 260Ma(Zhou et al, 2008)和罗悃辉绿岩年龄 261Ma 一致(祝明金等，2018)，指示罗甸基性岩浆的侵入时间；第二种是基性岩床内部的岩囊(样品 LD08B6-2)，其谐和年龄的锆石为典型的花岗岩浆锆石，但受到热液蚀变作用的改造，锆石谐和年龄为 128Ma，为注入的 90～89Ma 富 K 花岗岩浆的捕虏锆石。中酸性青磐岩的原岩产状为岩脉，其中获得了锆石绝大部分为罗甸基性岩中的捕虏锆石，其谐和年龄 255Ma 与罗悃一带的基性岩床年龄[(255±1)Ma 、(261±3)Ma](韩伟等，2009；祝明金等，2018)在误差范围内一致。160Ma 的岩浆锆石年龄和 122Ma 混合成因锆石也均为注入的 90～89Ma 富 K 花岗岩浆的捕虏锆石。

综上所述，此次蚀变岩的锆石 U-Pb 年龄虽未能在所有样品中，特别是强蚀变的如青磐岩中获得热液作用的年龄，但个别强绿泥石化辉长岩仍获得了约 90Ma 的年龄，在误差范围内相等于未发生青磐岩化的细晶花岗岩岩脉（样品 LD01-1cn2）的最年轻的锆石 U-Pb 年龄约 86Ma。因此，综合分析可知，罗甸玉矿区的青磐岩化作用发生在 90～86Ma。

第五节　小　结

（1）罗甸矿区的辉绿岩床和围岩发生过岩床的自变质作用、接触热变质作用和气液变质作用 3 种变质作用类型。接触热变质作用发生在四大寨组围岩中，与辉绿岩床约 260Ma 的侵入同期，形成透闪石带、透辉石带和硅灰石带接触递增变质带，3 个带的最低变质温条件依次约 435℃、490℃和 630℃，压力条件低于 0.1GPa。自变质作用发生在约 260Ma，它使辉绿岩床发生大范围的绿泥石化。气液变质作用发生在约 86Ma，它源自中酸性花岗岩脉侵入期后的气液交代作用，导致辉绿岩床的局部和该地段侵入的中酸性岩脉或岩囊发生青磐岩化，形成基性、中性和酸性青磐岩。

（2）基性岩床主岩发生青磐岩化形成基性青磐岩，其中的高温岩浆锆石未受到热液蚀变的影响，故其锆石的谐和年龄代表的是基性岩浆侵入时间；在岩囊和岩脉发生青磐岩化形成的青磐岩中未获得对应的蚀变成因锆石，因而未能确定青磐岩化作用时间。然而该类岩石中存在受热液叠加改造锆石，年龄为 120Ma，指示青磐岩化作用年龄就年轻于 120Ma，加上使注入并使其发生青磐岩化的细晶花岗岩脉的年龄为 86Ma，故可将青磐岩化作用年龄置于 86Ma。

（3）罗暮矿点的接触热变质岩的特征变质矿物有变斑晶镁-钙铝榴石、符山石与基质透闪石、透辉石等，考虑到官固矿区剖面上具有类似的矿物成分与分布序列，表明在接触热作用发生之前四大寨组的局部地层岩石就已较富 Mg 和富 Al。此外，还存在微量的钠长石和退变质矿物斜发沸石等而局部富 Na 和 K，这都表明在辉绿岩床的玄武岩浆侵位期间就发生了接触交代作用。因此，该接触交代作用将基性岩床中的 MgO、Al_2O_3、Na_2O、K_2O 带入四大寨组第二段纯灰岩和硅质岩地层，交代带宽数十米，但富 MgO 矿物在变质地层中的分布并不均匀，因此为单向的对流渗透特征的夕卡岩化作用类型。

（4）辉长岩的强绿泥石化仅导致 MgO 的减少，以及少量 Fe_2O_3 的形成（不是图解上减少的图面解读），其他造岩氧化物不变或基本不变。强青磐岩化导致辉长岩或辉绿岩的 Fe_2O_3、CaO、K_2O 和 Al_2O_3 明显上升，而 FeO、MgO、Na_2O、TiO_2 显著减少。青磐岩化交代作用发生在高氧逸度环境。

（5）透闪石有 3 种产状：第一种最早，为不规则脉状集合体，局部与方解石和石英反应为透辉石反应边；第二种为位于透闪石带中约 40μm 的自形—半自形单晶，形成于构造面理形成之前，是接触热变质作用的产物；第三种为小于 10μm 的自形—半自形单晶，普遍呈放射状集合体，分布在透辉石带与和硅灰石带中，应为接触热变质之后另一期低温气液变质作用的产物。

第八章　罗甸玉同位素测定和流体地球化学特征

第一节　锆石定年

本研究对罗甸玉中的白玉、青白玉和青玉各采集了1件锆石U-Pb测年样，最后仅在青白玉样品(LD09B2)中分离出锆石。锆石样品由廊坊市诚信地质服务有限公司加工挑选，锆石样品靶及其阴极发光(CL)成像由武汉上普分析科技有限责任公司完成，并在武汉上谱分析科技有限责任公司完成LA-ICP-MS锆石U-Pb定年及锆石稀土、微量元素分析，分析用激光剥蚀系统为GeoLas ProHD，等离子体质谱仪为Agilent7900，激光能量80mJ，频率5Hz，激光束斑直径24μm；单个数据点的误差为1σ，$^{206}Pb/^{238}U$加权平均年龄误差为2σ。实验分析方法见附录。

LD09B2样品测定了4个点，剔掉2颗非锆石测点，剩余2颗锆石的测年谐和度分别为94%和96%，这是在罗甸玉中挑到的2颗珍贵锆石(图8.1)。锆石呈自形长柱状，长82～151μm，宽41～71μm，长宽比2.1，CL图像呈灰色。其中LD09B2-01发育核-幔-边结构，核部灰白色锆石域显示为面形分带特征，幔部具不规则状细密环带，边部具热液锆石增生边，外形不规则，属于变质新生锆石，其环带的$^{206}Pb/^{238}U$表观年龄为(54±2)Ma(表8.1，图8.1b)，相当于古近纪始新世早期；LD09B2-04发育核-边结构，核部灰白色锆石域为残留锆石，边部暗灰色锆石域具模糊的弱环带，是遭受了热浆热液改造过的锆石边，锆石的$^{206}Pb/^{238}U$表观年龄为(87±2)Ma(表8.1，图8.1b)，相当于晚白垩世中期，与矿体附近的二长花岗岩(LD01-1cn2样品)的结晶年龄[(86±1)Ma]的误差范围一致，被认为是罗甸玉的成矿年龄。

第二节　稳定同位素组成特征

一、氢、氧同位素

在罗甸玉中分别选取白玉、青白玉和青玉样品(分别为LD09B1、LD09B2、LD09B3)各1件测定了氢、氧同位素组成和均一化温度。这3件样品的$\delta D_{V\text{-}SMOW}$分别为－68‰、－72‰、－84‰，其$\delta^{18}O_{V\text{-}SMOW}$分别为15.5‰、15.2‰、14.2‰。获得流体包裹体均一温度平均值分别为289℃、275℃、261℃(表8.2)，均一温度测定详见下一节。

将样品均一温度的平均值代入透闪石和水之间的氧同位素分馏方程(郑永飞等，2000；Liu et al，2011a，2011b)：$10^3\ln\alpha=3.95\times10^6/T^2-8.28\times10^3/T+2.38$，计算分馏系数。按

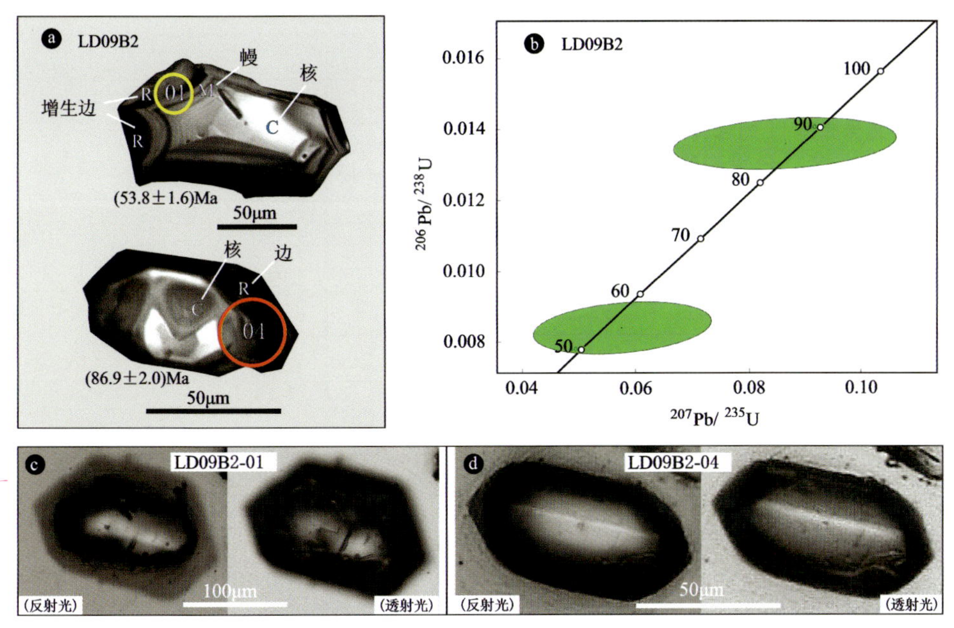

图 8.1　罗甸玉锆石 CL 图像(a)和谐和图(b)及 BSE 图像(c、d)

照公式 $\alpha_{A\text{-}B}=(\delta_A+1000)/(\delta_B+1000)$ 计算出成矿溶液的 $\delta^{18}O_{H_2O}$。同理，依据透闪石和水之间的氢同位素分馏关系式：$10^3\ln\alpha_{透\text{-}水}=-21.7$ 和 $\alpha D_{透\text{-}水}=(\delta D_{透}+1000)/(\delta D_{水}+1000)$，计算出成矿溶液的 δD_{H_2O}(表 8.3)。将罗甸玉(透闪石)和水(成矿溶液)平衡的氢、氧同位素值投图(图 8.2)，样品点落入变质水区域，与之地质背景相同的广西大化玉样品点则落在岩浆水与变质水的混合部位。因为透闪石属于含 H 矿物，容易与成矿流体发生同位素交换，可能产生了同位素漂移。

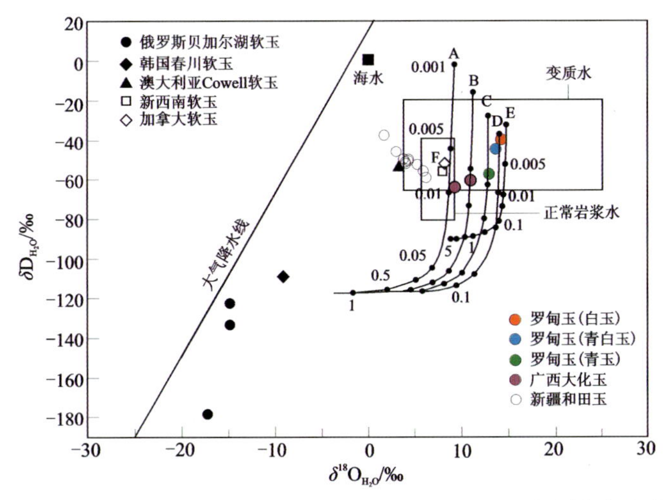

图 8.2　大气降水和岩浆水与灰岩交换过程中的氢、氧同位素演化

(底图和其他数据来自翟建平等，1996；Liu 等，2011a；Yui 和 Kwon，2002；徐立国等，2014；Burtseva 等，2015)

曲线 A、B、C、D 分别为大气降水在 200℃、250℃、300℃、350℃时水岩交换中的演化曲线；E 为岩浆水在 350℃时的演化曲线；曲线上的小黑点对应曲线 A 的数字代表有效(W/R)质量值；F 为正常岩浆水同位素组成

表 8.1　罗甸玉 LA-ICP-MS 锆石 U-Pb 定年数据

样品号	测点号	Pb/ $\times 10^{-6}$	Th/ $\times 10^{-6}$	U/ $\times 10^{-6}$	Th/U	同位素比值						*Rho*	表面年龄/Ma						谐和度/%
						$^{207}Pb/^{206}Pb$	1σ	$^{207}Pb/^{235}U$	1σ	$^{206}Pb/^{238}U$	1σ		$^{207}Pb/^{206}Pb$	1σ	$^{207}Pb/^{235}U$	1σ	$^{206}Pb/^{238}U$	1σ	
LD09B2*	1	3	221	295	0.75	0.054 9	0.007 5	0.057 6	0.006 4	0.008 4	0.000 3	0.270 5	409	305	57	6	54	2	94
	2	49	5	3	2.11	0.830 5	0.029 2	599.732 3	34.407 2	5.280 2	0.230 0	0.759 2	—	—	6497	58	11 845	236	41
	3	3	4	5	0.80	0.704 5	0.073 2	16.871 5	1.515 3	0.190 7	0.011 6	0.679 9	—	—	2928	86	1125	63	11
	4	4	197	265	0.74	0.046 6	0.005 4	0.086 5	0.008 1	0.013 6	0.000 3	0.247 9	33	250	84	8	87	2	96

注：* 由项目 NSFC41672060 资助分析。

表 8.2　罗甸玉流体包裹体盐度和均一温度测试值及其盐水溶液密度计算值

序号	岩性	盐度/%	均一温度/℃	密度/($g \cdot cm^{-3}$)	序号	岩性	盐度/%	均一温度/℃	密度/($g \cdot cm^{-3}$)
1	白玉	3.6	286	0.767 31	23	青白玉	5.4	273	0.807 17
2	白玉	4.0	292	0.761 52	24	青白玉	6.7	238	0.868 85
3	白玉	2.8	294	0.744 40	25	青白玉	5.5	255	0.834 85
4	白玉	3.4	345	0.654 33	26	青玉	4.6	238	0.850 91
5	白玉	4.2	315	0.723 34	27	青玉	3.8	242	0.838 38
6	白玉	3.1	288	0.758 38	28	青玉	5.6	234	0.864 79
7	白玉	6.7	267	0.829 01	29	青玉	4.2	265	0.807 60
8	白玉	5.5	260	0.827 61	30	青玉	7.1	288	0.802 08
9	白玉	4.7	255	0.827 46	31	青玉	4.8	266	0.811 91
10	青白玉	3.8	296	0.752 35	32	青玉	5.2	312	0.741 20
11	青白玉	4.6	280	0.787 94	33	青玉	4.7	286	0.779 27
12	青白玉	5.4	275	0.804 10	34	青玉	3.5	292	0.755 89
13	青白玉	3.6	310	0.724 93	35	青玉	5.4	265	0.819 26
14	青白玉	4.2	268	0.802 92	36	青玉	6.2	239	0.863 23
15	青白玉	3.1	312	0.714 94	37	青玉	5.2	278	0.797 38
16	青白玉	2.8	275	0.777 43	38	青玉	3.8	256	0.817 62
17	青白玉	4.2	258	0.818 32	39	青玉	5.4	236	0.860 43
18	青白玉	4.7	223	0.871 95	40	青玉	5.4	248	0.843 90
19	青白玉	6.5	277	0.812 33	41	青玉	4.7	240	0.848 98
20	青白玉	5.2	313	0.739 46	42	青玉	6.5	253	0.846 89
21	青白玉	2.8	246	0.823 76	43	青玉	7.3	282	0.813 19
22	青白玉	3.4	298	0.744 19	44	青玉	4.7	245	0.841 93

表 8.3　罗甸玉氢、氧同位素分析值

样品号	岩性	$\delta D_{透}$/‰	δD_{H_2O}/‰	$\delta^{18}O_{透}$/‰	$\delta^{18}O_{H_2O}$/‰	温度/℃
LD09-B1	白玉	−58.0	−37.3	15.5	14.3	289
LD09-B2	青白玉	−62.0	−41.4	15.2	13.7	275
LD09-B3	青玉	−74.0	−53.7	14.2	13.0	261
D-4*	大化玉	−76.9	−56.6	12.3	11.1	288
D-8*	大化玉	−79.8	−59.6	10.5	9.3	288

注：* 测试数据引自徐立国等，2014。

应用岩浆水及大气降水与灰岩交换的氢、氧同位素演化模式图（翟建平等，1996），罗甸玉成矿热液的氢、氧同位素值投影点位于低 W/R 值条件下 300～350℃的大气降水线之间，以及 350℃的大气降水线与 350℃岩浆水线之间，并处于变质水范围内(图 8.2)，说明罗甸玉的成矿流体含有大气降水、岩浆水和变质水。相较于国内外其他地区的软玉矿，其同位素似有明显的漂移。例如，新疆和田玉数据点分布于大气降水区、岩浆区和变质水区(图 8.2)，其流体应为大气降水、岩浆水和变质水的混合水(Liu et al, 2011a,2011b)；俄罗斯贝加尔湖软玉成矿省的 Vitim 成矿区的软玉以及韩国春川软玉和澳大利亚软玉均投在大气降水区(图 8.2)，说明流体来源大气降水，而花岗岩只负责水的循环作用(Burtseva et al, 2015)；新西南软玉和加拿大软玉投点于岩浆水区，其流体是与超基性岩在蛇纹岩变质过程中释放出来的水有关(Burtseva et al, 2015)。

二、硅同位素

硅同位素研究始于 20 世纪 50—60 年代，20 世纪 80 年代引起广泛关注，20 世纪 90 年代得到广泛应用。前人对产于不同地区、不同时代和不同沉积环境的硅质岩进行过硅同位素测定，结果发现，深海相放射虫硅质岩的 δ^{30}Si 值较低，在−0.6‰～0.8‰之间，浅海相的燧石结核和硅化叠层石的 δ^{30}Si 值较高，在 0.1‰～3.4‰之间(丁悌平等，1988)。20 世纪 90 年代的更多样品研究也基本呈现 δ^{30}Si 值的这一变化范围，大理岩中的硅质条带和燧石结核的 δ^{30}Si 值为 1.1‰～2.8‰(图 8.3)，丁悌平等(1994)从同位素动力分馏特点上进行了解释，认为浅海区易获得由河水带来的溶解硅的较高 δ^{30}Si 值，并且大量含硅生物都生活在浅海区，从而吸纳了部分 ^{28}Si 而使海水中的溶解硅呈现较高的 δ^{30}Si 值；相反，深海区的硅主要由海底热液活动带来及由浅海区含硅生物死亡分解析出的 Si 沉淀于此，使海水中的溶解硅接近于海底火山岩中较低的 δ^{30}Si 值。

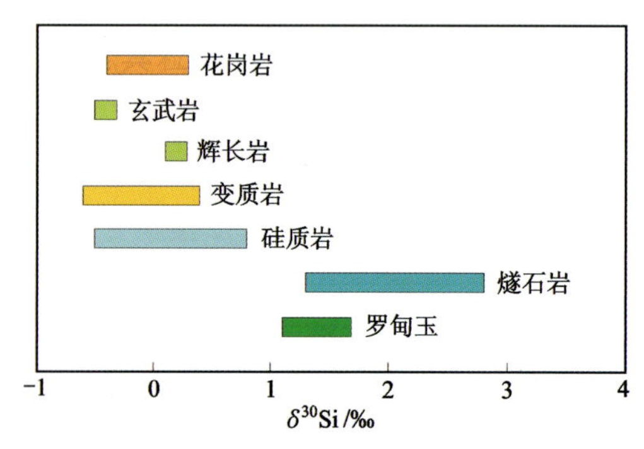

图 8.3　罗甸玉硅同位素组成变化

(罗甸玉数据引自杨林，2013；其他数据引自丁悌平等，1994)

本书中的硅同位素样品由笔者领衔的项目团队采集于罗甸官固软玉矿床的 ETC05 探槽，6 件软玉样品测定硅同位素组成数据由杨林发表(杨林，2013)，见表 8.4。由表可见，官固软玉样品的 δ^{30}Si 为 1.1‰～1.7‰。罗甸玉的硅同位素分析结果为 δ^{30}Si 值介于 1.1‰～1.7‰之间，变化范围不大，但高于自然界大多数岩石的 δ^{30}Si 值(图 8.3)，如玄武岩 δ^{30}Si 值为−0.5‰～−0.3‰，攀枝花辉长岩 δ^{30}Si 值为 0.1‰～0.3‰，花岗岩 δ^{30}Si 值为−0.4‰～0.3‰，变质岩 δ^{30}Si 值为−0.6‰～0.4‰，石英砂岩 δ^{30}Si 值为 0.1‰，白云岩中燧石结核 δ^{30}Si

值为1.7‰～2.8‰，二叠系灰岩中燧石结核δ^{30}Si值为1.3‰（丁悌平等，1994），罗甸玉的δ^{30}Si值大部分与自然界中的燧石范围一致（图8.3），表明成矿元素Si可能来自围岩中的燧石岩。

表8.4　罗甸玉硅同位素测定值（引自杨林，2013）

样品号	岩性	$\delta^{30}Si_{NBS-28}$/‰
ETC05-2-5	软玉	1.4
ETC05-2-6	软玉	1.7
ETC05-4	软玉	1.4
ETC05-6	软玉	1.3
ETC05-8	软玉	1.1
ETC05-23	软玉	1.2

第三节　成矿流体地球化学

对上述3件白玉（LD09B1）、青白玉（LD09B2）和青玉（LD09B3）样品同时进行了流体包裹体研究。玉石样品纯度高，透闪石含量达98%以上。样品中的透闪石晶体粒度非常细小（小于0.10mm，大多数小于0.05mm），因而形成的流体包裹体更加细小，仅为石英包裹体（4～6μm）的一半，在镜下较难发现，在1000倍显微镜下发现了透闪石中的流体包裹体（图8.4）。

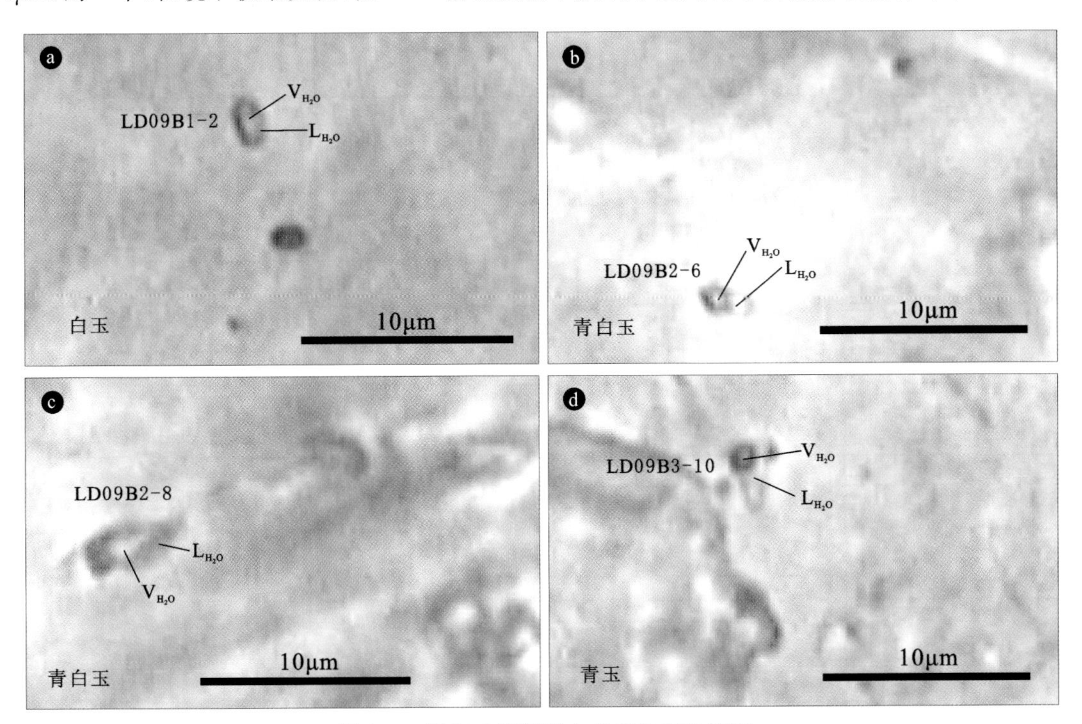

图8.4　罗甸玉透闪石中的流体包裹体图

目前，包裹体研究主要集中在包裹体岩相学、包裹体显微测温和包裹体成分分析3个方面(肖静芸等，2017)。由于样品中的透闪石小，其包裹体更小(<10μm)，因此只开展了对包裹体岩相学和包裹体显微测温学的研究，未开展包裹体成分分析，无法区分成矿阶段形成的不同期次包裹体的成分变化。

一、流体包裹体显微岩相学特征

在1000倍显微镜下观察，对罗甸白玉、青白玉、青玉样品分别观察了9个、16个、19个包裹体。形态上，这些包裹体有椭圆形、纺锤形、三角形、菱形、长条形、线形、水滴形和不规则形，大多呈孤立状分布，长径为1～3.5μm。以三角形和椭圆形(含纺锤形)包裹体占优势，分别占包裹体总量的36%和34%，长轴大多与透闪石变晶的纤维及纤片方向一致。据室温下包裹体的相态种类观察，相态单一，均为气液两相包裹体(图8.4)，气液比20%～40%，平均25.5%。

二、流体包裹体温度和盐度

流体包裹体的均一温度范围223～345℃(n=44)，均值272℃，其中，白玉的均一温度为255～345℃(n=9)，均值289℃；青白玉的均一温度为223～313℃(n=16)，均值275℃；青玉的均一温度为234～312℃(n=19)，均值261℃。总体上看属于中温热液成矿。流体包裹体的盐度2.8%～7.3%，平均4.7%，属于低盐度流体(小于10%)(张文淮等，1996；芮宗瑶等，2003)，其中，白玉的盐度为2.8%～6.7%，平均4.2%；青白玉的盐度为2.8%～6.7%，平均4.5%；青玉的盐度为3.5%～7.3%，平均5.2%。可见，不同玉种的均一温度具有一定的变化规律，白玉>青白玉>青玉，盐度变化则相反，白玉<青白玉<青玉。均一温度与包裹体盐度呈负相关关系，反映了退变质作用的特征(图8.5)。此外，伴随流体温度的下降而发生盐度逐渐升高的现象，也可能是成矿晚期压力降低使CO_2含量减少，导致流体盐度升高(曹亮等，2015)。

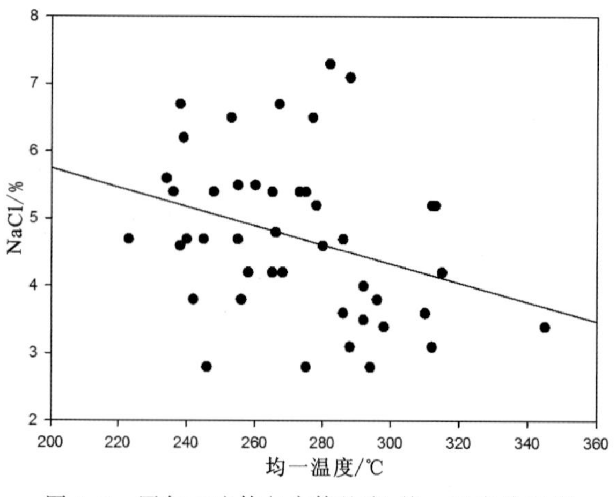

图8.5　罗甸玉流体包裹体盐度-均一温度分布图

三、流体包裹体密度

流体包裹体密度是计算成矿压力和成矿深度的重要参数之一，NaCl-H_2O 体系包裹体密度的计算方法有包裹体 T-w-ρ（均一温度-盐度-密度）相图投影法和公式计算法。

1. 相图投影法

以 NaCl 水溶液包裹体的均一温度（T）和水溶液的含盐度（w）为纵、横坐标轴，投影点落在某一密度值曲线上，即代表 NaCl 水溶液的密度。将 3 件罗甸玉样品（LD09B1、LD09B2、LD09B3）共 44 个流体包裹体分析的均一温度和含盐度数据通过相图投影，得到流体密度介于 0.65～0.875g/cm^3之间（图 8.6），平均值约 0.8g/cm^3。

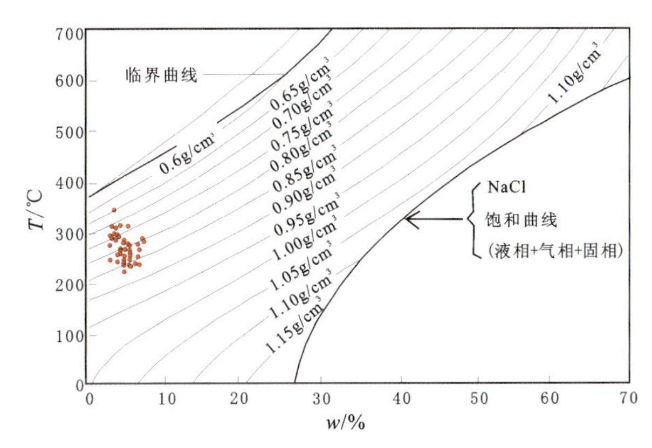

图 8.6　NaCl-H_2O 体系的 T-w-ρ 相图（刘斌等，1999）

2. 公式计算法

刘斌等（1999）根据实验数值，利用数学模型拟合，提出盐水密度公式为：

$$\rho=A+B\cdot t+C\cdot t^2 \tag{8.1}$$

式中，ρ 是盐水溶液密度（g/cm^3）；t 是均一温度（℃）；A、B、C 是盐度的函数。

$$\left.\begin{aligned}A&=A_0+A_1\cdot w+A_2\cdot w^2\\B&=B_0+B_1\cdot w+B_2\cdot w^2\\C&=C_0+C_1\cdot w+C_2\cdot w^2\end{aligned}\right\} \tag{8.2}$$

式中，w 是盐度（质量百分数，%）；A_0（B_0、C_0）、A_1（B_1、C_1）、A_2（B_2、C_2）是无量纲参数，不同含盐度其参数值不同。

对于低盐度（w=1%～30%），t=1～310℃时：

$A_0=0.993\,531$，$A_1=8.721\,47\times10^{-3}$，$A_2=-2.439\,75\times10^{-5}$；

$B_0=7.116\,52\times10^{-5}$，$B_1=-5.220\,8\times10^{-5}$，$B_2=1.266\,56\times10^{-6}$；

$C_0=-3.499\,7\times10^{-6}$，$C_1=2.121\,24\times10^{-7}$，$C_2=-4.523\,18\times10^{-9}$。

将样品测定的均一温度及含盐度值代入式（8.1），计算出包裹体流体密度值为 0.65～0.87g/cm^3，平均密度为 0.80g/cm^3（表 8.2），与相图投影结果一致，属于低密度流体。

四、成矿深度

成矿深度估算首先根据流体包裹体的均一压力推导出矿床的成矿压力，进而依据成矿压力推算。计算流体包裹体压力的方法和公式较多，有定性和定量的几种方法。本书选用较常用的方法进行计算对比，探讨其可靠程度，最后用可信度高的成矿压力值推算成矿深度。

1. 相图投影法

NaCl-H_2O 体系 T-ρ 相图最早由 Bischoff(1999)提出，邹灏(2013)应用相图投影法可以获得矿物包裹体的成矿压力。通过流体包裹体测温所得的温度和盐度值，运用前述密度公式计算出流体包裹体密度值，然后以温度和密度为坐标轴投影(图 8.7)，可直观地判读罗甸玉包裹体的压力在 $19.2\times10^5\sim140\times10^5$ Pa 之间，平均值约 79.6×10^5 Pa。据前人研究，在潜火山环境中，当温度低于 370℃时，岩石为脆性，大气流体能在其中对流循环，属于静水压力体系；温度大于 400℃时，岩石为塑性，为静岩压力体系(Fournier，1999)。针对罗甸玉包裹体的温、压条件，处于静水压力体系中，可利用静水压力梯度计算包裹体的捕获深度，静水压力梯度一般取 100bar/km(1bar＝0.1MPa)(邹灏，2013)，据此计算的罗甸玉成矿深度为 796m，该投影结果可以与下列公式计算数据进行比较。

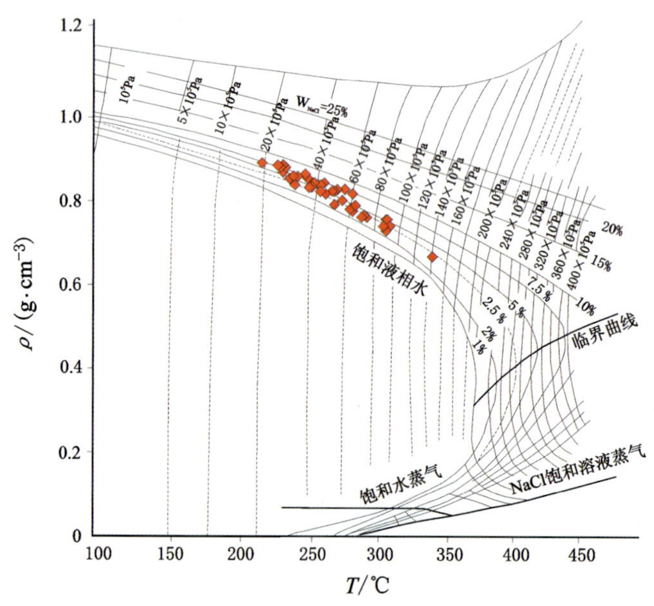

图 8.7　NaCl-H_2O 体系的 T-ρ 相图(据邹灏，2013)

2. 公式计算法

1)刘斌经验公式法

刘斌(1986)提出的压力计算公式为：

$$p=A_0+A_1\cdot t+A_2\cdot t^2 \tag{8.3}$$

式中，p 是成矿压力(bar)；t 是均一温度(℃)；A_0、A_1、A_2是无量纲参数。

根据已知的流体包裹体盐度和密度值，采用插表法得到对应的 A_0、A_1、A_2 值，代入式(8.3)即可计算出包裹体压力，即成矿压力。该方法需要根据第一组包裹体盐度和密度插表获得对应的一组 A_0、A_1、A_2 值，过程比较繁锁，应用该方法对白玉样品(LD09B1)进行计算，包裹体压力为 58.48～399.87bar，平均值为 200.73bar，结果值跳跃大(表 8.5)，置信度较低，仅作为参考。

表 8.5　流体包裹体压力计算值

序号	岩性	盐度/%	均一温度/℃	插表参数			成矿压力
				A_0	A_1	A_2	p/bar
1	白玉	3.6	286	−3 740.83	14.657 4	$-4.801\ 04\times10^{-3}$	58
2	白玉	4.0	292	−3 740.83	14.657 4	$-4.801\ 04\times10^{-3}$	130
3	白玉	2.8	294	−3 740.83	14.657 4	$-4.801\ 04\times10^{-3}$	153
4	白玉	3.4	345	−1 825.95	3.470 09	$7.452\ 4\times10^{-3}$	258
5	白玉	4.2	315	−3 740.83	14.657 4	$-4.801\ 04\times10^{-3}$	400
6	白玉	3.1	288	−3 740.83	14.657 4	$-4.801\ 04\times10^{-3}$	82
7	白玉	6.7	267	−2 490.67	9.892 04	$2.260\ 07\times10^{-3}$	312
7	白玉	5.5	260	−2 490.67	9.892 04	$2.260\ 07\times10^{-3}$	234
8	白玉	4.7	255	−2 490.67	9.892 04	$2.260\ 07\times10^{-3}$	179

2)Driesner 经验公式法

Driesner 等(2007)提出的流体包裹体压力计算方程(临界温度在水的临界温度以下)如下：

$$p_{crit} = p_{crit}^{H_2O} + \sum_{n=1}^{7} C_n (T_{crit}^{H_2O} - T)^{C_{nA}} \tag{8.4}$$

式中，$p_{crit}^{H_2O}$ 是水的临界压力(bar)；$T_{crit}^{H_2O}$ 是水的临界温度(374.14℃)；T 是流体包裹体的均一温度(℃)；$p_{crit}^{H_2O}$、C_n、C_{nA} 是临界曲线参数(表 8.6)。

表 8.6　临界曲线参数(Driesner et al，2007)

$p_{crit}^{H_2O}$	$2.205\ 491\ 5\times10^2$ bar		
C_1	−2.36	C_{1A}	1
C_2	$1.285\ 34\times10^{-1}$	C_{2A}	1.5
C_3	$-2.370\ 7\times10^{-2}$	C_{3A}	2
C_4	$3.200\ 89\times10^{-3}$	C_{4A}	2.5
C_5	$-1.389\ 17\times10^{-4}$	C_{5A}	3
C_6	$1.027\ 89\times10^{-7}$	C_{6A}	4
C_7	$-4.837\ 6\times10^{-11}$	C_{7A}	5

应用式(8.4)计算的单个包裹体的捕获压力值见表8.7,44个压力数据中有11个出现了负值,显然是有问题的。该公式中的均一温度(T)是唯一的自变量,其数值大或小都可能引起因变量临界压力(p_{crit})出现负数,没有规律可言。并且,除了负压力数据以外的剩余33个正压力数值跳跃幅度相当大,介于28.10~621.81bar之间,平均值为264.58bar。

表8.7 流体包裹体压力计算值

序号	岩性	盐度/%	均一温度/℃	p_{crit}/bar	序号	岩性	盐度/%	均一温度/℃	p_{crit}/bar
1	白玉	3.6	286	79	23	青白玉	5.4	273	271
2	白玉	4.0	292	86	24	青白玉	6.7	238	−193
3	白玉	2.8	294	88	25	青白玉	5.5	255	53
4	白玉	3.4	345	163	26	青玉	4.6	238	−192
5	白玉	4.2	315	115	27	青玉	3.8	242	−131
6	白玉	3.1	288	81	28	青玉	5.6	234	−255
7	白玉	6.7	267	60	29	青玉	4.2	265	180
8	白玉	5.5	260	55	30	青玉	7.1	288	424
9	白玉	4.7	255	51	31	青玉	4.8	266	192
10	青白玉	3.8	296	492	32	青玉	5.2	312	617
11	青白玉	4.6	280	343	33	青玉	4.7	286	405
12	青白玉	5.4	275	291	34	青玉	3.5	292	461
13	青白玉	3.6	310	600	35	青玉	5.4	265	180
14	青白玉	4.2	268	213	36	青玉	6.2	239	−175
15	青白玉	3.1	312	614	37	青玉	5.2	278	326
16	青白玉	2.8	275	292	38	青玉	3.8	256	68
17	青白玉	4.2	258	91	39	青玉	5.4	236	−222
18	青白玉	4.7	223	−443	40	青玉	5.4	248	−42
19	青白玉	6.5	277	313	41	青玉	4.7	240	−159
20	青白玉	5.2	313	622	42	青玉	6.5	253	28
21	青白玉	2.8	246	−73	43	青玉	7.3	282	368
22	青白玉	3.4	298	510	44	青玉	4.7	245	−84

3)邵洁涟经验公式法

邵洁涟等(1986)提出的成矿压力和成矿深度的经验公式如下:

$$T_0(\text{初始温度})=374+920\times N(\text{成矿溶液的盐度})(℃) \tag{8.5}$$

$$p_0(\text{初始压力})=219+2620\times N(\text{成矿溶液的盐度})(10^5\text{Pa}) \tag{8.6}$$

$$H_0(\text{初始深度})=p_0\times 1/(300\times 10^5)(\text{km}) \tag{8.7}$$

$$p_1(\text{成矿压力})=p_0\times T_1(\text{矿区实测成矿温度})/T_0(\text{Pa}) \tag{8.8}$$

$$H_1(\text{成矿深度})=p_1\times 1/(300\times 10^5)(\text{km}) \tag{8.9}$$

经计算，罗甸玉矿的初始温度(T_0)为 399.76～441.16℃，平均值为 417.49℃；初始压力(p_0)为 292.36×10^5～410.26×10^5 Pa，平均值为 342.85×10^5 Pa；初始深度(H_0)为 0.974 5～1.367 5km，平均值为 1.142 8km；成矿压力(p_1)为 179.91×10^5～265.51×10^5 Pa，平均值为 222.47×10^5 Pa；成矿深度 (H_1)为 0.599 7～0.885 0km，平均值为 0.714 6km。利用该公式法计算的成矿压力和成矿深度的数值稳定(表 8.8)，可靠程度较高，计算的罗甸玉平均成矿深度为 715m。

表 8.8　罗甸玉矿床的成矿压力和成矿深度

序号	岩性	N/%	T_1/℃	p_1/×10^5 Pa	H_1/m	序号	岩性	N/%	T_1/℃	p_1/×10^5 Pa	H_1/m
1	白玉	3.6	286	220	734	23	青白玉	5.4	273	232	774
2	白玉	4.0	292	230	767	24	青白玉	6.7	238	216	719
3	白玉	2.8	294	215	717	25	青白玉	5.5	255	218	727
4	白玉	3.4	345	262	874	26	青玉	4.6	238	194	647
5	白玉	4.2	315	251	837	27	青玉	3.8	242	189	628
6	白玉	3.1	288	215	716	28	青玉	5.6	234	201	670
7	白玉	6.7	267	242	806	29	青玉	4.2	265	211	704
8	白玉	5.5	260	222	741	30	青玉	7.1	288	266	885
9	白玉	4.7	255	209	697	31	青玉	4.8	266	219	731
10	青白玉	3.8	296	231	769	32	青玉	5.2	312	263	876
11	青白玉	4.6	280	228	761	33	青玉	4.7	286	235	782
12	青白玉	5.4	275	234	780	34	青玉	3.5	292	223	745
13	青白玉	3.6	310	239	795	35	青玉	5.4	265	225	752
14	青白玉	4.2	268	214	712	36	青玉	6.2	239	211	705
15	青白玉	3.1	312	233	776	37	青玉	5.2	278	234	780
16	青白玉	2.8	275	201	670	38	青玉	3.8	256	199	665
17	青白玉	4.2	258	206	686	39	青玉	5.4	236	201	669
18	青白玉	4.7	223	183	610	40	青玉	5.4	248	211	703
19	青白玉	6.5	277	249	829	41	青玉	4.7	240	197	656
20	青白玉	5.2	313	264	879	42	青玉	6.5	253	227	757
21	青白玉	2.8	246	180	600	43	青玉	7.3	282	262	874
22	青白玉	3.4	298	227	755	44	青玉	4.7	245	201	670

第四节　罗甸玉的成矿年龄

罗甸玉矿体产状多种多样，有层状、似层状、条带状、透镜状、囊状、肾状、结核状、团块状、角砾状和不规则状等，呈顺层状或大致顺层状展布。单层矿体厚度 10～35cm，薄者仅 3～

8cm，厚者可达86cm，矿体走向延伸长度几十厘米至几十米不等。似层状矿体具膨大、收缩和分枝复合现象。在空间上，含矿带既可以出现在辉绿岩床与四大寨组的接触带变质带底部，也可以产在其中部甚至中上部，表明罗甸玉成矿与接触热变质作用无直接关系，其成玉事件应当发生在约260Ma之后。

罗甸地区的二叠系四大寨组及其中的辉绿岩床和上覆三叠系均协同褶皱，并构成北西向的叠加褶皱。由于中三叠世末的地层卷入了此期褶皱，晚三叠世已缺失沉积，表明该期褶皱构造发生在中三叠世末之后。该褶皱构造派生的层间挤压滑动与变形(官固矿床ETC05探槽剖面第16层)和轴面劈理(官固矿床ETC05探槽剖面第2层6小层玉石、第4层玉石、第5层大理岩、第6层玉石、第8层玉石以及杨家湾KPM06剖面上的滑石均见一组产状相同的透入性劈理)，表明玉石成矿发生在派生断裂构造开始作用之前。然而，部分玉石又显示沿劈理裂隙充填交代，罗甸玉含矿带中发育的断层角砾状矿石中的角砾成分为软玉石，基质胶结物也为隐晶质的玉质成分(图3.2e)，这又表明玉质断层角砾形成于断裂构造之前，但其基质玉质胶结物与构造同期或之后。这进一步表明罗甸玉的成矿作用时间远远晚于约260Ma辉绿岩床的侵入时间。

随着测试技术的长足进步，同位素年代学方法广泛应用于成矿年龄测定。一是对矿石直接测年，获得成矿年龄；二是对成矿期共生或伴生的定年矿物测年，间接获得成矿年龄。

软玉矿定年是软玉矿床学研究的重要内容之一，该项研究一直没有停步。由于软玉由单矿物(透闪石)组成，其质纯、结晶粒度细、副矿物(锆石、榍石等)极少，K、Rb和Sr含量很低，同位素测年难度大。十多年来，人们尝试了多种方法进行软玉成矿测年，但效果大多不如人意。起初，新西兰软玉采用K-Ar法和$^{40}Ar/^{39}Ar$测年，但因是K含量太低(<0.1%)，K-Ar法没有取得成功；$^{40}Ar/^{39}Ar$分析方法在中子辐照期间，细晶角闪石产生的反冲反应不确定性太大，导致Ar质谱分析中产生意想不到的且无法解决的复杂因素(Adams et al，2007)。Rb-Sr等时线测年也因软玉中的Rb含量很低($<5\times10^{-6}$)面临同样困难。Adams等(2007)对比了软玉的锶同位素组成特征与变质沉积地体的锶同位素组成特征，以相似同位素组成的地体的时代视作软玉的交代成矿年龄，最终利用Rb-Sr法测定与软玉成因相关的蛇纹岩年龄(变质年龄)，间接代表软玉的形成年龄，这属于间接定年法。澳大利亚软玉矿床位于新南威尔，前人采用K-Ar法测定与之相伴的蛇纹岩带中的超镁铁岩的就位时间间接约束软玉的形成年龄(Lanphere and Hockley，2007)也属于间接定年法。近几年开始的直接定年法测定软玉成矿年龄取得了成功。在新疆阿拉玛斯软玉次生矿的软玉籽料中成功挑选出锆石。锆石成因复杂，绝大多数为捕虏锆石，少量为具矿物包裹体(mineral inclusions)的锆石。具包裹体的锆石可能是后期一次热事件的产物，其锆石SHRIMP U-Pb定年结果与矿源区花岗岩年龄值接近，由此推定为软玉的成矿年龄(Liu et al，2015)。在河南栾川软玉矿，与软玉共生的榍石的U-Pb年龄被确定为软玉的形成年龄(Ling et al，2015)。榍石U-Pb定年法的应用前提是正确甄别榍石成因，只有与组成软玉的透闪石同生的榍石，其年龄才能代表软玉的成矿年龄。

罗甸玉的K含量和Rb含量都很低，分别为0.05%和$0.5\times10^{-6}\sim1.0\times10^{-6}$(据样品KPM07-4B2、KPM02-5B)，因而无法应用全岩K-Ar法和Rb-Sr等时线测年法来定年。此外，虽多次努力，仍未能从罗甸玉中分离出榍石矿物。同样，在软玉中分离出锆石的概率也非常小，且成因也较复杂，只有其中的热液成因的锆石才能用于软玉形成时代的同位素年代学研究。而对于锆石年龄的地质意义，更要结合区域热岩浆事件和区域成矿作用事件进行综合分析和判断。本次在罗甸玉中分离出两颗锆石发育明显的热液锆石增生边，符合罗甸玉的直接定年方法的选择要求，其原位测年分别获得(54±2)Ma 和(87±2)Ma 两个年龄值。究竟哪个年龄可以代表罗甸软玉的成矿年龄，可从以下分析加以判断。

从理论上讲，这两颗具热液特征的锆石年龄中，年龄大者可能为接近成矿年龄，年龄小者可能是在延迟进行的热液作用中发生严重 Pb 丢失的年龄。从其谐和图(图 8.1b)中可知，在年轻年龄范围内，其谐和线段几近呈直线，形成的锆石受持续热事件的作用将会发生线性 Pb 同位素丢失，使数据沿该谐和线向现代年龄方向移动。据此，约 87Ma 的年龄值可视为热液锆石的形成年龄，也可能代表软玉矿的成矿年龄，而约 54Ma 的年龄可能是严重 Pb 丢失后的年龄值。

罗甸矿区存在与 87Ma 相同和相近的构造热事件。从前面的研究工作可知，本区自二叠纪以来发生过的三期岩浆作用事件：260～256Ma 的辉绿岩床和中性岩囊及花岗岩脉的侵入、170～160Ma 的富 Na 酸性岩脉侵入、86Ma 的花岗岩脉(样品 LD01-1cn2 样品)和 91～89Ma 的富 K 花岗岩浆物质对辉绿岩床与中性岩囊(LD08B6-1)的注入作用。第三期岩浆事件的年龄在误差范围内与软玉热液锆石年龄(87Ma)一致。

近 10 年的研究成果显示，在右江盆地内及其周缘主要发育白垩纪花岗岩(图 8.8)，形成时间集中于 100～80Ma，属喜马拉雅早期。黔西南白层超基性岩墙形成于(84±1)Ma(陈懋弘等，2009)，与罗甸第三期花岗质岩浆活动(86Ma)高度一致，也与华南西部右江盆地周缘花岗岩体的成岩年龄一致。如滇东南薄竹山花岗体 3 件样品的 LA-ICP-MS 锆石 U-Pb 年龄分别为(87±1)Ma、(88±1)Ma、88Ma(程彦博等，2010)。滇东南个旧超大型锡矿田花岗岩的形成年龄在 80Ma 左右，其中，龙岔河花岗岩的 LA-ICP-MS 锆石 U-Pb 年龄为 82Ma、锆石 SHRIMP U-Pb 年龄为(83±1)Ma，马拉格-松树脚花岗岩的锆石 SHRIMP U-Pb 年龄为(83±2)Ma，老厂花岗岩的锆石 SHRIMP U-Pb 年龄为(83±2)Ma，白沙冲花岗岩的锆石 SHRIMP U-Pb 年龄为(77±3)Ma，老卡花岗岩的锆石 SHRIMP U-Pb 年龄为(85±1)Ma(程彦博等，2009)。滇东南老君山花岗岩的锆石 SHRIMP U-Pb 年龄为(93±2)～(87±1)Ma(刘玉平等，2007)；广西大厂花岗岩形成于(93±1)～(91±1)Ma 之间(蔡明海等，2006)；广西昆仑关花岗岩形成于 119 Ma(Gilder et al，1996)；桂北南丹-河池构造带的车河花岗岩的 LA-ICP-MS 锆石 U-Pb 年龄为(86±1)Ma(罗金海等，2009)。前人对个旧卡房锡矿田中的辉钼矿进行 Re-Os 同位素等时线年龄测定，获得成矿年龄为(83±2)Ma(杨宗喜等，2008)。上述花岗质岩浆活动形成了滇东南-桂西锡矿带之个旧、白牛厂、都龙、大厂等著名锡多金属矿床(程彦博等，2009；陈懋弘等，2012)。显然，右江盆地与锡多金属成矿有关的花岗质岩浆活动的高峰期为 85～80Ma(程彦博等，2009)。前人对右江盆地广泛分布的卡林型金矿进行了成矿年龄测试研究，其中，烂泥沟金矿采用石英裂变径迹法测年，获得黄铁矿-石英脉中的石英年龄为 83～82Ma，厘定为金矿成矿时代的上限。

综上所述，罗甸软玉矿石中的热液锆石约 87Ma 的年龄与同时期罗甸玉矿区的花岗岩年龄(86Ma)及区域上的岩浆作用事件年龄在误差范围内一致，因此同时期罗甸玉矿区的花岗岩年龄(86Ma)可以视为罗甸玉的成矿年龄。罗甸玉的成矿作用发生在喜马拉雅期早期。

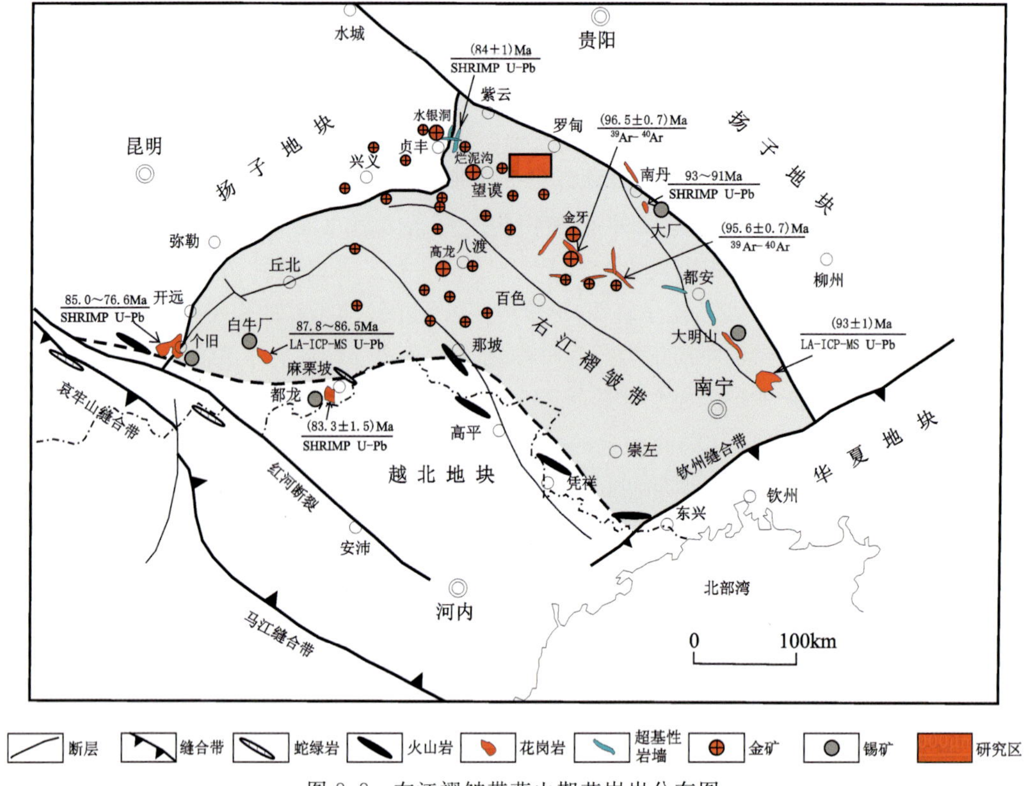

图 8.8　右江褶皱带燕山期花岗岩分布图

(陈懋弘等,2012;杜远生等,2013,2014)

第五节　小　结

(1)根据氢、氧同位素模式图解,结合地质背景分析,罗甸玉的成矿流体主要来自大气降水,其次是岩浆水,再次是变质水。

(2)硅同位素示踪及围岩组分特征表明,罗甸玉的成矿物质 Si 来自围岩中的燧石岩,Mg 来自辉绿岩。

(3)罗甸玉的成矿温度介于 223~345℃之间;成矿流体的盐度为 2.8%~7.3%,属于低盐度流体;成矿流体的平均密度为 0.80g/cm^3,属于低密度流体。

(4)罗甸玉的成矿压力平均值为 222.5×10^{5}Pa,成矿深度平均值为 715m。

(5)罗甸玉的锆石 U-Pb 定年值为(87±2)Ma,与矿区内花岗岩脉的锆石 U-Pb 谐和年龄(约 86Ma)在误差范围内一致,接近于注入中性岩囊中的富 K 花岗质物质的锆石年龄(91~89Ma),也与区域上右江盆地同时期的岩浆作用和成矿作用年龄范围一致,因而其成矿年龄可厘定为 86Ma,相当于晚白垩世中期。

第九章　矿床成因与成矿机理

前已述及罗甸玉矿体的产状、成矿深度和温度、流体成分、成矿时代等，并初步讨论了其成因类型。本章将对罗甸玉矿床成因与成矿机理等相关问题进行阐述。

第一节　罗甸玉的成矿物质来源

罗甸玉属于透闪石玉，透闪石的化学式为$Ca_2Mg_5[Si_4O_{11}]_2(OH)_2$，氧化物组分为$SiO_2$、MgO、CaO和$H_2O$，前三者为矿质元素(成矿物质)，$H_2O$为流体成分。对罗甸玉成矿物质来源的现有认识是基于辉绿岩体的接触交代型矿床成因提出来的，物源争议较大，可归结为5种观点：①基于赋矿地层不夹白云岩或白云质灰岩的事实，推断成矿元素Ca、Si分别来自围岩中的灰岩和燧石岩，Mg来自辉绿岩床(黄勇等，2012)；②赋矿地层由泥晶灰岩、燧石灰岩夹少量砾屑灰岩构成，围岩被认为属于不纯碳酸盐岩，含Mg、Fe、Mn等杂质，于是推测Ca、Si和少量Mg来自围岩，主要的Mg来自岩浆(杨林等，2012；杨林，2013)；③研究区的赋矿地层被当成中二叠统栖霞组与茅口组，因为茅口组夹白云岩，所以围岩被认为可提供Mg和Ca，岩浆提供Si(范二川等，2012)；④根据早期资料和罗悃辉绿岩全岩氧化物含量(韩伟等，2009)对比分析，认为黔西北二叠纪辉绿岩的MgO平均含量(4.53%)与黔南罗悃同期辉绿岩的MgO平均含量(6.40%)相当，罗悃岩体未发生明显的Mg丢失，并依据罗甸玉稀土元素配分曲线与辉绿岩的稀土元素配分曲线存在较大差异，但与北美也有相似的具强烈Ce负异常的特征推断，推测Mg不是来自辉绿岩，而是来自海水并通过断裂裂隙循环向下输送，辉绿岩只提供热源，围岩提供Ca和Si(李凯旋等，2014)；⑤赋矿地层中仅见泥晶灰岩和燧石岩两种基本岩性，在峨劳背斜东翼的下伏南丹组局部夹白云质团块，由此认为Ca和Si来自围岩，Mg可能来自下伏地层南丹组中的白云质团块(黄勇等，2018)。

四大寨组第二段由碳酸盐岩夹硅质岩组成，对无矿体产出的上饶剖面上系列岩石薄片观察和全岩成分分析均表明该组确实高Ca和Si，而贫Mg、Al、Na和K。由于四大寨组第二段灰岩和硅质岩贫Mg，因而不支持Mg来自围岩的第二种观点。对于黄勇等(2012)的观点，围岩的成分支持成矿所需的Si和Ca均可来自围岩的见解，但对Mg来自岩床辉绿岩的机制并没有深入阐述。范二川等(2012)提出的Ca和Mg来源于围岩的观点，依据是他们误将台地相区的中二叠统栖霞组—茅口组序列移置至盆地相区，而茅口组在台地相区的确夹有大量白云岩。李凯旋等(2014)提出的观点“Ca和Si来自围岩、Mg来自海水、辉绿岩提供热源”，虽然用热对流模式解释了海水Mg进入灰岩的过程和富集机制，但缺乏对流通道的实例，如贯通上、下地层界面的富 Mg 通道。因为下伏于辉绿岩床的南丹组的接触热带不发育，更没有发育交代岩石的证据，因此第五种观点值得商榷。

综合多方面的证据，本书认为，罗甸玉关键的成矿元素 Mg 仍然是由辉绿岩床岩石提供。

一、Ca 和 Si 的来源

1. 围岩组分分析

区域地质调查和矿区典型剖面（KPM07 剖面和 LD16 剖面）研究都表明，罗甸矿体的赋矿地层四大寨组是由灰岩、硅质条带灰岩、燧石团块灰岩构成的，不夹白云岩或白云质灰岩，岩石组合单一。KPM07 剖面远离接触变质带的灰岩和硅质岩的薄片鉴定及全岩化学成分表明（表 4.1），灰岩岩性为泥晶灰岩，主要矿物为方解石（98%），含微量石英（<1%）、黄铁矿（<1%）、铁质（<1%）及泥质（<1%），不含白云石。灰岩全岩化学组分 CaO 含量高达 53.1%～56.3%，MgO 含量非常低至 0.3%～1.8%，如此低的 MgO 含量显然不可能为罗甸玉成矿过程提供丰富的 Mg 源。硅质岩主要矿物为石英（85%），含少量方解石（13%）和微量铁质（<1%）、黄铁矿（<1%）、泥质（<1%），不含白云石。硅质岩全岩化学成分主要为 SiO_2（79.6%），含少量 CaO（11.0%），MgO 含量极低（0.6%）。在无矿体的罗悃上饶 LD16 剖面上（图 4.1b），严格的鉴定未发现白云岩或次生白云岩化灰岩，11 件灰岩样品均为富含 CaO（47.3%～56.5%，平均 54.7%）、贫 MgO（0.5%～2.0%，平均 0.8%）和低 SiO_2（0.3%～11.8%，平均 2.3%）。剖面中部的燧石岩层呈不均匀的条带状展布，推测是成岩作用中硅质交代灰岩而成，因交代不均匀降低了 SiO_2 含量，如样品 LD16－2B4，含 SiO_2 55.0%、CaO 24.9%、MgO 0.3%。综上所述，赋矿的四大寨组第二段地层中的灰岩富 Ca 和贫 Mg，硅质岩富 Si、低 Ca 和贫 Mg，可为罗甸玉成矿提供取之不尽的 Si 和 Ca，但无法提供可观的 Mg。

2. 硅同位素示踪

非常规稳定同位素示踪等新方法可用于综合研判成矿物质来源，应用 Si 同位素示踪方法，可以了解罗甸玉的 Si 来源。来自罗甸官固矿区的 6 件罗甸玉样品的硅同位素组成 $\delta^{30}Si$ 值介于 1.1‰～1.7‰之间，大部分与白云岩及二叠系灰岩中的燧石结核的范围（1.3‰～2.8‰）重叠，与基性岩浆岩如玄武岩、辉长岩、花岗岩等侵入岩的 $\delta^{30}Si$ 值相差甚远，这表明罗甸玉的成矿元素 Si 主要来自围岩中的硅质条带。

综合地层岩石特征、岩石化学组成、Si 同位素示踪和岩相学特征资料可知，罗甸玉透闪石的 Ca 可来自变质后的灰岩，即方解石大理岩，Si 可来自变质的硅质岩，即石英岩。

二、Mg 的来源

罗暮矿点（包括最大的矿区官固矿区）的接触热变质作用峰期形成了透闪石带、透辉石带和硅灰带 3 个递增接触变质带，其中的透闪石广泛分布在透辉石和硅灰石带内。因此，在接触热变质峰期前，罗暮矿点含矿的局部地层就已经不再贫 Mg，而是富 Mg 了。众所周知，典型的接触热作用过程属于等化学过程，除 H_2O 和 CO_2 等流体成分外，变质前后变质岩的全岩造岩成分基本保持不变。如果四大寨组第二段由近于纯的或贫 Mg 的灰岩和硅质岩在接触热变质的热峰前就已富 Mg，那么在热峰之前四大寨组第二段的接触变质晕内先期发生过物质的带入与带出，即发生了交代变质作用，而这一交代作用必与辉绿岩床的侵入有关，因此属于夕卡岩化作用类型。已有证据表明，辉绿岩床岩石中的 Mg 可能是分阶段多次进入围岩四大寨组第二段中的。

1. 早期基性岩浆幕间侵入过程中的夕卡岩化与 Mg 迁移

进一步的研究表明，侵入四大寨组第一段与第二段之间的辉绿岩床富 Mg、Fe、Al、Ca 和变化不定的 Na、K 及少量的 Mn 等元素，暗色矿物仅见单斜辉石，未出现橄榄石，表示 Si 含量是够用的。这一组分结构显示，其中的 Mg、Fe、Al、Na、K、Mn 等元素的含量明显地高于第二段地层岩石中的同种元素含量，在两者之间形成了高化学位差，导致这些组分向原岩为灰岩和硅质岩的大理岩带内迁移。这些成分穿过细粒至局部隐晶或甚至有玻璃质的岩床边缘带进入变质带内的大理岩与石英岩。一些边缘带内的全晶质细粒辉绿岩中存在绿泥石杏仁体(图 5.3e)，表明辉绿岩床的玄武质岩浆是多阶段的幕式就位的。在幕间早先的气孔被充填，沉淀了绿泥石、方解石和绿帘石等，其中的方解石为边缘带蚀变时释放出来的 Ca 和围岩释放的 CO_2结合的产物。当中酸性岩体与碳酸盐岩＋硅质岩互层的地层之间发生夕卡岩化作用前，中酸性岩体中的 Ca 浓度明显低于灰岩。因此，在岩体中的 Fe、Mg、Al、Na 等元素向灰岩＋硅质层迁移的同时，灰岩中的 Ca 也同时向相反方向迁入中酸性岩体中，发生典型的双交代作用。然而，由于罗甸辉绿岩床中已具有丰富的 Ca，因此，发生的交代作用是单向交代作用，而非双向交代作用。

Mg 从辉绿岩床向围岩迁移必定在一程度上降低岩床中该岩石 Mg 的含量，其暗色矿物含量也将减少，从而在岩性上产生含长石更多的基性岩，甚至存在演化的中性岩，无矿体的围岩接触的岩床中则不发育此类中性岩囊。以罗暮矿点为例，由于 Mg、Fe 等元素的迁移，暗色矿物减少，长石矿物增多，经结晶分异产生了更富长石的中性岩囊；反观无矿体的罗悃辉绿岩床内并无分异结晶产物的中性岩囊，只发育 160Ma 的酸性岩脉。

罗甸区域内与含矿围岩接触和不含矿围岩接触的辉绿岩的平均全岩成分的对比，可以提供有益的参考。在罗甸玉的矿化区域 KPM07、LD08 和 KPM22 剖面上辉绿岩的 MgO 含量介于 1.28%～6.87%之间，平均 4.41%；在罗悃一带，岩体接触带具强烈的大理岩化和硅化，未见软玉矿化，在这一无矿地段采集了 10 件辉绿岩样品，其 MgO 含量介于 6.06%～6.93%之间，平均 6.39%(韩伟等，2009)，明显高于罗甸玉含矿体(带)附近辉绿岩的 MgO 含量。这表明矿化地段的辉绿岩床岩石因发生了 Mg 的带出(迁入围岩)而自身 MgO 含量降低。

2. 基性岩床期后的自变质蚀变和热液交代作用与 Mg 的再迁移

罗甸辉绿岩床侵位固结期后发生了自变质作用。自变质作用造成区域性的单斜辉石依次分解为棕色普通角闪石，绿色普通角闪石、阳起石和绿泥石，并以大部分单斜辉石分解为绿泥石和同时形成新生的磷灰石集合体为特征。磷灰石 LA-ICPMS U-Pb 年龄约 260Ma(陈能松，未刊数据)，与辉绿岩的锆石年龄一致，属于同期不同阶段和性质作用的产物。因此，本变质作用定为自变质作用。与基本未蚀变的辉绿岩对比发现，强绿泥石化的辉绿岩大多数氧化物如 SiO_2、Al_2O_3、TiO_2、MnO、CaO、Na_2O、K_2O 和 P_2O_5 并未发生明显变化，但 MgO 减少(图 7.12a)。这表明，自变质作用中的强绿泥石化使辉绿岩的 Mg 发生了明显的带出并再次进入到围岩中。

发生在喜马拉雅早期的青磐岩化相应的热液变质作用再次使已发生自变质或绿泥石化的辉长岩又一次发生了 MgO 的带出和流失。完全青磐岩化的辉长岩(辉长质青磐岩)与基本未蚀变的辉长岩(高 Ti 辉绿岩)相比，基本未变化的氧化物只剩下 MnO 和 P_2O_5，明显升高的氧化物包括 Fe_2O_3、CaO、K_2O 和 Al_2O_3，而 MgO、FeO、Na_2O、TiO_2 则明显减少，其中 MgO 含量平均减少了 5.0%；强绿泥石化辉长岩的 MgO 含量相对于基本未蚀变的辉长岩(高 Ti 辉绿岩)的 MgO 平均含量减少了 2.1%。完全青磐岩化辉长岩的 MgO 的减少量远高于强绿泥石化辉长岩的 MgO 的减少量，带出和流失的 Mg 再次进入了接触热峰期后的条带状石英岩和大理岩围岩中。

综上所述，从辉绿岩床中发生 Mg 带出次数可达 3 次之多，多次带入围岩的 Mg 为罗甸玉的形成奠定了坚实的物质基础。

第二节　成矿作用和矿床成因类型

软玉矿床的成因类型有接触交代型、热液交代型、区域变质型和动力变质型。

接触交代型矿床：矿床量最多、矿石质量最好的一种类型。矿体主要产于花岗岩体与白云石大理岩的接触带上，是岩浆侵入时的接触交代作用成矿。成矿所需的 Mg 和 Ca 均由围岩提供，Si 由花岗岩体提供，成矿流体为大气降水或由大气降水、岩浆水及变质水构成的混合水(Liu et al，2011a，2011b)。

热液交代型矿床：矿体主要产在造山带的蛇绿岩套超镁铁岩及蛇纹岩中，软玉矿是由超镁铁岩蚀变为蛇纹岩的过程中交代围岩而成；或由超镁铁岩先经过自变质作用形成蛇纹岩，再与火山岩围岩发生接触交代作用而成(王铎等，2009；Siqin et al，2012；孙丽华和王时麒，2014)。成矿元素 Mg 来自超镁铁岩或蛇纹岩，Ca 和 Si 来自围岩，成矿流体为超镁铁岩在蛇纹岩变质过程中释放出来的水(Burtseva et al，2015)。

区域变质型矿床：产在区域变质的白云质大理岩中，由白云岩或白云质灰岩经区域变质作用变质成白云质大理岩的同时形成软玉矿，没有岩浆热液作用参与(汤德平和林国新，1997)。成矿元素 Mg、Ca 和 Si 来自围岩，成矿流体主要为变质水。该类型的软玉矿较为少见。

动力变质型矿床：矿体产在白云质大理岩的构造破碎带中，属动热变质作用成矿。成矿元素 Mg、Ca 和 Si 来自围岩，由含 SiO_2 热液沿断裂破碎带或裂隙扩散于白云质大理岩中交代围岩成矿(李水明，1997)。

罗甸软玉矿产在二叠纪辉绿岩床上覆二叠系四大寨组第二段硅质灰岩的接触变质带内，一直被认为是接触交代作用成矿(范二川等，2012；黄勇等，2012；杨林等，2012，2013；张亚东等，2015)，成矿时代被推定为基性岩浆侵入期。本次在罗甸玉中获得 87Ma 的热液锆石。

该锆石的蚀变边清楚，锆石进入软玉的途径只有一个，即由热液或成矿流体携带到成矿现场，再被成矿热液蚀变，最终裹进结晶的软玉石中，因而可以约束罗甸玉的成矿时代（属于晚白垩世中期）。新获得的成矿年龄远远晚于罗甸基性岩浆侵入年龄（约 260Ma），与罗甸第三期富 K 花岗岩脉的侵入结晶年龄一致。因此，罗甸玉矿的成矿类型不再是接触交代变质成矿型或者不可能是简单的接触交代成矿型。

如前所述，成矿地质环境中分布的大量方解石大理岩和石英岩确保了罗甸玉成矿元素 Ca 和 Si 的需求，但不能提供丰富的 Mg 以供构成软玉的矿物透闪石生成所需。形成于约 260Ma 的辉绿岩床侵位引起的接触热变质作用为围岩地层中的灰岩和硅质岩变质为大理岩及石英岩提供了热能，其多幕岩浆侵位间使围岩发生的夕卡岩化作用，加上后续的岩床期后发生的自变质作用和青磐岩化气液变质作用，先后 3 次向围岩提供了丰富的 Mg，从而导致青磐岩化气液变质作用的直接原因是约 86Ma 侵入的富 K 花岗岩脉。它的侵入，导致辉绿岩床、岩囊和 170～160Ma 的中酸性脉岩及该期先侵入的岩脉发生了青磐岩化，形成了基性、中性和酸性青磐岩。约 86Ma 的气液变质作用同时成就了罗甸玉的最终成矿。因此，罗甸玉是多类型多期次地质作用和成矿作用的结果，属于叠生矿床（superimposed deposit）类型。叠生矿床指早期的矿床（或矿体、矿源层）经后期热液成矿作用叠加、改造形成的矿床（沈保丰和张阔，2016），普遍见于铁、铜、金等金属热液矿床中，在非金属矿床中罕有报道。罗甸玉海西晚期表现为关键成矿元素 Mg 从赋存矿物中分解、扩散、渗透、集合带出并迁移带入围岩中富集，在喜马拉雅早期叠加的热液交代作用再次使赋存矿物分解出来，再次迁移到围中最终成矿，因而属于接触-热液叠生矿床。接触-热液叠生软玉矿床在国内外尚无先例报道，是软玉矿床中的一种新的成因类型。

第三节 成矿机理和成矿模式

一、成矿机理

区域地质调查和矿区典型剖面（KPM07 剖面和 LD16 剖面）迄今的研究认为，热液交代型软玉矿床主要产于造山带的蛇绿岩中，系热液作用下发生蛇纹岩化而成矿；接触交代型软玉矿床是中酸性岩体与含（或不含）硅质岩的白云质灰岩或白云岩的侵入接触热变质基础上的接触交代作用而成。新疆和田玉是接触交代型矿床的典型代表，其形成过程：白云岩→白云石大理岩（区域变质）→接触变质岩→软玉矿。软玉矿化是叠加在透闪石带上的第二次交代。有学者将其成矿过程划分为成岩（透闪石岩）和成玉两个阶段（周征宇等，2005；贺林芳等，2009）。有学者又提出，新疆和田玉可能有两个形成过程：第一是白云石大理岩→透闪石，第二是白云石大理岩→透辉石→透闪石（Liu et al，2011）。罗甸玉的成矿机理既不同于以往的接触交代型矿床，也不同于以往的热液交代型矿床，其成矿要素中的物质场、空间场与新疆和田玉、青海软玉、贝加尔湖软玉等矿床具有鲜明的差异。罗甸玉的成矿作用比较复杂，具多期、多阶段性，其成矿过程可划分为 2 期、4 个阶段。

1. 第一期

该期是接触热变质和岩浆侵位幕间的夕卡岩化作用及岩浆期后的自变质作用期。该期可分 2 个阶段。

第一阶段:接触热变质作用+幕间夕卡岩化阶段。根据《中国区域地质志·贵州志》(2017)记述,贵州表现明显的构造运动有武陵运动、广西运动和燕山运动,这些构造运动有洋陆转换阶段的造山运动,也有陆内活动阶段的造山运动,相应划分出武陵构造旋回期、雪峰—加里东构造旋回期、海西—印支—燕山构造旋回期、喜马拉雅及新构造旋回期 4 个构造旋回期。右江盆地是南华加里东造山带夷平后裂陷的再生盆地,自加里东构造旋回期结束后,构造动力学背景由洋陆转换转化为陆内造山,其中,海西期属于陆内造山时期的裂陷背景,印支期—燕山期为挤压背景,喜马拉雅及新构造旋回期属于隆升背景。研究区甄别出的 3 期岩浆活动能与有关事件和环境对应,其中约 260Ma 的基性侵入岩代表海西期裂陷背景下的岩浆事件记录,170～160Ma 的中酸性岩脉侵入是燕山期挤压背景下的岩浆记录,约 86Ma 的中酸性岩脉则是喜马拉雅早期隆升背景下的岩浆记录。

研究表明,区内在海西－印支－燕山构造旋回期内部没有发生明显的造山运动,因此,晚古生代地层在海西晚期发生大规模峨眉山玄武岩浆喷发之际基本上处于近水平状态。当玄武质岩浆从深部幕式减压上升侵入四大寨组达临界压力时便沿着其燧石灰岩层间向前流动推进和就位,先幕岩浆侵入和推进首先与沿途的上、下两界面的围岩迅速冷却生成气孔状辉绿玢岩。一路的热交换造成岩浆持续冷却降温结晶,另一路的结晶分异使前锋的岩浆基性程度降低,黏度逐渐增高,运行速度放慢甚至停滞不前。停滞不前的岩浆中某些组分如 Mg、Fe、Al 等高于围岩同种成分数倍或数十倍,产生高的化学位,便沿矿物边界扩散或进入热液流体沿近垂直向裂隙向上对流,将 Mg 等组分穿过冷凝边,部分填充在气孔中成为杏仁体,部分带出岩床进入围岩中。下一幕新的玄武岩浆推进路过时可将原来停滞的但仍处于塑性状态的玄武岩重新加热并带走,接触热作用重新开启,加热上覆地层,而已分异为高黏度低密度的中性岩浆因密度倒置上浮穿入新到来的高密度低黏度的玄武岩浆中,成为倒水滴状岩囊。如此多次往复,当玄武岩浆流动侵位最终停止时形成基性岩床时,便在岩床顶部的紧邻围岩产生宽窄不一的接触变质带,接触变质带(大理岩带)在罗甸地区最宽可达 98m。因在幕间存在来自玄武岩岩浆中 Mg 的加入,地层中离岩床边界向上依次形成了硅灰石带、透辉石带和透闪石带等接触前进变质带。在高温的硅灰石带和透辉石带中发育含 Mg 的钙铝榴石。透辉石和硅灰石的形成反应细节详见第六章。

第二阶段:基性岩自变质作用阶段。最终停止推进的基性岩浆随温度降低而进入最后的结晶和分异过程。靠近上、下界面的岩浆降温较快,先结晶的辉石和斜长石,近上界面结晶的矿物会下降到近下界面的下部,最后结晶的基性程度偏低的粗粒辉长岩往往分布在近上部,而不是中部或下部。分异晚期形成的演化岩浆含更多的挥发分,当温度进一步降低时便转变成热液,这些热液作用于已固结的辉长辉绿岩便发生自变质作用,使辉石依次退变质为棕绿色的普通角闪石、绿色普通角闪石和绿泥石,斜长石退变质为绿泥石,少见绿帘石。辉石可完全或不完全退变,未退变的残余辉石被棕色或绿色角闪石环绕。由辉石退变质分解的 Mg 部分成为角闪石和绿泥石的组成部分，一部分进入流体再度穿过岩床的冷凝边，同时充填未尽的气孔，剩余的 Mg 则进入围岩中。蚀变绿泥石一方面吸纳 Mg，减少了进入围岩中的 Mg，但同时又吸纳 Fe。本绿泥石为铁绿泥石，其 TFeO：MgO＝3：1～6：1(表 7.2)，单斜辉石释放出来的 Fe 几乎被绿泥石吸纳，使得进入围岩中的 Fe 量很少，Mg 量极高，从而使更多的罗甸玉成为玉化程度高的白玉或青白玉。

2. 第二期

该期是成矿作用期。燕山中期区内零星发育小规模的中酸性岩脉侵入(170～160Ma)，如罗悃花岗岩脉，但对罗甸玉成矿不起作用。直到喜马拉雅早期才发育对罗甸玉成矿关键的岩浆侵入作用。在喜马拉雅早期，右江盆地发生了大规模的花岗岩浆侵入活动，其峰期为 85～80Ma(程彦博等，2009)。该期岩浆活动范围广、强度大，引起华南西部南盘江成矿带的大规模成矿作用，形成一系列锡、钨、铜、银、铅、锌、钼多金属矿床和卡林型金矿床，这些矿床的成矿年龄约 83Ma(杨宗喜等，2008)。研究区 86Ma 的花岗岩脉数量多，规模相对较大，是右江盆地花岗岩浆活动峰期的岩浆事件响应，罗甸玉的成矿年龄也与该期大规模成矿作用时间高度一致。喜马拉雅早期的大规模花岗岩浆活动在右江盆地产生了区域热流值异常，广泛的热流活动为罗甸玉成矿创造了有利条件。

第一阶段：青磐岩化蚀变作用阶段。罗甸喜马拉雅早期的花岗岩脉为 I 型花岗岩，属壳幔型。喜马拉雅早期右江盆地北东缘的花岗岩沿紫云-南丹大断裂带附近展布，表明该期花岗岩浆活动与控制晚古生代—中生代盆地演化的这一同沉积深大断裂的复活有关。源自深部的壳幔型花岗岩浆沿该大断裂上升至地壳浅层，在岩浆房中分异演化后沿已褶皱的地层中的能干性差异较大的岩层层间裂隙或次级断裂向地壳浅表侵入，进入区内基性岩体中。侵入的花岗岩同时带来了大量挥发分，在冷却过程中转变为高温热水溶液。这些热水溶液作用于辉绿岩床中的岩石和其他先存岩石，使它们发生青磐岩化蚀变。蚀变的结果是使无水镁硅酸盐矿物如单斜辉石发生水合作用，使之分解，Mg 和 Fe 进入热液中(刘英俊等，1984；杨天翔等，2013)。进入热液中的 Fe^{2+} 因高的氧化环境转变为 Fe^{3+}，形成绿帘石。同时，热液使斜长石的钠长石分解出来，剩下的钙长石与热液中的 Fe^{3+} 和流体 H_2O 反应为绿帘石。结果，在青磐岩化中，在之前发生自变质作用中残余于普通角闪石反应边中的单斜辉石和斜长石都转变为绿帘石，将释放出来并转变为高价态的 Fe^{3+} 几乎全部吸纳到绿帘石中，而 Mg 则几乎全部进入到热液中，从而获得 $Mg/(Mg+Fe^{2+})$ 值相当高的或 Mg 纯度较高的热液。此外，一部分普通角闪石也同时会转变为绿泥石且释放出结构水(变质水)。由于该时期的上覆地层不厚，会有丰富的大气降水参与到这些富 Mg 的热液中来，经连通裂隙向上对流，进入到先期已部分变质为硅灰石、透辉石和透闪石的大理岩中。

第二阶段：热液交代成矿作用阶段。众所周知，透闪石玉与透闪石岩都由透闪石组成，差别只在于质地上。有人提出成玉阶段的概念，将新疆和田玉的成矿过程划分为成岩(透闪石岩)和成玉(软玉)两个阶段，且不清楚透闪石岩转变成软玉的机制(周征宇等，2005；贺林芳等，2009)。有些研究划分出了成玉阶段，但也限于想像在透闪石岩之上叠加一次热液活动，将透闪石岩中的矿物颗粒再度溶解和重新结晶变细，实现岩到玉的转化。但是重结晶作用通常是使矿物颗粒变粗而非变细，不可能与变细的成玉阶段相联系。绝大多数学者的研究也没有将软玉的成岩与成玉截然分开，一般都表述为热液交代时成矿(或成玉)。

罗甸玉在形成之前发生的接触热变质作用最终峰期在接近基性岩床附近的硅灰石带和透辉石带中生成了透辉石、硅灰石、石榴子石等无水变质矿物，在峰期后有退变质的符山石矿物生长，在较远的外侧生成了粒度略粗的透闪石。该期透闪石断续平行排列构成面理，为构造前变晶。在热液交代成矿阶段中，这些先期形成的变质矿物受到分解，生成了透闪石矿物。显微尺度的观察发现，尽管透辉石的港湾状边缘清楚地显示其发生过分解，但其边缘上并不发育类似于固态下变质反应的残余物和生成物该有的结构关系：反应产物(透闪石)呈反应边或冠状体增生在反应物(透辉石)的港湾状边缘上，该结构相同于接触热变质中透闪石(Tr)在升温过程中通过反应 $Tr+3Cc+2Q=5Di+3CO_2+H_2O$ 分解并生成为透辉石(Di)反应边的结构。因此，透辉石是通过离子反应分解的：

$$\underset{\text{透辉石}}{5CaMg(Si_2O_6)}+H_2O \longrightarrow \underset{\text{透闪石}}{Ca_2Mg_5[Si_4O_{11}]_2(OH)_2}+3Ca^{2+}+6SiO_2 \qquad (9.1)$$

式(9.1)中的 H_2O 主要由溶解于热液中的花岗岩浆期后的低温液态水、大气降水和基性岩中的角闪石退变为绿泥石时分解放出的结构水(变质水)构成。

罗甸多个软玉矿区或矿点发育滑石(分子式：$Mg_3[Si_4O_{10}](OH)_2$)矿体，且产在软玉矿体下部，如里班矿点(图 3.4)，可以推断青磐岩化蚀变作用从辉长辉绿岩床中产生的局部热液已相当富 Mg。对于围岩，当时的透辉石和其他先期形成的接触热变质矿物都被浸渍在富含 Mg 质的热液中。通过反应式(9.1)分解(溶解)出来的组分并不像反应式中表示的那样，立即生成了透闪石，而是以离子或络合离子的形式存在于热液中，然后到合适的条件时才构建成微晶透闪石。这些微晶透闪石皆呈放射状集合体，平面图上似乎显示是在透辉石等溶解残余的先期矿物之下，实为呈不定向包裹这些先期矿物的切开面效果(图 7.4g～i、k)。因此，罗甸玉的热液交代成矿过程并不存在成岩阶段和成玉阶段。其所谓的成岩阶段实为青磐岩化作用产生的富 Mg 热液进入到先期接触热变质的硅灰石、透辉石和透闪石大理岩中，侵蚀溶解先存的富 Mg 透辉石，不断提高热液中 Mg^{2+} 的浓度。仅当环境条件合适时，这些高 Mg^{2+} 浓度的热液才转入构建微晶透闪石形成软玉，且据其形成条件的差异分别形成白玉、青白玉或青玉等。

热液交代成矿阶段可能持续了较长时间，其证据除了与青磐岩化相关的绿帘石脉分别切割了基性岩床上部边缘相充填于张节理中的方解石脉和切割了 86Ma 的花岗岩脉之外(图 6.1h，图 6.2f)，还存在与 86Ma 热液锆石相差近 30Ma 的 54Ma 的热液成因锆石，表明热液对锆石的放射性成因的 Pb 丢失有着长时间的影响。

二、成矿模式

罗甸玉成矿经历了强烈的接触热变质作用、基性岩浆幕间发生的夕卡岩化作用、基性岩的自变质蚀变作用和热液交代成矿作用等主要期次。各个期次的矿物生长与消亡见矿物生长顺序表(表 9.1)。

表 9.1　罗甸玉矿床各个期次矿物生成顺序表

矿物	海西晚期		喜马拉雅早期	
	接触热变质+矽卡岩化作用阶段	自变质作用阶段	青磐岩化蚀变阶段	热液交代成矿阶段
硅灰石	━━━			
透辉石	━━━			
石榴子石	━━━			
符山石	━━━			
石英	━━━	━━━	━━━	━━━
方解石	━━━	━━━	━━━	━━━
绿泥石	━━━	━━━	━━━	
绿帘石	━━━	━━━	━━━	
钠长石			━━━	
透闪石				━━━
滑石				━━━
热液锆石				━━━
绢云母			━━━	
黄铁矿			━━━	

接触热变质作用期(不考虑基性岩浆幕间发生的夕卡岩化作用)的变质矿物有硅灰石、透辉石、石榴子石、符山石、方解石、石英。进变质阶段矿物生长顺序为方解石＋石英、透闪石、透辉石＋硅灰石＋石榴子石,退变质顺序为符山石、绿帘石等。

基性岩床的自变质作用生长的矿物有普通角闪石、绿泥石、绿帘石、磁铁矿等,生长顺序为普通角闪石、绿泥石＋绿帘石＋磁铁矿。

青磐岩化蚀变矿物有普通角闪石、阳起石、绿帘石、绿泥石、绢云母、黄铁矿、石英、方解石,生长顺序为普通角闪石、阳起石、绿帘石、绿泥石、绢云母等。

热液交代成矿作用生成的矿物有透闪石、滑石、方解石、石英、热液锆石,生长顺序相对简单。

罗甸玉成矿经历了海西晚期—喜马拉雅早期的漫长地质历程,其间经受了多次复杂的地质作用事件,最终形成质优量少的罗甸玉矿床,其成矿模式见图 9.1。海西晚期的早期阶段,右江盆地中形成的一套巨厚的四大寨组第二段深水相碳酸盐岩和硅质岩为罗甸玉成矿提供了丰富且纯净的 Ca 和 Si 源;海西晚期的晚期阶段(约 260Ma),峨眉山大岩浆岩省玄武岩浆远程侵入于四大寨组第二段底部构成岩床,带来了丰富的 Mg 源,持续交互进行的接触热变质和夕卡岩化作用,以及岩床期后的自变质作用两次将 Mg 输入该地层,经最终接触热变质作用为罗甸玉的形成储备了一定量的 Mg。喜马拉雅早期(约 86Ma)晚白垩世花岗岩浆沿复活的古生代同沉积大断裂(紫云-南丹大断裂)侵入,其后发生气液变质作用使辉绿岩床和包括花岗岩自身在内的侵入岩发生青磐岩化,热液又一次将基性岩中的 Mg 释放出来,与同期释放的变质矿物结构水上升,与大气降水混合成为中温富 Mg 热液,进入到先期一定程度上富含 Mg 的硅质大理岩地层中,局部高 Mg 的热液沉淀形成滑石岩,普通的 Mg 质热液进一步溶解方解石、透辉石、石英等进一步形成高 Mg 富 Ca 和 Si 的矿液,在合适条件下结晶成微晶透闪岩形成罗甸玉。

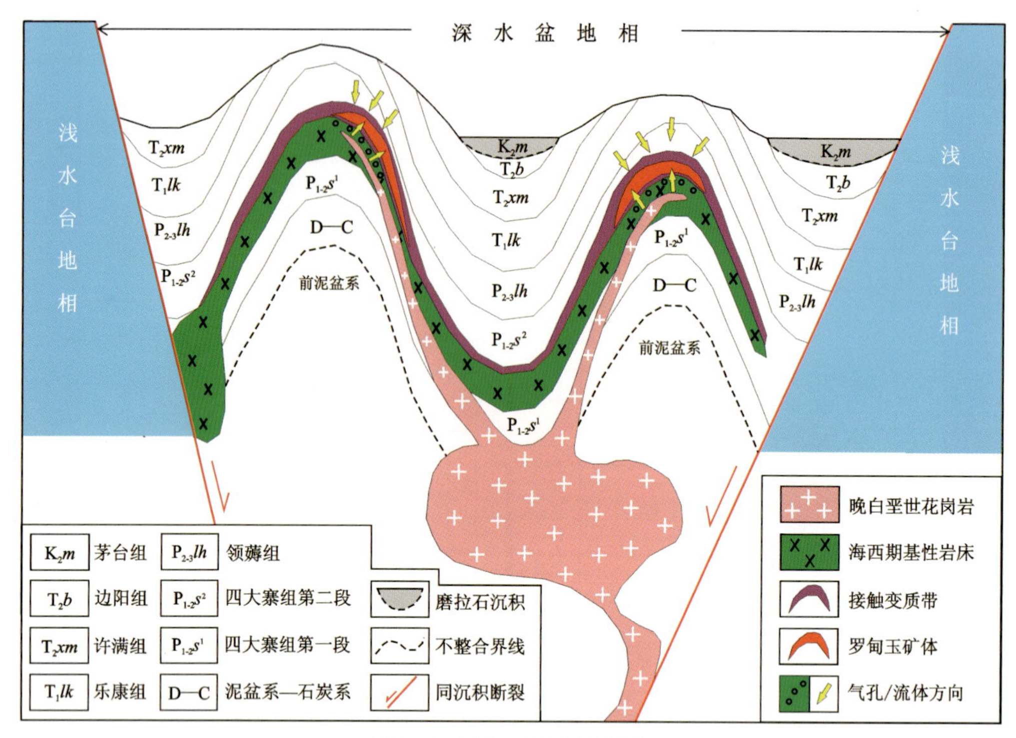

图 9.1 罗甸玉成矿模式图

第四节 小 结

(1)罗甸玉矿是由海西晚期基性岩浆接触变质作用、基性岩浆作用幕间发生的夕卡岩化作用和辉绿岩床岩石的自变质作用、喜马拉雅早期青磐岩化蚀变作用和热液交代作用叠加改造而成,属于热液叠生矿床,是国内外软玉矿床中一种新的成因类型。

(2)基性岩浆作用幕间的夕卡岩化作用、辉绿岩床岩石的自变质作用和青磐岩化蚀变作用为罗甸玉的成矿先后 3 次向贫 Mg 的四大寨组第二段硅质灰岩地层输送了关键成矿元素 Mg,3 次的 Mg 源都是从辉绿岩床分解的单斜辉石中获得的。因此,约 260Ma 的辉绿岩床岩石是罗甸玉的唯一供 Mg 源。

(3)约 86Ma 的热液交代成矿作用是罗甸玉成矿的关键作用。该作用由成矿矿液富集阶段和矿液成矿阶段两个阶段构成,不存在前人划分的成岩阶段和成玉阶段结构证据,因而不支持从富 Mg 的透辉石直接退变为透闪石而成矿的观点。

第十章　结论与展望

本书选择最具代表性的岩体接触变质带剖面及代表性矿点，对罗甸玉矿和时空上关系紧密的辉绿岩床和中性岩囊、中酸性岩脉、接触热变质岩和玉矿围岩地层开展地质学、岩石学、岩石化学、矿物学、矿物化学、岩相学、同位素年代学、矿床学、流体包裹体同位素示踪等研究，在查明它们的产出特征、物质组分、形成年代及相互间内在关系的基础上，对罗甸玉的成矿物质来源、成矿流体来源、成矿时代、矿床成因和成矿机制进行了深入探讨。主要结论如下。

(1)罗甸玉的赋矿地层下—中二叠统四大寨组第二段形成于深水盆地相，因而无法沉积原生的白云岩或白云质灰岩。地层中的灰岩和硅质岩杂质很少，虽可为罗甸玉的成矿(实质为优质透闪石矿物的形成)提供优质的 Ca 和 Si 成分，但无法提供关键的成矿元素 Mg。因此其他成矿条件都具备时，Mg 的来源成为罗甸玉能否成矿的关键。

(2)显然，地层中贫 Mg 的组成特征不支持 Mg 来自四大寨组变质碳酸盐岩围岩的观点。同时，岩体产状总体呈层状、似层状和透镜体状或不规则的团块状，而无穿过地层单位的脉状富 Mg 岩石，也不支持 Mg 和部分 Ca 来自对流循环海水的观点。侵入于四大寨组第二段与第一段之间岩床状的辉绿岩-辉长岩-辉绿辉长岩等浅成—超浅成基性侵入岩是罗甸玉矿体唯一的 Mg 源提供者。

(3)基性侵入岩的 Mg 先后分 3 次释放后被热液带入围岩中。第一次为约 260Ma 侵入的基性岩浆直接以单向交代的夕卡岩化作用方式向贫 Mg 四大寨组碳酸盐岩围岩扩散和对流输送 Mg；第二次发生在基性侵入岩成岩期后的自变质作用，固结的单斜辉石发生绿泥石化同时吸纳一部分 Mg 和 Fe，其余的 Mg 和剩余 Fe 进入热液被带出岩床，带入围岩中；第三次因青磐岩化气液交代作用，之前绿泥石化剩余的和未被改造的单斜辉石发生绿帘石化，Fe^{2+} 转化的 Fe^{3+} 几乎被绿帘石全部吸纳，使进入热流中的 Mg 是历次 Mg 浓度最高的一次。其中，第一次供 Mg 过程因发生在基性侵入幕之间而独具特色。

(4)基性岩浆侵入导致四大寨组第二段发育宽窄不等的接触前进变质带。基性岩浆侵入是幕式侵入，侵入幕间先侵入的基性岩浆因沿途与围岩交换热能，自身温度降低而发生结晶分异而成为演化岩浆，同时局部形成中性岩浆晶粥，最后演化为岩囊，岩浆黏度增高甚至短时停滞不前，发生幕间单向交代的夕卡岩化作用。最后一次侵入的温度最高，最终形成透闪石带、透辉石带和硅灰石带的接触前进变质带。

(5)中酸性岩浆作用有三期。第一期为与基性岩床侵入同期的中性岩囊和花岗岩脉；第二期为 170～160Ma 侵入的总体富 Na 的中酸性岩浆脉；第三期为约 86Ma 侵入的总体富 K 的中酸性岩浆脉。另外，还在多件与约 86Ma 岩浆侵入有关的样品中检测到 130～110Ma 的锆石，是否指示本区存在与此年龄相应的岩浆侵入事件，有待进一步研究。第三期岩浆的侵入作用导致了先存侵入岩如基性岩床、中性岩囊和该期略早注入的中酸性岩脉发生强烈的青磐岩化。

(6)罗甸玉的成矿发生在距今约 86Ma，该作用与约 86Ma 的中酸性花岗岩脉的侵入时间一致，也与右江盆地的花岗岩浆活动和大规模热液成矿作用时间一致，属于晚白垩世中期，相当于喜马拉雅早期，是国内软玉矿采用直接定年法获得的第二例软玉成矿年龄。它改变了此前罗甸玉形成于海西晚期的认识。

(7)罗甸玉的成矿物质 Ca 和 Si 分别源于四大寨组第二段变质的灰岩与硅质岩(方解石大理岩和石英岩)，Mg 由辉绿岩分 3 次提供，成矿作用先后经历了海西晚期基性岩浆接触热变质作用、基性岩浆幕间侵入的夕卡岩化作用、基性岩的自变质作用，喜马拉雅早期青磐岩化蚀变作用的气液变质作用和热液交代成矿作用，其地质作用类型复杂、时间悠长，因而属于接触-热液叠生矿床。这是目前国内外研究软玉矿床中的一种新的成因类型。

总之，本研究取得了多方面进展，突出进展是改变了罗甸玉的成矿时代，确定了导致罗甸玉最终交代成矿的是与喜马拉雅早期约 86Ma 的花岗岩脉的侵入活动有关的青磐岩化作用。该期岩脉及其包括基性岩在内的侵入岩强烈的普遍青磐岩化可作为寻找罗甸玉的重要找矿标志。

主要参考文献

毕诗健,李建威,赵新福,2008.热液锆石 U-Pb 定年与石英脉型金矿成矿时代:评述与展望[J].地质科技情报,27(1):69-76.

蔡明海,何龙清,刘国庆,等,2006.广西大厂锡矿田侵入岩 SHRIMP 锆石 U-Pb 年龄及其意义[J].地质论评,52(3):409-414.

曹亮,段其发,彭三国,等,2015.雪峰山铲子坪金矿床流体包裹体特征及地质意义[J].地质与勘探,51(2):212-224.

柴凤梅,帕拉提,2000.和田软玉与青海软玉的宝石学特征对比研究[J].新疆工学院学报,21(1):77-80.

车延东,2013.罗甸软玉的宝石学矿物学研究[D].北京:中国地质大学(北京).

陈建林,郭原生,付善明,2004.花岗岩研究进展:ISMA 花岗岩类分类综述[J].甘肃地质学报(1):67-73.

陈克樵,陈振宇,2002.和田玉的物质组分和物理性质研究[J].岩石矿物学杂志(S1):34-40.

陈懋弘,刚陆,李新华,2012.桂西北地区石英斑岩脉白云母$^{40}Ar/^{39}Ar$年龄及其地质意义[J].高校地质学报,18(1):106-116.

陈懋弘,章伟,杨宗喜,等,2009.黔西南白层超基性岩墙锆石 SHRIMP U-Pb 年龄和 Hf 同位素组成研究[J].矿床地质,28(3):240-250.

程怀德,马海州,2013.显生宙以来海水组分变化对海相钾盐蒸发岩的制约作用[J].矿物岩石地球化学通报(5):609-618.

程彦博,毛景文,陈懋弘,等,2008a.云南个旧锡矿田碱性岩和煌斑岩 LA-ICP-MS 锆石 U-Pb 测年及其地质意义[J].中国地质,35(6):1082-1093.

程彦博,毛景文,陈小林,等,2010.滇东南薄竹山花岗岩的 LAICP-MS 锆石 U-Pb 定年及地质意义[J].吉林大学学报(地球科学版),40(4):869-878.

程彦博,毛景文,谢桂青,等,2008b.云南个旧老厂-卡房花岗岩体成因:锆石 U-Pb 年代学和岩石地球化学约束[J].地质学报,82(11):1478-1493.

程彦博,毛景文,谢桂青,等,2009.与云南个旧超大型锡矿床有关花岗岩的锆石 U-Pb 定年及意义[J].矿床地质,28:297-312.

崔文元,杨富绪,2002.和田玉(透闪石玉)的研究[J].岩石矿物学杂志(Z1):26-33.

戴传固,张慧,王敏,等,2010.江南造山带西南段地质构造特征及其演化[M].北京:地质出版社.

戴传固,郑启钤,陈建书,等,2014.贵州海西—燕山构造旋回期成矿地质背景研究[J].贵州地质,31(2):82-88.

邓晋福,刘翠,冯艳芳,等,2015.关于火成岩常用图解的正确使用:讨论与建议[J].地质论评,61(4):717-734.

邓平,舒良树,肖旦红,2002.中国东南部晚中生代火成岩的基底探讨[J].高校地质学报,8(2):169-179.

邓燕华,1992.宝(玉)石矿床[M].北京:北京工业大学出版社.

丁悌平,蒋少涌,万德芳,1994.硅同位素地球化学[M].北京:地质出版社.

丁悌平,万德芳,李金城,等,1988.硅同位素测量方法及其地质应用[J].矿床地质,7(4):90-96.

丁一,2011.浅谈四川龙溪玉和软玉猫眼的对比及市场前景[J].中山大学研究生学刊(自然科学与医学版),32(2):79-84.

董必谦,1996.青海省格尔木玉地质简况及玉石特征[J].建材地质(5):23+28.

董剑文,王以群,邱成君,等,2014.贵州和田玉的矿物学特征[J].华东理工大学学报(自然科学版),40(6):713-717.

杜小弟,黄志诚,陈智娜,等,1998.下扬子区二叠纪主要岩石类型成因的地球化学信息[J].岩相古地理,18(1):61-70.

杜远生,黄虎,杨江海,等,2013.晚古生代—中三叠世右江盆地的格局和转换[J].地质论评,59(1):1-11.

杜远生,杨江海,黄虎,等,2014.右江造山带海西—印支期沉积地质学研究[M].武汉:中国地质大学出版社.

段体玉,王时麒,2002.岫岩软玉(透闪石玉)的稳定同位素研究[J].岩石矿物学杂志,21(Z):115-119.

范二川,兰永文,戴朝辉,等,2012.贵州省罗甸透闪石矿床地质特征及找矿预测[J].矿物学报(2):304-309.

冯晓燕,张蓓莉,2004.青海软玉的成分及结构特征[J].宝石和宝石学杂志,6(4):7-9.

伏修锋,干福熹,马波,等,2007.几种不同产地软玉的岩相结构和无破损成分分析[J].岩石学报,23(5):1197-1202.

高林志,戴传固,丁孝忠,等,2011.侵入梵净山群白岗岩锆石 U-Pb 年龄及白岗岩底砾岩对下江群沉积的制约[J].中国地质,38(6):1413-1420.

高林志,戴传固,刘燕学,等,2010.黔东南—桂北地区四堡群凝灰岩锆石 SHRIMP U-Pb 年龄及其地层学意义[J].地质通报,29(9):1259-1267.

高林志,丁孝忠,张传恒,等,2012.江南古陆变质基底地层年代的修正和武陵运动构造意义[J].资源调查与环境,33(2):71-76.

高山,QIU Y M,凌文黎,等,2001.崆岭高级变质地体单颗粒锆石 U-Pb 年代学研究:扬子克拉通>3.2Ga 陆壳物质的发现[J].中国科学(D 辑),31(1):27-35.

高少华,赵红格,鱼磊,等,2013.锆石 U-Pb 同位素定年的原理、方法及应用[J].江西科学,31(3):363-368+408.

耿建珍，李怀坤，张健，等，2011. 锆石 Hf 同位素组成的 LA-MC-ICP-MS 测定[J]. 地质通报，30(10)：1508-1513.

贵州省地质调查院，2017. 中国区域地质志·贵州志[M]. 北京：地质出版社.

贵州省地质矿产局，1997. 贵州省岩石地层[M]. 武汉：中国地质大学出版社.

韩磊，洪汉烈，2009. 中国三地软玉的矿物组成和成矿地质背景研究[J]. 宝石和宝石学杂志，11(3)：6-10.

韩伟，罗金海，樊俊雷，等，2009. 贵州罗甸晚二叠世辉绿岩及其区域构造意义[J]. 地质论评，55(6)：795-803.

韩宗珠，衣伟虹，李安龙，等，2011. 巢北地区船山组岩石地球化学及其沉积特征[J]. 中国海洋大学学报，41(S1)：312-316.

郝家栩，张国祥，韩颖平，等，2014. 贵州南部中性岩浆岩的发现及其意义[J]. 贵州地质，31(1)：52-55.

何宏，彭苏萍，邵龙义，2004. 巴楚寒武—奥陶系碳酸盐岩微量元素及沉积环境[J]. 新疆石油地质，25(6)：631-633.

何明跃，朱友楠，李宏博，2002. 江苏省溧阳梅岭玉(软玉)的宝石学研究[J]. 岩石矿物学杂志(S1)：99-104.

何松，2003. 谈中国国石·和田玉[J]. 湖北地矿，17(3)：52-55.

贺林芳，李红中，徐丽，2009. 新疆和田玉的性质特征及其成矿机理探讨[J]. 中山大学研究生学刊(自然科学与医学版)，30(1)：55-64.

侯弘，王轶，刘亚非，2010. 韩国软玉的宝石学特征研究[J]. 西北地质，43(3)：147-153.

胡明毅，1994. 塔北柯坪奥陶系碳酸盐岩地球化学特征及环境意义[J]. 石油与天然气地质，15(2)：158-163.

胡瑞忠，陶琰，钟宏，等，2005. 地幔柱成矿系统：以峨眉山地幔柱为例[J]. 地学前缘，12(1)：42-54.

胡受奚，叶瑛，2006. 对"华夏古陆""华夏地块"及"扬子-华夏古陆统一体"等观点的质疑[J]. 高校地质学报，12(4)：432-439.

黄虎，杨江海，杜远生，等，2012. 右江盆地上二叠统—中三叠统凝灰岩年龄及其地质意义[J]. 地球科学(中国地质大学学报)，37(1)：125-138.

黄汲清，1954. 中国主要构造单元[M]. 北京：地质出版社.

黄宣镇，2005. 中国蛇纹石玉矿床[J]. 中国非金属矿工业导刊(3)：55-57.

黄勇，陈能松，白龙，等，2019a. 贵州罗甸玉矿区滑石矿的发现及其成因探讨[J]. 贵州地质，36(2)：120-127+136.

黄勇，陈能松，戴传固，等，2017. 罗甸玉矿区基性岩床内中性岩的锆石 U-Pb 定年及意义[J]. 贵州地质，34(2)：90-96.

黄勇，郝家栩，白龙，等，2012. 贵州省冗里软玉矿的发现及意义[J]. 岩石矿物学杂志，31(4)：612-620.

黄勇，郝家栩，白龙，等，2019b. 贵州罗甸玉勘查评价方法探讨：以官固矿床为例[J]. 地质与勘探，55(1)：194-202.

黄勇，郝家栩，韩颖平，等，2018. 罗甸玉勘查技术与资源评价研究[M]. 武汉：中国地质大学出版社.

江苏省地质矿产局，1984. 江苏省及上海市区域地质志[M]. 北京：地质出版社.

蒋壬华，1986. 和田玉成因类型、成矿模式及分布规律的初步探讨[J]. 新疆地质(4)：1-12.

蒋壬华，1998. 和田玉[J]. 上海地质，58(2)：49-58.

靳新娣，朱和平，2000. 岩石样品中 43 种元素的高分辨等离子质谱测定[J]. 分析化学，28(5)：563-567.

孔蓓，邹进福，郑仙群，1997. 青海某地软玉的宝石学特征[J]. 矿产与地质，11(4)：53-56.

旷红伟，柳永清，彭楠，等，2011. 辽东大连新元古代臼齿碳酸盐岩地球化学特征及其地质意义[J]. 地学前缘，18(4)：25-40.

李大中，于士祥，王泽，2013. 辽宁岫岩地区岫玉成矿规律探讨[J]. 地质找矿论丛，28(2)：249-255.

李红敬，解习农，颜佳新，等，2010. 扬子地区典型剖面二叠系不同沉积相地球化学特征[J]. 地质科技情报，29(2)：16-23.

李红敬，解习农，周炼，等，2009. 扬子地区二叠系硅质岩成因分析及沉积环境研究[J]. 石油实验地质，31(6)：564-569+575.

李宏博，张招崇，李永生，等，2013. 峨眉山地幔柱轴部位置的讨论[J]. 地质论评，59(2)：201-208.

李凯旋，姜婷丽，邢乐才，等，2014. 贵州罗甸玉的矿物学及矿床学初步研究[J]. 矿物学报，34(2)：223-233.

李冉，廖宗廷，李玉加，等，2004. 青海软玉中硅灰石的确定及其意义[J]. 宝石和宝石学杂志，6(1)：17-19.

李水明，1997. 世界软玉矿床之最：南澳科威尔(Cowell)软玉矿床[J]. 珠宝科技，9(3)：24-25.

李献华，胡瑞忠，饶冰，1997. 粤北白垩纪基性岩脉的年代学和地球化学[J]. 地球化学，21(2)：14-31.

李献华，王一先，赵振华，等，1998. 闽浙古元古代斜长角闪岩的离子探针锆石 U-Pb 年代学[J]. 地球化学，27(4)：327-334.

李献华，赵振华，桂训唐，等，1991. 华南前寒武纪地壳形成时代的 Sm-Nd 和锆石 U-Pb 同位素制约[J]. 地球化学，20(3)：255-264.

廖宗廷，周征宇，2003. 软玉的研究现状、存在的问题及发展方向[J]. 宝石和宝石学杂志，5(2)：22-24.

林嵩山，1999. 台湾软玉(闪玉)的种属及特征[J]. 宝石和宝石学杂志，1(3)：18-20.

刘斌，沈昆，1999. 流体包裹体热力学[M]. 北京：地质出版社.

刘池阳，1981. 沉积物压实成岩前后体积变化关系公式应用范围的探讨[J]. 西北大学学报(3)：70-75.

刘东岳，2013. 台湾花莲碧玉宝石矿物学特征研究[D]. 北京：中国地质大学(北京).

刘飞，余晓艳，2009. 中国软玉矿床类型及其矿物学特征[J]. 矿产与地质，23(4)：375-380.

刘晶，崔文元，2002. 中国三个产地的软玉（透闪石玉）研究[J]. 宝石和宝石学杂志，4(2)：25-29.

刘英俊，曹励明，李兆麟，1984. 元素地球化学[M]. 北京：科学出版社.

刘玉平，李正祥，李惠民，等，2007. 都龙锡锌矿床锡石和锆石 U-Pb 年代学：滇东南白垩纪大规模花岗岩成岩成矿事件[J]. 岩石学报，23(5)：967-976.

罗金海，车自成，郭安林，等，2009. 桂北南丹-河池构造带晚白垩世岩石圈伸展作用及其对油气成藏条件的影响[J]. 石油与天然气地质，30(5)：619-625.

麻榆阳，毛荐，刘学良，等，2013. 贵州软玉的岩石矿物学特征[J]. 华东理工大学学报(自然科学版)，39(4)：446-449.

马婷婷，廖宗廷，周征宇，2007. 岫岩软玉矿床成因研究现状分析[J]. 上海地质(4)：64-66.

毛景文，郝英，丁悌平，2002. 胶东金矿形成期间地幔流体参与成矿过程的碳氢氧同位素证据[J]. 矿床地质，21(2)：21-28.

毛小妮，周立发，杨甫，等，2011. 鄂尔多斯盆地西南缘奥陶系地球化学特征与沉积环境分析[J]. 地质科技情报，30(3)：98-102.

米玲丽，2003. 加拿大碧玉[J]. 宝石和宝石学杂志，5(1)：10-13.

南君亚，叶健骝，王筑明，等，1998. 贵州二叠纪—三叠纪古气候和古海洋环境的地球化学研究[J]. 矿物学报，18(2)：239-249.

潘明，郝彦珍，吕勇，等，2017. 滇东北镇雄西部栖霞—茅口组碳酸盐岩地球化学特征及环境意义[J]. 地质力学学报，23(3)：348-357.

祁敏，沈昆，向华，2015. 缅甸硬玉岩中的流体包裹体[J]. 岩石矿物学杂志，34(3)：405-417.

任成明，张良钜，张杰，2012. 台湾软玉的显微结构研究[J]. 中国非金属矿工业导刊(1)：61-63.

芮宗瑶，李荫清，王龙生，等，2003. 从流体包裹体研究探讨金属矿床成矿条件[J]. 矿床地质，22(1)：13-23.

邵洁涟，梅建明，1986. 浙江火山岩区金矿床的矿物包裹体标型特征研究及其成因与找矿意义[J]. 矿物岩石，6(3)：103-111.

沈保丰，张阔，2016. 中国叠生型铁矿床成矿特征探讨[J]. 矿床地质，35(2)：213-224.

沈春霞，陈索翌，李国贵，等，2014. 台湾花莲碧玉宝石学性质研究[J]. 岩石矿物学杂志，33(S2)：35-40.

舒良树，2006. 华南前泥盆纪构造演化：从华夏地块到加里东造山带[J]. 高校地质学报，12(4)：418-431.

舒良树，2012. 华南构造演化的基本特征[J]. 地质通报，31(7)：1035-1053.

孙丽华，王时麒，2014. 加拿大碧玉的矿物学研究[J]. 岩石矿物学杂志，33(S1)：28-36.

孙卫杰，2012. 新疆且末县青羊沟玉石矿地质特征[J]. 新疆有色金属(5)：14-15.

汤德平，林国新，1997. 福建首次发现软玉[J]. 高校地质学报，3(4)：396-399.

汤红云，钱伟吉，陆晓颖，等，2012. 青海软玉产出的地质特征及物质成分特征[J]. 宝石和宝石学杂志，14(1)：24-31.

汤家富，戴圣潜，2016. 华南地区基底组成与构造演化及其对成岩成矿的控制[J]. 地学前缘，23(4)：109-128.

唐延龄，陈葆章，蒋壬华，1995. 中国和阗玉[M]. 乌鲁木齐：新疆人民出版社.

唐延龄，刘德权，周汝洪，2002. 和田玉的名称、文化、玉质和矿床类型之探讨[J]. 岩石矿物学杂志，21(Z1)：13-21.

唐延龄，刘德权，周汝洪，2002. 新疆玛纳斯碧玉的成矿地质特征[J]. 岩石矿物学杂志，21(Z1)：22-25.

田广印，2005. 新疆皮山县 379 和田玉矿床地质特征及找矿方向[J]. 新疆有色金属(4)：10-11.

田广印，吐尔逊·亚森，2005. 新疆皮山县和田玉矿床地质特征及成因探讨[J]. 和田师范专科学校学报，25(4)：129-130.

田洋，赵小明，王令占，等，2014. 重庆石柱二叠纪栖霞组地球化学特征及其环境意义[J]. 沉积学报，32(6)：1035-1045.

汪凯明，罗顺社，2009. 燕山地区中元古界高于庄组和杨庄组地球化学特征及环境意义[J]. 矿物岩石地球化学通报，28(4)：356-364.

汪云亮，李巨初，韩文喜，等，1993. 幔源岩浆岩源区成分判别原理及峨眉山玄武岩地幔源区性质[J]. 地质学报，67(1)：52-62.

王春云，1993. 龙溪软玉矿床地质及物化特征[J]. 矿产与地质，7(3)：201-205.

王春云，任国浩，谢源章，等，1989. 透闪石、滑石拓扑定向反应：龙溪软玉的电子衍射研究[J]. 矿物学报，9(4)：315-323.

王铎，徐泽彬，孙猛，等，2009. 不同产地碧玉的红外光谱研究[J]. 红外技术，31(12)：698-701+707.

王进军，赵枫，2002. 新疆和田玉的特征研究[J]. 珠宝科技(2)：8-11.

王立本，刘亚玲，2002. 和田玉、玛纳斯碧玉和岫岩老玉(透闪石玉)的 X 射线粉晶衍射特征[J]. 岩石矿物学杂志，21(Z1)：62-67.

王时麒，2011. 中国软玉矿床的空间分布及成因类型和开发历史：玉石学国际学术研讨会论文集[C]. 北京：地质出版社.

王时麒，董佩信，2011. 岫岩玉的种类、矿床地质特征及成因[J]. 地质与资源，20(5)：321-331.

王时麒，段体玉，郑姿姿，2002. 岫岩软玉(透闪石玉)的矿物岩石学特征及成矿模式[J]. 岩石矿物学杂志，21(Z1)：79-90.

王随继，黄杏珍，妥进才，等，1997. 泌阳凹陷核桃园组微量元素演化特征及其古气候意义[J]. 沉积学报，15(1)：65-70.

王中刚，于学元，赵振华，等，1989. 稀土元素地球化学[M]. 北京：科学出版社.

吴福元，李献华，杨进辉，等，2007. 花岗岩成因研究的若干问题[J]. 岩石学报，23(6)：1217-1238.

吴瑞华，张晓晖，李雯雯，2002. 新疆和田玉和俄罗斯贝加尔湖地区软玉的岩石学特征研究[J]. 岩石矿物学杂志，21(Z1)：50-56.

吴之瑛，王时麒，凌潇潇，2014. 辽宁岫岩县桑皮峪透闪石玉的玉石学特征与成因研究[J]. 岩石矿物学杂志，33(S2)：15-24.

肖静芸，周炜鉴，2017. 成矿流体包裹体研究发展及现状简述[J]. 南方金属(1)：10-16.

谢意红，张珠福，2004. 加州软玉和缅甸软玉特征及矿物成分的研究[J]. 岩矿测试，23(1)：33-36.

熊小辉，肖加飞，2011. 沉积环境的地球化学示踪[J]. 地球与环境，39(3)：405-414.

熊燕，陈美华，郭宇，2012. 韩国白色软玉的结构特征[J]. 超硬材料工程，24(4)：55-60.

徐立国，於晓晋，王时麒，2014. 广西大化东扛村透闪石玉的宝石学特征及成因[J]. 岩石矿物学杂志，33(S1)：55-60.

徐芹芹，季建清，韩宝福，等，2008. 新疆北部晚古生代以来中基性岩脉的年代学、岩石学、地球化学研究[J]. 岩石学报，24(5)：977-996.

徐亚军，杜远生，2018. 从板缘碰撞到陆内造山：华南东南缘早古生代造山作用演化[J]. 地球科学，43(2)：333-353.

许佳君，廖宗廷，周征宇，2008. 和田、格尔木与溧阳三地软玉微观结构的对比研究[J]. 上海地质(1)：66-68.

薛怀民，马芳，宋永勤，等，2010. 江南造山带东段新元古代花岗岩组合的年代学和地球化学：对扬子与华夏地块拼合时间与过程的约束[J]. 岩石学报，26(11)：3215-3244.

颜佳新，徐四平，李方林，1998. 湖北巴东栖霞组缺氧沉积环境的地球化学特征[J]. 岩相古地理，18(6)：27-32.

杨林，2013. 贵州罗甸玉矿物岩石学特征及成因机理研究[D]. 成都：成都理工大学.

杨林，林金辉，王雷，等，2012. 贵州罗甸玉岩石化学特征及成因意义[J]. 矿物岩石，32(2)：12-19.

杨林，林金辉，王雷，等，2013. 贵州罗甸玉红外光谱特征及意义[J]. 光谱学与光谱分析，33(8)：2087-2091.

杨林，王兵，王雷，等，2011. 贵州罗甸玉特征初步研究[J]. 贵州地质，28(4)：241-246.

杨天翔，杨明星，刘虹靓，等，2013. 东昆仑三岔河软玉矿床成因的新认识[J]. 桂林理工大学学报，33(2)：239-245.

杨先仁，赵文亮，王君杰，等，2012. 东昆仑地区软玉矿成矿地质特征及成矿预测[J]. 青海国土经略(3)：39-42.

杨宗喜，毛景文，陈懋弘，2008. 云南个旧卡房矽卡岩型铜(锡)矿 Re-Os 年龄及其地质意义[J]. 岩石学报，24(8)：1937-1944.

游振东，钟增球，周汉文，2001. 区域变质作用中的流体[J]. 地学前缘(3)：157-164.

于津海，魏震洋，王丽娟，等，2006. 华夏地块：一个由古老物质组成的年轻陆块[J]. 高校地质学报，12(4)：440-447.

于津海，徐夕生，周新民，2002. 华南沿海基性麻粒岩捕虏体的地球化学研究和下地壳组成[J]. 中国科学(D 辑)，32(5)：384-393.

于津海，周新民，OREILLY Y S，等，2005. 南岭东段基底麻粒岩相变质岩的形成时代和原岩性质：锆石的 U-Pb-Hf 同位素研究[J]. 科学通报，50(16)：1758-1767.

袁淼，吴瑞华，张锦洪，2014. 俄罗斯奥斯泊(7号)矿碧玉的宝石学及致色离子研究[J]. 岩石矿物学杂志，33(S1)：48-54.

袁媛，廖宗廷，周征宇，2005. 青海软玉水线的物相分析和微观形貌研究[J]. 上海地质(4)：68-70.

翟建平，胡凯，陆建军，1996. 应用氢氧同位素研究矿床成因的一些问题探讨[J]. 地质科学，31(3)：229-237.

张斌辉，丁俊，张林奎，等，2013. 滇东南八布蛇绿岩的SHRIMP锆石U-Pb年代学研究[J]. 地质学报，87(10)：1498-1509.

张成江，王云亮，侯增谦，1999. 峨眉山玄武岩系的Th、Ta、Hf特征及岩浆源区大地构造环境探讨[J]. 地质论评，45(S1)：858-860.

张国伟，郭安林，王岳军，等，2013. 中国华南大陆构造与问题[J]. 中国科学：地球科学，43(10)：1553-1582.

张立琴，2013. 贵州罗甸透闪石玉的成分、结构及谱学特征研究[D]. 北京：中国地质大学(北京).

张良钜，2002. 辽宁岫岩玉的特征及其质量研究[J]. 岩石矿物学杂志，21(Z1)：134-142.

张旗，2012. 花岗质岩浆能够结晶分离和演化吗[J]. 岩石矿物学杂志，31(2)：252-260.

张旗，钱青，王焰，等，1999. 扬子地块西南缘晚古生代基性岩浆岩的性质与古特提斯洋的演化[J]. 岩石学报，15(4)：576-583.

张文淮，张志坚，伍刚，1996. 成矿流体及成矿机制[J]. 地学前缘，3(3-4)：245-252.

张晓晖，吴瑞华，王乐燕，2001. 俄罗斯贝加尔湖地区软玉的岩石学特征研究[J]. 宝石和宝石学杂志，3(1)：12-17+53.

张亚东，2015. 贵州罗甸软玉矿地质地球化学特征及成矿规律研究[D]. 贵阳：贵州大学.

张亚东，杨瑞东，高军波，等，2015. 贵州罗甸软玉矿的元素地球化学特征研究[J]. 矿物学报，35(1)：56-64.

赵晓辰，刘池洋，赵岩，等，2017. 鄂尔多斯西南缘水泉岭组碳酸盐岩地球化学特征[J]. 西北大学学报(自然科学版)，47(1)：101-109.

赵洋洋，吴瑞华，吴青蔓，等，2014. 俄罗斯奥斯泊矿区(11#矿)碧玉的宝石矿物学研究[J]. 岩石矿物学杂志，33(S1)：37-42.

郑永飞，徐宝龙，周根陶，2000. 矿物稳定同位素地球化学研究[J]. 地学前缘，7(2)：299-320.

支颖雪，廖冠琳，陈琼，等，2011. 贵州罗甸软玉的宝石矿物学特征[J]. 宝石和宝石学杂志，13(4)：7-13.

钟宏，徐桂文，朱维光，等，2009. 峨眉山大火成岩省太和花岗岩的成因及构造意义[J]. 矿物岩石地球化学通报，28(2)：99-110.

钟华邦，2000. 梅岭玉地质特征及成因探讨[J]. 宝石和宝石学杂志，2(1)：39-44.

钟玉婷，徐义刚，2009. 与地幔柱有关的A型花岗岩的特点：以峨眉山大火成岩省为例[J]. 吉林大学学报(地球科学版)，39(5)：828-838.

周征宇，陈盈，廖宗廷，等，2009. 溧阳软玉的岩石矿物学研究[J]. 岩石矿物学杂志，28

(5):490-494.

周征宇,廖宗廷,陈盈,等,2008.青海软玉的岩石矿物学特征[J].岩矿测试,27(1):17-20.

周征宇,廖宗廷,马婷婷,2005.三岔口火成岩特征及其与软玉成矿的关系[J].同济大学学报(自然科学版),33(11):114-118.

周征宇,廖宗廷,马婷婷,等,2006.东昆仑三岔口软玉成矿机制及成矿物源分析[J].地质找矿论丛,21(3):195-198.

朱介寿,蔡学林,曹家敏,等,2005.中国华南及东海地区岩石圈三维结构及演化[M].北京:地质出版社.

祝明金,田亚洲,聂爱国,等,2018.黔南基性岩墙岩石地球化学、SHRIMP 锆石 U-Pb 年代学及地质意义[J].地球科学,43(4):1333-1349.

邹灏,2013.川东南地区重晶石-萤石矿成矿规律与找矿方向[D].北京:中国地质大学(北京).

邹天人,陈克樵,2002.和田玉、玛纳斯碧玉和岫岩老玉的产地特征[J].岩石矿物学杂志,21(Z1):41-49.

ADACHI M, YAMAMOTO K, SUGISAKI R,1986. Hydrothermal chert and associated siliceous rocks from the northern Pacific their geological significance as indication of ocean ridge activity [J]. Sedimentary Geology,47(1-2):125-148.

ADAMS C J, BECK R J, CAMPBELL H J, 2007. Characterisation and origin of New Zealand nephrite jade using its strontium isotopic signature[J]. Lithos,97(3-4):307-322.

ALLEGRE C J, DUPRE B, RICHARD P, et al, 1982. Subcontinental versus suboceanic mantle, II. Nd-Sr-Pb isotopic comparison of continental tholeiites with mid-ocean ridge tholeiites, and the structure of the continental lithosphere[J]. Earth Planet. Sci. Lett,57(1):25-34.

BAKKER R J, 2003. PACKAGE FLUIDS 1. Computer programs for analysis offluid inclusion data and for modeling bulk fluid properties[J]. Chemical Geology,194(1-3):3-23.

BEAUCHAMP B, BOUD A, 2002. Growth and demise of Permian biogenic chert along northwest Pangea: evidence for end-Permian collapse of thermohaline circulation [J]. Palaeogeography, Palaeoclimatology, Palaeoecology,184(1-2):37-63.

BLICHERT-TOFT J, ALBAREDE F, 1997. The Lu-Hf isotope geochemistry of chondrites and the evolution of the mantle-crust system[J]. Earth and Planetary Science Letters,148(1-2):243-258.

BURTSEVA M V, RIPP G S, POSOKHOV V F, et al, 2015. Nephrites of East Siberia: geochemical features and problems of genesis[J]. Russian Geology and Geophysics,56(3):402-410.

CARLSON R W, 1991. Physical and chemical evidence on the cause and source characteristics of flood basalt volcanism[J]. Australian Journal of Earth Sciences,38(5):525-544.

CASADIO F, DOUGLAS J G, FABER K T, 2007. Noninvasive methods for the investigation of ancient Chinese jades: an integrated analytical approach[J]. Analytical and bioanalytical chemistry,387(3):791-801.

CHEN J F, JAHN B M, 1998. Crustal evolution of southeastern China: Nd and Sr isotopic evidence[J]. Tectonophysics,284(1-2):101-133.

CHEN J Y, YANG X S, XIAO L, et al, 2010. Coupling of basaltic magma evolution and lithospheric seismic structure in the Emeishan Large Igneous Province: MELTS modeling constraints[J]. Lithos,119(1-2):61-74.

CHENG H S, ZHANG Z Q, ZHANG B, et al, 2004. Non-destructive analysis and identification of jade by PIXE[J]. Nuclear Instruments and Methods in Physics Research Section B: Beam Interactions with Materials and Atoms,219-220:30-34.

CLAYTON R N, MAYEDA T K, 1963. The use of bromine pentafluoridein the extraction of oxygen from oxides and silicatesfor isotopic analysis[J]. Geochimica et CosmochimicaActa,27:43-52.

COLEMAN M L, SHEPPARD T J, DURHAM J J, et al, 1982. Reduction of water with zinc for hydrogenisotope analysis[J]. Analytical Chemistry,54:993-995.

COLLINS J D, BEAMS S D, WHITE A J R, et al, 1982. Nature and origin of A-type granites with particular reference to Southeastern Australia[J]. Contri. Mineral. Petrol. 80:189-200.

CONIGLIO M, 1987. Biogenic chert in the Cow Head Group (Cambro-Ordovician), western Newfoundland[J]. Sedimentology, 34(5):813-823.

DENG Y F, CHEN Y, WANG P, et al, 2016. Magmatic underplating beneath the Emeishan Large Igneous Province (South China) revealed by the COMGRA-ELIP experiment[J]. Tectonophysics,672-673:16-23.

DENG Y F, ZHANG Z J, MOONEY W, et al, 2014. Mantle origin of the Emeishan Large Igneous Province (South China) from the analysis of residual gravity anomalies[J]. Lithos,204:4-13.

DERRY L A, BRASIER M D, CORFIELD R M, et al, 1994. Sr and C isotopes in Lower Cambrian carbonates from the Siberian craton: a paleoenvironmental record during the'Cambrian explosion' [J]. Earth and Planetary Science Letters,128(3-4):678-681.

DILL H G, WEBER B, 2013. Gemstones and geosciences in space and time: Digital maps to the "Chessboard classification scheme of mineral deposits" [J]. Earth-Science Reviews,127:262-299.

DRIESNER T, HEINRICH C A, 2007. The system H_2O-NaCl. Part I: Correlation formulae for phase relations in temperature-pressure-composition space from 0 to 1000℃, 0 to 5000bar, and 0 to 1 X_{NaCl}[J]. Geochimica et Cosmochimica Acta,71(20):4880-4901.

FOURNIER R O, 1999. Hydrothermal processes related to movement of fluid from plastic into brittle rock in the magmatic-epithermal environment[J]. Economic Geology,94(8):1193-1211.

GAN F X, CAO J Y, CHENG H S, et al, 2010. The non-destructive analysis of ancient jade artifacts unearthed from the Liangzhu sites at Yuhang, Zhejiang [J]. ScienceChina Technological Sciences, 53(12):3404-3419.

GIBSON S A, THOMPSON R N, DICKIN A P, et al, 1996. Erratum to high-Ti and low-Ti mafic potassic magm as key to plume-lithosphere interactions and continental floodbasalt genesis[J]. Earth Planet. Sci. Lett., 141(1-4):325-341.

GIBSON S A, THOMPSON R N, LEONARDOS O H, et al, 1995. High-Ti and low Ti mafic potassic magm as key to plume-lithosphere interactions and continental flood-basalt genesis[J]. Earth Planet. Sci. Lett., 136:149-165.

GILDER S A, GILL J, COE R S, 1996. Isotopic and paleomagnetic constraints on the Mesozoic tectonic evolution of South China[J]. J . Geophys. Res., 101:16137-16154.

GRIFFIN W L, PEARSON N J, BELOUSOVA E, et al, 2000. The Hf isotope composition of cratonic mantle: LAM-MC-ICPMS analysis of zircon megacrysts in kimberlites[J]. Geochimica Et Cosmochimica Acta, 64(1):133-147.

GRIFFIN W L, WANG X, JACKSON S E, et al, 2002. Zircon chemistry and magma mixing, SE China: In-situ analysis of Hf isotopes, Tonglu and Pingtan igneous complexes [J]. Lithos, 61(3):237-269.

GROMET L P, DYMEK R F, HASKIN L A, et al, 1984. The"North American Shale Composite": its compilation, major and trace element characteristics[J]. Geochimica et Cosmochimica Acta, 48(12):2469-2482.

HARLOW G E, SORENSEN S S, 2005. Jade (nephrite and jadeitite) and serpentinite: metasomatic connections[J]. Int. Geol. Rev, 47(2):113-146.

HASKIN L A, HASKIN M A, FREY F A, et al, 1968. Origin and distribution of the elements [M]. Oxford: Perg-amon.

HATCH J R, LEVENTHAL J S, 1992. Relationship between inferred redox potential of the depositional environment and geochemistry of the Upper Pennsylvanian (Missourian) stark shale member of the Dennis limestone, Wabaunsee County, Kansas, USA [J]. Chemical Geology, 99(1-3):65-82.

HENDERSON P, 1984. Rare earth element geochemistry[M]. Amsterdam: Elsevier Science Publishers B. V.

HESSE R, 1988. Diagenesis origin of chert: diagenesis of biogenic siliceous sediments [J]. Geoscience Canada, 15(3):171-192.

HOEFS J, FAURE G, ELLIOT D H, 1980. Correlation of $\delta^{18}O$ and initial $^{87}Sr/^{86}Sr$ ratios in Kirkpatric basalt on Mt. Falla, Transantarctic Mountains[J]. Contrib. Mineral. Petrol, 75:199-203.

HOFMANN A W, 1988. Chemical differentiation of the Earth: The relationship between mantle, continental crust, and oceanic crust[J]. Earth and Planetary Science Letters, 90(3):297-314.

HOLLAND H D, ZIMMERMANN H, 2000. The dolomite problem revisited[J]. Int. Geol. Rev,42(6):481-490.

HORITA J, ZIMMERMANN H, HOLLAND H D, 2002. Chemical evolution of seawater during the Phanerozoic: Implications from the record of marine evaporites[J]. Geochimica et Cosmochimica Acta,66(21):3733-3756.

HOU T, ZHANG Z C, KUSKY T, et al, 2011. A reappraisal of the high-Ti and lowTi classification of basalts and petrogenetic linkage between basalts and mafic-ultramafic intrusions in the Emeishan Large Igneous Province, SW China[J]. Ore Geology Reviews,41(1):133-143.

HUANG H, CAWOOD P A, HOU M C, et al, 2016. Silicic ash beds bracket Emeishan Large Igneous Province to <1m. y. at ~260Ma[J]. Lithos,264:17-27.

HUANG W, RUBENACH M, 1995. Structural controls on syntectonic metasomatic tremolite and tremolite-plagioclase pods in the Molanite Valley, Mt. Isa, Australia[J]. Journal of Structural Geology,17(1):83-94.

HUANG Y, HE C, CHEN N S, et al, 2019. Diabase sills in the outer zone of the Emeishan Large Igneous Province, Southwest China: Petrogenesis and tectonic implications[J]. Journal of Earth Science,30(4):739-753.

IRVINE T N, BARAGAR W R A, 1971. A guide to the chemical classification of the common volcanic rocks[J]. Canadian Journal of Earth Sciences,8(5):523-548.

JONES B, MANNING D, 1994. Comparison of geochemical indices used for the interpretation of palaeoredox conditions in ancient mudstones[J]. Chemical Geology, 111(1):111-129.

KOSTOV R I, PROTOCHRISTOV C, STOYANOV C, et al, 2012. Micro-PIXE geochemical fingerprinting of nephrite neolithic artifacts from Southwest Bulgaria[J]. Geoarchaeology,27(5):457-469.

LAI S C, QIN J F, Li Y F, et al, 2012. Permian high Ti/Y basalts from the eastern part of the Emeishan Large Igneous Province, Southwestern China: Petrogenesis and tectonic implications[J]. Journal of Asian Earth Sciences,47:216-230.

LANPHERE M A, HOCKLEY J J, 2007. The age of nephrite occurrences in the great serpentine belt of New South Wales[J]. Journal of the Geological Society of Australia,23(1):15-17.

LEAMING S F, 1978. Jade in Canada[M]. Ottawa: Geological Survey of Canada.

LI H B, ZHANG Z C, SANTOSH M, et al, 2016. Late Permian basalts in the northwestern margin of the Emeishan Large Igneous Province: Implications for the origin of the Songpan-Ganzi terrane[J]. Lithos,256-257:75-87.

LI H B, ZHANG Z C, SANTOSH M, et al, 2017. Late Permian basalts in the Yanghe area, eastern Sichuan Province, SW China: Implications for the geodynamics of the Emeishan flood basalt province and Permian global mass extinction[J]. Journal of Asian

Earth Sciences,134:293-308.

LI J, WANG X C, REN Z Y, et al, 2014. Chemical heterogeneity of the Emeishan mantle plume: Evidence from highly siderophile element abundances in picrites[J]. Journal of Asian Earth Sciences,79:191-205.

LI X H, LI Z X, LI W X, et al, 2007. U-Pb zircon,geochemical and Sr-Nd-Hf isotopic constraints on age and origin of Jurassic I-and A-type granites from central Guangdong, SE China: A major igneous event in response to foundering of a subducted flat-slab? [J]. Lithos,96(1-2):186-204.

LING X X, SCHMADICKE E, LI Q L, et al, 2015. Age determination of nephrite by insitu SIMS U-Pb dating syngenetic titanite: A case study of the nephrite deposit from Luanchuan, Henan, China[J]. Lithos,220-223:289-299.

LINNEN R L, KEPPLER H, 2002. Melt composition contral of Zr/Hf fractionation in magmatic processes[J]. Geochimica et Cosmochimica Acta,66(18):3293-3301.

LIU S A, LI S, HE Y, et al, 2010. Gecohemical contrasts between early Cretaceous otre-bearing and ore-barren high-Mg adakites in central-eastern China: Implications for petrogenesis and Cu-Au mineralisation[J]. Geochimica et Cosmochimica Acta,74(24):7160-7178.

LIU Y S, HU Z C, ZONG K Q, et al, 2010. Reappraisement and refinement of zircon U-Pb isotope and trace element analyses by LA-ICP-MS[J]. Science Bulletin, 55(15): 1535-1546.

LIU Y, DENG J, SHI G H, et al, 2011a. Geochemistry and petrogenesis of placer nephrite from Hetian, Xinjiang, Northwest China[J]. Ore Geology Reviews, 41(1): 122-132.

LIU Y, DENG J, SHI G H, et al, 2011b. Geochemistry and petrology of nephrite from Alamas, Xinjiang, NW China[J]. Journal of Asian Earth Sciences, 42(3):440-451.

LIU Y, HU Z, GAO S, et al, 2008. In situ, analysis of major and trace elements of anhydrous minerals by LA-ICP-MS without applying an internal standard[J]. Chemical Geology,257(1):34-43.

LIU Y, ZHANG R Q, ABUDUWAYITI M, et al, 2016. SHRIMP U-Pb zircon ages, mineral compositions and geochemistry of placer nephrite in the Yurungkash and Karakash River deposits, West Kunlun, Xinjiang, Northwest China: Implication for a magnesium skarn[J]. Ore Geology Reviews,72(1):699-727.

LIU Y, ZHANG R Q, ZHANG Z Y, et al, 2015. Mineral inclusions and SHRIMP U-Pb dating of zircons from the Alamas nephrite and granodiorite: Implications for the genesis of a magnesian skarn deposit[J]. Lithos,212-215:128-144.

MAO J W, WANG Y T, DING T P, et al, 2002. Dashuiguo tellurium deposit in Sichuan Province, China: S, C, O and H isotope data and theirimplications on hydrothermal mineralization[J]. Resource Geology,52:15-23.

MIDDLEMOST E A K, 1994. Naming materials in the magma/igneous rock system [J]. Earth Sci Rev,37(3-4):215-224.

MURCHEY B L, JONES D L, 1992. A mid-Permian chert event: wide spread deposition of biogenetic siliceous sediments in coastal, island arc and oceanic basins[J]. Palaeogeography, Palaeoclimatology, Palaeoecology,96:161-174.

NAGARAJAN R, MADHAVARAJU J, ARMSTRONG-ALTRIN J S, et al, 2011. Geochemistry of Neoproterozoic limestones of the Shahabad Formation, Bhima Basin, Karnataka, Southern India[J]. Geosciences Journal,15(1):9-25.

NICHOL D, 2000. Two contrasting nephrite jade types[J]. The Journal of Gemmology,27 (4):193-200.

PEARCE J A, 1996. Sources and settings of granitic rocks[J]. Episodes, 19(4): 120-125.

PEARCE J A, HARRIS N B W, TINDLE A G, 1984. Trace element discrimination diagrams for the tectonic interpretation of granitic rocks[J]. Jour Petrol,25(4):956-983.

PEATE D W, HAWKESWORTH C J, MANTOVANI M S M, 1992. Chemical stratigraphy of the Parana lavas (South America): classification of magma-types and their spatial distribution[J]. Bull. Volcanol,55:119-139.

QI L, HU J, GREGOIRE D, 2000. Determination of trace elements in granites by inductively coupled plasma mass spectrometry[J]. Talanta, 51(3):507-513.

SAUNDERS A D, JONES S M, MORGAN L A, et al, 2007. Regional uplift associated with continental large igneous provinces: The roles of mantle plumes and the lithosphere [J]. Chemical Geology,241(3-4):282-318.

SEKERINA N V, 1988. Conditions of localization of deposits of apocarbonate nephrite in the Middle-Vitim mountain country[J]. Geologiyai Geofizika (Soviet Geology and Geophysics),29(11):106-112.

SEKERINA N V, 1993. Petrology of nephrite deposits in southern Siberia[J]. Dokl. Akad. Nauk,329(4):493-496.

SHELLNUTT G J, WANG C Y, ZHOU M F, et al, 2009. Zircon Lu-Hf isotopic compositions of metaluminous and peralkaline A-type granitic plutons of the Emeishan Large Igneous Province (SW China): Constraints on the mantle source[J]. Journal of Asian Earth Sciences,35(1):45-55.

SHELLNUTT J G, 2014. The Emeishan Large Igneous Province: A synthesis[J]. Geoscience Frontiers,5(3):369-394.

SHELLNUTT J G, DENYSZYN S W, MUNDIL R, 2012. Precise age determination of mafic and felsic intrusive rocks from the Permian Emeishan Large Igneous Province (SW China) [J]. Gondwana Research,22(1):118-126.

SHELLNUTT J G, JAHN B M, DOSTAL J, 2010. Elemental and Sr-Nd isotope geochemistry of microgranular enclaves from peralkaline A-type granitic plutons of the

Emeishan Large Igneous Province, SW China[J]. Lithos,119(1-2):34-46.

SHELLNUTT J G, JAHN B, ZHOU M, 2011. Crustally-derived granites in the Panzhihua region, SW China: Implications for felsic magmatism in the Emeishan Large Igneous Province[J]. Lithos,123(1-4):145-157.

SHELLNUTT J G, MA G S K, QI L, 2015. Platinum-group elemental chemistry of the Baima and Taihe Fe-Ti oxide bearing gabbroic intrusions of the Emeishan Large Igneous Province, SW China[J]. Chemie der Erde-Geochemistry,75(1):35-49.

SHIELDS G, STILLE P, 2001. Diagenetic constrains on the use of cerium anomalies as paleoseawater redox proxies: An isotopic and REE study of Cambrian phosphofites[J]. Chemical Geology,175(1-2):29-48.

SHIMIZU H, MASUDA A, 1977. Cerium in chert as an indication of marine environment of its formation [J]. Nature,266(5600):346-348.

SIQIN B, QIAN R, ZHUO S J, et al, 2012. Glow discharge mass spectrometry studies on nephrite minerals formed by different metallogenic mechanisms and geological environments[J]. International Journal of Mass Spectrometry,309:206-211.

SUN Y D, LAI X L, WIGNALL P B, et al, 2010. Dating the onset and nature of the Middle Permian Emeishan Large Igneous Province eruptions in SW China using conodont biostratigraphy and its bearing on mantle plume uplift models[J]. Lithos,119(1-2):20-33.

USUKI T, LAN C Y, TRAN T H, et al, 2015. Zircon U-Pb ages and Hf isotopic compositions of alkaline silicic magmatic rocks in the Phan Si Pan-Tu Le region, northern Vietnam: Identification of a displaced western extension of the Emeishan Large Igneous Province[J]. Journal of Asian Earth Sciences,97:102-124.

VERMEESCH P, 2018. IsoplotR: a free and open toolbox for geochronology[J]. Geoscience Frontiers,9:1479-1493.

WANG A D, LIU Y C, 2012. Neoarchean (2.5～2.8Ga) crustal growth of the North China Craton revealed by zircon Hf isotope: A synthesis[J]. Geoscience Frontiers,3(2):147-173.

WANG F L, WANG C Y, ZHAO T P, 2015. Boron isotopic constraints on the Nb and Ta mineralization of the syenitic dikes in the ～260Ma Emeishan Large Igneous Province (SW China) [J]. Ore Geology Reviews,65(4):1110-1126.

WANG Y J, FAN W M, GUO F, et al, 2003. Geochemistry of Mesozoic mafic rocks adjacent to the Chenzhou-Linwu Fault, South China: Implications for the lithospheric boundary between the Yangtze and Cathaysia Blocks[J]. International Geology Review,45(3):263-286.

WANG Y Y, GAN F X, ZHAO H X, 2012. Nondestructive analysis of Lantian jade from Shaanxi Province, China[J]. Applied Clay Science,70:79-83.

WILKINS C J, TENNANT W C, WILLIAMSON B E, et al, 2003. Spectroscopic and related evidence on the coloring and constitution of New Zealand jade[J]. American

Mineralogist,88(8-9):1336-1344.

WRIGHT J, SCHRADER H, HOLSER W T,1987. Paleoredox variation in ancient oceans recorded by rare earth elements in fossil apatite[J]. Geochimica et Cosmochimica. Acta,51(3):631-644.

XIAO L, XU Y G, MEI H J, et al, 2004. Distinct mantle sources of low-Ti and high-Ti basalts from the western Emeishan Large Igneous Province, SW China: implications for plume-lithosphereinteraction [J]. Earth and Planetary Science Letters, 228 (3-4): 525-546.

XU Y G, CHUNG S L, JAHN B M, et al, 2001. Petrologic and geochimical constraints on the petrogenesis of Permian-Triassic Emeishan flood basalts in Southwestern China[J]. Lithos,58:145-168.

XU Y G, CHUNG S L, SHAO H, et al, 2010. Silicic magmas from the Emeishan Large Igneous Province, Southwest China: Petrogenesis and their link with the end-Guadalupian biological crisis[J]. Lithos,119(1-2):47-60.

YUI T F, KWON S T, 2002. Origin of a dolomite-related jade deposit at Chuncheon, Korea[J]. Econ. Geol. ,97(3):593-601.

YUI T F, YEH H W, LEE C W, 1988. Stable isotope studies of nephrite deposits from Fengtian, Taiwan[J]. Geochimica et Cosmochimica Acta,52(3):593-602.

ZHANG Z C, MAO J W, SAUNDERS A D, et al, 2009. Petrogenetic modeling of three mafic-ultramafic layered intrusions in the Emeishan Large Igneous Province, SW China, based on isotopic and bulk chemical constraints[J]. Lithos,113(3-4):369-392.

ZHANG Z W,GAN F X, CHENG H S, 2011. PIXE analysis of nephrite minerals from different deposits[J]. Nuclear Instruments and Methods in Physics Research Section B: Beam Interactions with Materials and Atoms,269(4):460-465.

ZHOU M F, ARNDT N T, MALPAS J, et al, 2008. Two magma series and associated ore deposit types in the Permian Emeishan Large Igneous Province, SW China[J]. Lithos,103(3-4):352-368.

ZHOU M F, ROBINSON P T, LESHER C M, et al, 2005. Geochemistry, petrogenesis and metallogenesis of the Panzhihua gabbroic layered intrusion and associated Fe-Ti-V oxide deposits, Sichuan Province, SW Chian[J]. J. Petrol. ,46(1):2253-2280.

ZHU M J, NIE A G, TIAN Y Z, et al, 2019. Jurassic granitoid dike in Luodian, Guizhou Province: discovery and geological significance[J]. Acta Geochimica, 38(1): 159-172.

ZONG K, KLEMD R, YUAN Y, et al, 2017. The assembly of Rodinia: The correlation of early Neoproterozoic (ca. 900Ma) high-grade metamorphism and continental arc formation in the southern Beishan Orogen, southern Central Asian Orogenic Belt (CAOB) [J]. Precambrian Research,290:32-48.

附录　实验分析方法

一、锆石 LA-ICP-MS 原位 U-Pb 定年

1. 样品采集与加工

(1)样品采集:实验采集的样品涉及基性岩、中酸性岩和罗甸玉矿石。因不同类型的岩石赋存锆石的数量有差异,故样品采集质量有所不同。酸性岩中的锆石较多,基性岩中的锆石相对较少,玉石中的锆石更是罕有。因此,中酸性岩样品一般采集 2~3kg,基性岩样品一般采集 7~10kg,玉石矿样品一般采集 10kg 左右。样品应采集新鲜岩石,确保无风化和尘土污染。

(2)样品破碎与锆石分选:先将样品表面清洗干净,然后进行机械破碎,一般破碎至60 目,最后淘洗、重力分选或磁选出锆石。

(3)锆石制靶:将分选出的锆石样品置于双目镜下进行人工挑拣,选出晶形和透明度相对好的锆石颗粒,按粒度大小分类,大颗粒与小颗粒分开制靶,将优选的锆石颗粒粘到双面胶上,用无色透明的环氧树脂固化。

(4)打磨抛光和喷碳:将靶内锆石颗粒进行磨蚀和抛光,大颗粒锆石打磨至原尺寸的 1/2,小颗粒锆石打磨至原尺寸的 1/3。最后对打磨抛光的待测靶喷碳。

2. CL 图像拍摄与上机测试

样品靶抛光后在显微镜下拍摄锆石的反射光和折射光照片,在等离子质谱实验室拍摄锆石阴极发光照片(CL 图像)。本书中的锆石镜下照片和 CL 图像分别是在两个单位完成的:①中国科学院地质与地球物理研究所,仪器为 LEO1450VP 型扫描电镜、Cameca SX-51 和 JEOL JXA-8100 电子探针仪;②武汉上谱分析科技有限责任公司,仪器为(GPMR)JEOL-JXA-8100 电子探针仪。

先期采集的锆石 U-Pb 同位素测年样是在中国地质大学(武汉)地质过程与矿产资源国家重点实验室开展定年测试,后期补采的样品则是在武汉上谱分析科技有限责任公司完成定年测试。各单位实验条件如下。

中国地质大学(武汉)地质过程与矿产资源国家重点实验室所用仪器:GeoLas 2005 激光剥蚀系统联合 Agilent 7500a 单道接收等离子电感耦合质谱仪(ICP-MS)。激光束径统一选定 32μm,频率 6Hz,能量 75mJ,标样为国际通用的 91500(内标)和 GJ(外标),样点多时一般

分组打点，每组前后都有 2 个标样，每 6～10 个测点插一组内标，详细的锆石 LA-ICP-MSU-Pb 定年方法、流程及实验参数见 Liu 等（2008）和 Zong 等（2017）。

武汉上谱分析科技有限责任公司所用仪器：GeolasPro 激光剥蚀系统由 COMPexPro102 ArF 193nm 准分子激光器和 MicroLas 光学系统组成，ICP-MS 型号为 Agilent 7700e。激光束径统一选定 32μm，频率 8Hz，能量 70mJ。内标为通用锆石标准 91500，外标采用玻璃标准物质 NIST610。采用分组打点，每组 6～10 个测点，其前后都有 2 个标样，每 6～10 个测点插一组内标，详细的锆石 LA-ICP-MSU-Pb 定年方法、流程及实验参数见 Liu 等（2008）和 Zong 等（2017）。

测试数据的离线处理（包括对样品和空白信号的选择、仪器灵敏度漂移校正、元素含量及 U-Pb 同位素比值和年龄计算）采用软件 ICPMSDataCal（Liu et al，2008；Liu et al，2010）完成。锆石 U-Pb 年龄谐和图的绘制及 U-Pb 年龄加权平均值计算采用国际标准程序 IsoplotR（Vermeesch，2018）或 ISOPLOT 3.0 完成。

二、锆石 Lu-Hf 同位素测试

锆石 Lu-Hf 同位素测试在天津地质矿产研究所实验室完成，实验条件如下。

使用仪器为：NEW WAVE 193nm FX ArF 氟化氩准分子激光器联合 Neptune（美国 Thermo Fisher 公司）多接收器电感耦合等离子体质谱仪（MC-ICP-MS）。测定激光束斑直径为 50μm，频率 9Hz，标样为国际通用的 91500（内标）和 GJ（外标）。详细的测试流程和实验参数见耿建珍等（2011）。

锆石 Lu-Hf 同位素测试的原始数据处理采用 ICPMSDataCal 完成。$^{176}Hf/^{177}Hf$ 初始值是采用 ^{176}Lu 的衰变常数 1.865×10^{-11} year^{-1} 进行计算的；锆石 $\varepsilon_{Hf}(t)$ 值是采用球粒陨石的 $(^{176}Hf/^{177}Hf)_{CHUR}=0.282\ 772$ 和 $(^{176}Lu/^{177}Hf)_{CHUR}=0.033\ 2$ 值（Blichert-Toft and Albarrède，1997）进行计算的；亏损地幔一阶段 Hf 模式年龄（T_{DM1}）是采用同位素线性生长模型进行计算的。其中 4.55Ga 的 $^{176}Hf/^{177}Hf=0.279\ 718$，现今的 $(^{176}Hf/^{177}Hf)_{DM}=0.283\ 25$，$(^{176}Lu/^{177}Hf)_{DM}=0.038\ 4$。二阶段 Hf 模式年龄（$T_{DM2}$）是采用平均地壳 $^{176}Lu/^{177}Hf$ 值 0.015（Griffin et al，2002）进行计算的。

三、全岩主微量元素分析

1. 样品采集与加工

全岩主微量元素分析样品采集于有代表性的新鲜岩石，一套样品重量约 1kg，所有样品的碎样工作在澳实分析检测（广州）有限公司完成，样品破碎后缩分出 300g 研磨至 200 目（75μm）待测试用。

2. 样品测试

样品测试在澳实分析检测（广州）有限公司完成。

（1）主量元素测定：取 200 目的岩石粉末样品 1g 置于 100℃的烘箱内烘干，然后放入高于 1000℃的高温炉中灼烧 2h，测定其烧失量（LOI）；将灼烧过的样品称取 0.5g 与 4g $Li_2B_4O_7$ 溶剂共置于塑料瓶中混匀，加 0.4g 1%的 LiBr 及 0.5%的 NH_4I 助熔剂于 XRF 专用铂金坩埚中，倒入该混合样品在 1250℃熔融，制成玻璃饼，应用 ME-XRF26 X 荧光光谱仪熔融法精密测定，测试方法详见 Qi 等(2000)。氧化亚铁采用 Fe-VOL05 滴定法测定，Fe^{3+} 含量是采用 Fe-CAL01 基于已测定的全铁和亚铁数据进行计算的。

(2)微量元素及稀土元素测定：取 200 目的岩石粉末样品 1g 放入熔样罐中，加入 2mL 8mol HNO_3 和 0.5mL 8mol HF，置于电热板上加热(约 100℃)至样品完全溶解，打开熔样罐在通风橱中蒸干样品，再次加入 2mL 8mol HNO_3 继续加热、蒸干；用 8mol HNO_3 溶解的样品溶液加去离子水稀释至 250mL 放入洁净的溶样瓶中，摇匀后取 10mL 放入细小塑料管待测。应用 ME-ICP61 四酸消解法电感耦合等离子体发射光谱测定多元素含量，用 ME－MS81 熔融法电感耦合等离子体质谱测定稀土元素含量。样品测试采用内标法，详细过程见靳新娣等(2000)。

四、单矿物电子探针分析

样品加工由贵州省地质调查院岩矿鉴定中心完成，样品分析由中国地质科学院矿产资源研究所电子探针实验室完成。

野外采回的样品在贵州省地质调查院岩矿鉴定中心切割、抛光并制作成探针薄片，然后在光学显微镜下初步圈定探针片上的被测单矿物，如辉石、绿泥石等。制备的探针薄片在中国地质科学院矿产资源研究所电子探针实验室完成单矿物电子探针分析，分析仪器为 JXA-8230 电子探针仪，测试条件为加速电压 15kV、电流 20nA、束斑直径 5μm，标准样品使用的是天然矿物或合成氧化物国家标准。

五、流体包裹体显微测温和及流体成分

罗甸玉流体包裹体显微测温和激光拉曼探针分析在中国科学院地球化学研究所矿床地球化学国家重点实验室完成。

先将罗甸玉样品磨制成厚度约 0.2mm 的双面抛光薄片，用于做岩相学和流体包裹体观察，使用 Leica DMLM 显微镜，搭配 10 倍目镜和 100 倍超长焦物镜，选取有代表性的包裹体进行显微测温和激光拉曼探针分析。

均一温度采用均一法，盐度采用冷冻法，使用仪器为 Linkam THMSG600 冷热台，控制温度范围为－196～＋600℃。仪器温度控制精度：冷冻法在±0.1℃，均一法在±1℃。由于玉石结晶粒度极细，包裹体十分细小，均一温度误差在±10%，冷冻法误差在±20%。对流体包裹体盐度、密度和均一压力等数据是采用 FLINCOR 软件、FLUIDS 软件(Bakker，2003)和有关的状态方程计算得到(祁敏等，2015)。

流体包裹体成分采用激光拉曼探针(LRM)分析，测试仪器为英国 Renishaw-2000 型显微共焦激光拉曼光谱仪，激光功率 20mW，激发波长 514nm，激光最小束斑 1μm，光谱分辨率为 1～$2cm^{-1}$。

六、氢氧同位素分析

罗甸玉的氢、氧同位素分析在中国科学院地球化学研究所矿床地球化学国家重点实验室

完成。挑选用于氢、氧同位素测试的新鲜透闪石单矿物，纯度达99%以上。氢同位素分析采用爆裂法，测试程序为：加热透闪石包裹体样品使其爆裂，释放挥发分，提取水蒸气，然后在400℃条件下使水与锌反应产生氢气，再用液氮冷冻后，收集于有活性炭的样品瓶中(Coleman et al, 1982)。氧同位素分析方法为 BrF_5 法(Clayton and Mayeda, 1962)，测试程序为：将纯净的透闪石样品与 BrF_5 反应 15 h，萃取氧，分离出的氧进入 CO_2 转化系统，温度为 700℃，时间为 12 min，收集 CO_2(毛景文等，2002；Mao et al, 2002)。

二氧化碳和氢气的测量采用美国 ThermoFisher 公司生产的气体稳定同位素质谱仪(MAT253)分析。气体样品的量为200mL。氢同位素的分析精度为± 2‰，氧同位素的分析精度为±0.2‰，氢、氧同位素以 VSMOW 为标准。

七、硅同位素分析

硅同位素分析在中国科学院地球化学研究所矿床地球化学国家重点实验室完成。采用传统的 BrF_5 分析方法，制备 SiF_4 时的装样方法和反应条件与氧同位素分析时相同。将纯净的透闪石样品高温下与 BrF_5 反应生成 SiF_4 气体，然后反复提纯 SiF_4，提取过程中，多次用干冰-丙酮冷冻，以除去残余的 BrF_5 和其余反应残余物，经干冰-丙酮多次反复纯化，最后通入70℃锌金属管进一步纯化获得纯净的 SiF_4 气体，用液氮将 SiF_4 冻入事先抽空的样品管中，备质谱分析。将制备的 SiF_4 样品在 MAT253 气体稳定同位素质谱仪上进行硅同位素分析，用 NBS-28 作工作标样，测量结果用相对 NBS-28R 的 $\delta^{30}Si$ 值表示，分析精度优于±0.1‰。详细的方法原理和流程见丁悌平等(1988)。

（1）白玉手镯

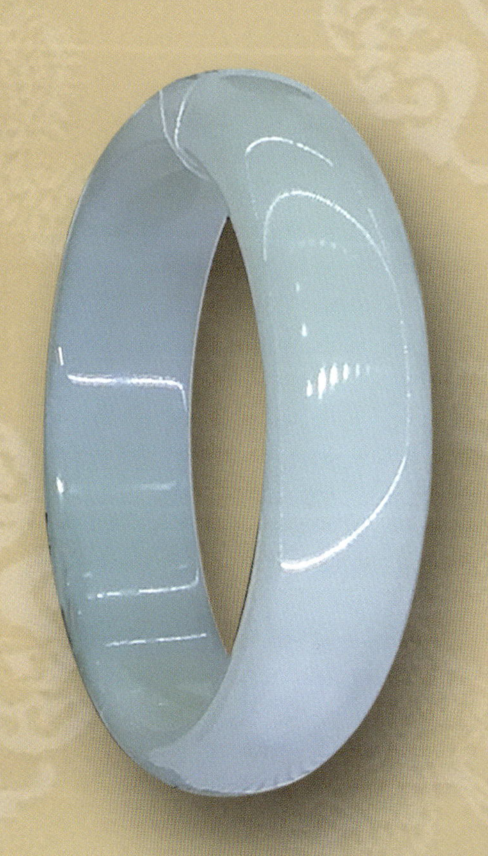

（2）青白玉手镯

（3）青玉手镯

（4）“花斑玉”手镯

（5）带花斑的青白玉手镯

（6）带花斑的青玉手镯

（7）白玉雕件

(8) 白玉雕件

(9) 青白玉雕件

(10) 青白玉雕件

（11）青白玉雕件

（12）青白玉雕件

（13）青玉雕件

（14）白玉挂件

（15）白玉挂件

（16）青白玉挂件

（17）青白玉挂件

（18）青玉挂件